電磁気学を理解する

関根松夫・佐野元昭 著

朝倉書店

本書は，株式会社昭晃堂より出版された同名書籍を再出版したものです．

ま え が き

電磁気学は，理工系の学生が身につけておかねばならない重要な授業科目である．本書は，著者らが，理学部および工学部の学部学生を対象にした講義および演習の内容をもとに著したものである．

本書で紹介する電磁気学は，19 世紀末に完成された『**古典電磁気学**』であり，それは**マクスウェル方程式**という 4 つの美しい基礎方程式からなる．マクスウェル方程式は，クーロン，アンペール，ファラデーなどの実験をもとに導かれるが，それは，**実験**という特殊な場合を一般化して**法則**を作り，それを数学的に**定式化**するという過程によって得られる．現在では，古典電磁気学そのものが実験の対象となることは少ないが，このような方法はいつも根本に置かれる．本書は，このような過程を見ながら，いかにマクスウェル方程式が導かれたのかを説明する．マクスウェル方程式の応用については，他の専門書に譲る．

マクスウェル方程式は，非常に美しい方程式であるが，それを理解する際にまずつまずくのは，**ベクトル解析**という数学であろう．しかし，電場や磁場といった，3 次元的なベクトル場の性質を記述し，マクスウェル方程式を導くためには，ベクトル解析は必要不可欠である．そこで本書では，まずベクトル解析の基本となる考え方を丁寧に解説することを心がけた．また付録として，ベクトル，ベクトル解析の公式，座標系，立体角など，本書を理解するにあたり必要な事項を簡単にまとめた．

もう 1 つ電磁気学を分かりにくくしている要因は，単位系の複雑さである．本書は，最近の傾向に従って，国際単位系 (SI 単位系) を基調とした MKSA 有理化単位系を用い，また，電場 $\boldsymbol{E}$ と磁場との対応に関しては，電流によって生じる磁束密度 $\boldsymbol{B}$ を本質的な磁場と考えた E-B 対応の立場をとっている．しかし，昔の参考書や問題集は，CGS 単位系を基調としたガウス単位系で書かれ，磁荷によって生じる磁場 $\boldsymbol{H}$ と電場 $\boldsymbol{E}$ との対称性を重視した E-H 対応に従っているものが多い．また物理系の教科書や専門書などでは，今日でもガウス単位系を用いることがある．電磁気学では，単位系や，電場と磁場との対応関係が変わると，公式の形が少し変化する．そこで付録の最後に，単位系について簡単にまとめた．

さらに電磁気学の理解を困難にする要因は，色々な法則や公式が現われることである．そこで本書では，重要な式は枠で囲い，重要な語句は太文字にして，理解しやすいように配慮した．また，典型的な問題は例題として解説し，必要に応じて問を設けて，理解を深めるようにした．一方，やや高度な内容や補足的な事項は，《**参考**》という形で記載した．なお，章末には多数の演習問題を用意し，理解がより完全なものになるようにしてある．電磁気学は問題を解いて初めて体得できるので，学生諸氏は，本書をただ読むのではなく，手を動かして問題を解くことによって，理解を深めていただきたい．そして，電磁気学の美しさを実感されるとともに，そこで学んだ内容や考え方を，将来に役立てていただければと願っている．

本書は，図版を除き，日本語 LaTeX による製版を行なった．そこで，本書の内容はもちろんのこと，体裁などについても，読者諸賢の御意見・御批判を頂ければ幸いである．

終わりに，本書を著すにあたり，いろいろと御無理をお願いしたにもかかわらず，積極的に出版のお世話をいただいた昭晃堂の小林孝雄氏，橋本成一氏に厚く御礼申し上げる．

平成 8 年 1 月

関根 松夫
佐野 元昭

目　　次

ギリシャ文字

A	α	alpha	アルファ	N	ν	nu	ニュー
B	β	beta	ベータ	Ξ	ξ	xi	グザイ，クサイ，クシー
Γ	γ	gamma	ガンマ	O	o	omicron	オミクロン
Δ	δ	delta	デルタ	Π	π	pi	パイ
E	ε	epsilon	イプシロン	P	ρ	rho	ロー
Z	ζ	zeta	ジータ，ツェータ	Σ	σ	sigma	シグマ
H	η	eta	イータ	T	τ	tau	タウ
Θ	θ	theta	シータ，テータ	Υ	υ	upsilon	ウプシロン
I	ι	iota	イオタ	Φ	ϕ, φ	phi	ファイ
K	κ	kappa	カッパ	X	χ	chi	カイ
Λ	λ	lambda	ラムダ	Ψ	ψ	psi	プサイ，サイ，プシー
M	μ	mu	ミュー	Ω	ω	omega	オメガ

SI 単位系における接頭辞

10^{-1}	デシ	deci-	d	10^{1}	デカ	deca-	da
10^{-2}	センチ	centi-	c	10^{2}	ヘクト	hecto-	h
10^{-3}	ミリ	milli-	m	10^{3}	キロ	kilo-	k
10^{-6}	マイクロ	micro-	μ	10^{6}	メガ	mega-	M
10^{-9}	ナノ	nano-	n	10^{9}	ギガ	giga-	G
10^{-12}	ピコ	pico-	p	10^{12}	テラ	tera-	T
10^{-15}	フェムト	femto-	f	10^{15}	ペタ	peta-	P
10^{-18}	アト	atto-	a	10^{18}	エクサ	exa-	E

基礎定数表

真空中の光速度	$c = 2.99792458 \times 10^{8}$	m/s
プランク定数	$h = 6.6260755 \times 10^{-34}$	J·s
電気素量	$e = 1.60217733 \times 10^{-19}$	C
真空の誘電率	$\varepsilon_0 = 8.854187817 \times 10^{-12}$	F/m
真空の透磁率	$\mu_0 = 4\pi \times 10^{-7}$	H/m
電子の質量	$m_{\mathrm{e}} = 9.1093897 \times 10^{-31}$	kg
陽子の質量	$m_{\mathrm{p}} = 1.6726231 \times 10^{-27}$	kg
万有引力定数	$G = 6.67259 \times 10^{-11}$	$\mathrm{N \cdot m^2/kg^2}$

1

真空中の静電場

この章では，電荷間に働くクーロン力が，**静電場**という空間の性質として説明できることを示し，それを表現するために，電気力線を導入する．そしてそれが，**湧き出し**や**渦**といった，流れの場と同様の性質をもつことを示す．さらに静電場が，**電位**という位置エネルギーを持つことを示し，等電位面を定義する．

1.1 静 電 気 力

1.1.1 電　　荷

琥珀を毛皮でこすると，小さな羽毛など，軽いものを引きつけるようになる．この現象は，紀元前 600 年頃，ギリシャの七賢人の 1 人タレス (Thales) が観察したといわれている[1]．これを物体の**帯電** (electrification)，この力を**静電気力** (electrostatic force) と呼ぶが，これが科学的に扱われるようになったのは 16 世紀末であり，イギリスのギルバート (Gilbert) は，この現象を系統的に調べ，琥珀以外に，硫黄，蠟，硝子なども帯電することを見つけた．またイギリスのボイル (Boyle) は，1650 年，静電気力が**真空中**でも働くことを示した．さらにイギリスのグレイ (Gray) は，1729 年，静電気の能力が，金属線を伝わって移動することを発見し，静電気の実体をとらえるとともに，導体と絶縁体と

1 電気を意味する "electr-" は，琥珀のギリシャ語 $\eta\lambda\varepsilon\kappa\tau\rho o\nu$ (ēlectron) に由来する．

いう区別を確立した．ここに**電荷** (electric charge) という概念が登場する．

電荷には**2 種類**あることが知られている．これを確定したのは，1733 年，フランスのデュフェイ (Du Fay) である．彼は，静電気力の方向から，電荷には 2 種類あり，同種間では斥力，異種間では引力が働くと考えた．そして 1747 年，雷の実験で有名なアメリカのフランクリン (Franklin) は，それらを **plus** (+)，**minus** (−) と名づけ，**電荷の符号**として統一的に解釈した[2]．

電荷は**電気量** (quantity of electricity) のみで規定することができ，電気量 q の電荷を『電荷 q』と呼ぶ．電荷は，質量とともに素粒子の基本属性の 1 つである．電荷をもった粒子を一般に**荷電粒子** (charged particle) というが，よく知られているように，**電子** (electron) は負電荷 $-e$，**陽子** (proton) は正電荷 e をもつ．e は**電気素量** (elementary electric charge) と呼ばれ，その値は

$$e \fallingdotseq 1.60217733 \times 10^{-19}\ \mathrm{C} \tag{1.1}$$

である．C (クーロン) は後で述べる MKSA 単位系での電荷の単位である．**電気量は必ず e の整数倍**になる[3]．これを，**電荷の量子化** (quantization of electric charge) という．アメリカのミリカン (Millikan) は，有名な油滴の実験によって，1909 年にこの事実を実証した．

また電荷は，いかなる座標変換に対しても不変なスカラーであり，**閉じた系の電荷の総和は保存する**．これは，相対論や素粒子論などでも普遍的に成り立つ．これを，**電荷保存則** (principle of conservation of charge) という．

電荷は，重力，電磁気力，強い相互作用，弱い相互作用の 4 つの基本相互作用のうち，**電磁気力の源**である．しかし電磁気学では，『電荷とは何か』については追求しない．それは**現代物理学**の問題である．

2　これは**正** (positive)・**負** (negative) または**陽**・**陰**とも呼ばれる．なお，2 種類の電荷を正負で表現することは，後に見るように，電荷の和や積に対しても合理的であるが，符号には絶対的な意味はない．すなわち，電子の電荷が負なのは，歴史的な約束であり，たとえば，平方根が虚数になるといったような意味では負である必然性は何もない．ちなみに琥珀を毛皮でこすると，琥珀は負，毛皮は正に帯電する．

3　素粒子論では，クォーク模型 (quark model) によって $\frac{1}{3}e$ の電荷が予言されている．

1.1.2 クーロンの法則

1685年の**ニュートンの万有引力の法則** (Newton's law of gravitation)

$$F = -G\frac{Mm}{r^2} \quad (G\text{は万有引力定数}, r\text{は質量}\ M, m\ \text{の距離}) \quad (1.2)$$

との類推から，1766年，イギリスのプリーストリー (Priestley) は，帯電した金属球殻内部の電荷には力が働かないことを確かめ，万有引力と同様に，電荷間に働く力も**逆 2 乗則**に従うと予想した (例題 1.4)．そして 1785 年，フランスのクーロン (Coulomb) は，精密なねじり秤によって，静止した 2 つの電荷間に働く力の，距離および電気量に対する依存性を測定し，その相互作用が，

(1) 同一作用線上逆向きで，大きさは互いに等しい (**作用・反作用の法則**),

(2) 大きさは電荷間の距離の 2 乗に反比例する (**逆 2 乗則**),

(3) 大きさは電気量の積に比例し，同符号なら斥力，異符号なら引力になる，

という法則に従うことを結論した (図 1.1)．これを**クーロンの法則** (Coulomb's law) という．またこの相互作用を**クーロン力** (Coulomb force) と呼ぶ．これにより，静電気を定量的に扱う**電気学** (electricity) が成立した．式で表わせば，電荷 Q から距離 r だけ離れて静止している電荷 q が受けるクーロン力は，

$$\boldsymbol{F} = k_{\mathrm{e}}\frac{Qq}{r^2}\hat{\boldsymbol{r}} \quad (1.3)$$

と表現できる．ここで $\hat{\boldsymbol{r}}$ は，電荷 Q から電荷 q に向かう単位ベクトル，k_{e} は比例定数である．なお電荷 Q は，反作用として $-\boldsymbol{F}$ を受ける．電荷は 2 種類あるので，クーロン力には引力と斥力があるが，クーロン力と万有引力は，ともに**逆 2 乗則に従う中心力**である [4]．

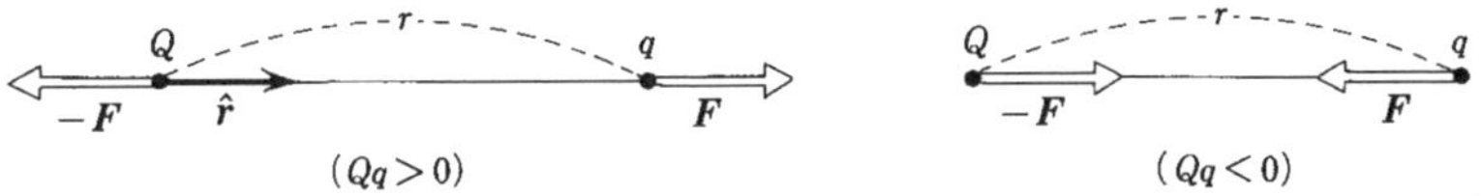

図 1.1 クーロンの法則

4 相対論まで考えると，万有引力は逆 2 乗則から少しずれるが，クーロン力の逆 2 乗則はそのまま成り立つ．しかも電波や光は，天文学的なスケールでも伝播するから，クーロン力の逆 2 乗則は，そのスケールでも成り立つと考えられる．

《参考》 点電荷

万有引力の法則で『質点』を考えたように，クーロンの法則でも，大きさのない電荷を仮定している．これを**点電荷** (point charge) という．質点も点電荷も大きさがないので，量は有限であっても密度は無限大である[5]．

なお，質量は同種が引き合うので，集まった分だけ質量は増加するが，電荷は異種が引き合うので，集まった電荷は互いに打ち消し合い，巨視的には電荷は現れない．したがって，巨視的な物質では万有引力が支配的となり，しかも物体の径は質量の増加の 1/3 乗でしか増加しないから，天文学的スケールでは，天体は質点とみなせる．一方，問 1.1 のように，クーロン力は非常に強いので，原子や分子のスケールでは，逆にクーロン力が支配的である．この場合，電子など荷電粒子は点電荷とみなせる[6]．

電荷の単位

電荷の単位は，式 (1.3) の係数 k_e を無次元量とすれば，力と距離の単位で表わせる．これは**静電単位系** (electrostatic system of units, **esu**) と呼ばれるが，特に，$k_e = 1$ とし，CGS 単位系において，真空中で 1 cm 離れた等量の電荷間に作用する力が，1 dyn (ダイン) のときの電気量を，1 CGSesu(あるいは単に 1 esu)，または 1 statcoulomb (静電クーロン) と表わす (付録 F)．

しかし現在では，**国際単位系 (SI 単位系)** (Le Système International d'Unités) に統一されつつある．SI 単位系では，MKS 単位系のもとで，それに独立に電荷の単位を定め，それを C (クーロン) と名付ける[7]．1 C は，真空中で 1 m 離れた等量の電荷間に働く力が，$\frac{c^2}{10^7}$ N となるときの電気量と定義される．ただし，c は真空中の光速度である．この場合，もはや係数 k_e は無次元量ではなく，

$$k_e = \frac{c^2}{10^7} \fallingdotseq 9 \times 10^9 \ \ \mathrm{N \cdot m^2/C^2} \qquad (\because c \fallingdotseq 3.0 \times 10^8 \ \ \mathrm{m/s}) \tag{1.4}$$

となる．さらに，SI 単位系は**有理単位系**であり，そのために，$k_e = \frac{1}{4\pi\varepsilon_0}$ と置かれる (付録 F)．ε_0 の単位は，式 (1.4) より $\mathrm{C^2/(N{\cdot}m^2)}$ であるが，4 章で説

---

5 このような量を扱うには，ディラックの δ 関数が用いられる (2 章)．
6 実は電子は質点でもあり，さらにスピン (磁気モーメント) も持っている．
7 SI 単位系は，1960 年に国際度量衡総会で採択されたもので，MKS 単位系を含む 7 つの基本単位などからなる．なお実際の電磁気の基本単位は，電荷より精密に測定できる電流の単位 A (アンペア) が採用されている．これを **MKSA 単位系**という．電流は，単位時間当たりの電荷の移動量であり，1 A = 1 C/s である (5 章)．

明する電気容量の単位 F(ファラッド) を用いて F/m と書かれ，その値は，

$$\varepsilon_0 = \frac{10^7}{4\pi c^2} \fallingdotseq 8.854187817 \times 10^{-12} \ \ \mathrm{F/m} \tag{1.5}$$

となる．4章で述べるように，F/m は誘電率の単位であるから，ε_0 は**真空の誘電率** (permittivity of vacuum) と呼ばれている．

【例題 1.1】 クーロン力

点 A(1,1,0)，B(3,−1,1) にそれぞれ電気量 1 C，−1 C の電荷 q，Q がある．電荷間に働くクーロン力の大きさを求めよ．ただし座標の単位は m である．

［解］電荷は異符号だから，クーロン力は引力である．2 点 A，B の距離を r とすると，$r = \sqrt{(3-1)^2+(-1-1)^2+(1-0)^2} = 3$ m であるから，求める力の大きさは，クーロンの法則 (式 (1.3)) より，次のように計算される．

$$F = \frac{1}{4\pi\varepsilon_0}\frac{qQ}{r^2} = -1 \times 10^9 \ \ \mathrm{N}$$

問 1.1 1 Å 離れた電子-陽子間に働くクーロン力，および万有引力の大きさをそれぞれ求めよ．（クーロン力：2.3×10^{-8} N，万有引力：1.0×10^{-47} N）

1.1.3 重ね合わせの原理

一般に，ある 2 つの量の合成が**和**で表わされるとき，**重ね合わせの原理** (principle of superposition) が成り立つという．クーロン力にも重ね合わせの原理が成り立つ．たとえば図 1.2 のように，3 つの電荷 q，q_1，q_2 があるとき，電荷 q が q_1，q_2 から受けるクーロン力は，各々の電荷から受けるクーロン力の和となる．ただし力はベクトルであるから，和はベクトル的にとられる (付録 A)．同様に，電荷 q が電荷 $q_1, q_2, \ldots, q_n$ から受けるクーロン力は

$$\boldsymbol{F} = \frac{1}{4\pi\varepsilon_0}\frac{qq_1}{r_1^2}\hat{\boldsymbol{r}}_1 + \cdots + \frac{1}{4\pi\varepsilon_0}\frac{qq_n}{r_n^2}\hat{\boldsymbol{r}}_n = \frac{q}{4\pi\varepsilon_0}\sum_{i=1}^{n}\frac{q_i}{r_i^2}\hat{\boldsymbol{r}}_i \tag{1.6}$$

で与えられる．ただし r_i は，電荷 q_i から q までの距離，$\hat{\boldsymbol{r}}_i$はその単位ベクトルである．ところで，クーロン力の重ね合わせの原理は，**電荷の相加性**と関連している．すなわち，電荷 q_i $(i = 1, \ldots, n)$ を 1 点に集めて電荷 Q を作り，Q から q までの距離を r，その単位ベクトルを $\hat{\boldsymbol{r}}$ とすると，$r_i = r$，$\hat{\boldsymbol{r}}_i = \hat{\boldsymbol{r}}$ であるから，q が Q から受ける力は，式 (1.6) より

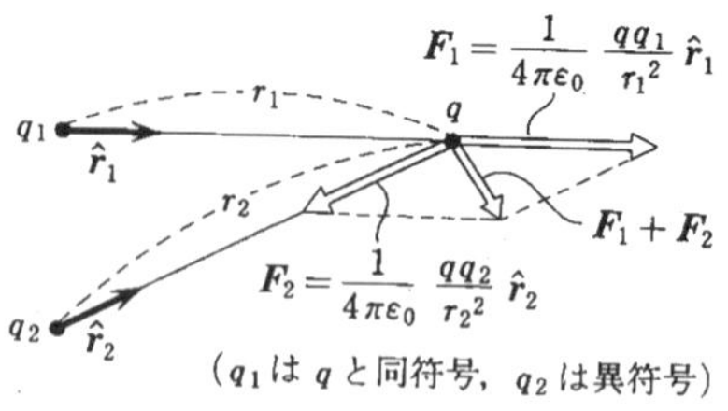

図 1.2　重ね合わせの原理

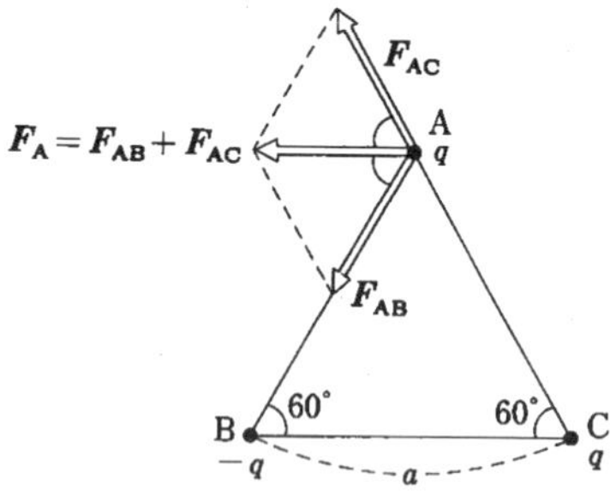

図 1.3

$$F = \frac{1}{4\pi\varepsilon_0}\frac{qQ}{r^2}\hat{r}, \quad \text{ただし} \quad Q = \sum_{i=1}^{n} q_i \tag{1.7}$$

となる．すなわち電荷 Q は，集めた電荷の和で表わされることが分かる．これは，電荷の重ね合わせの原理であり，電荷の相加性を意味する．

【例題 1.2】　クーロン力の合成

図 1.3 のように，一辺 a の正三角形の頂点 A，B，C に，それぞれ 電荷 $+q$，$-q$，$+q$ がある．点 A の電荷に働くクーロン力を求めよ．

［**解**］点 A の電荷が，点 B，C にある電荷からそれぞれ受けるクーロン力の大きさは

$$F_{\mathrm{AB}} = \frac{1}{4\pi\varepsilon_0}\frac{q^2}{a^2}, \quad F_{\mathrm{AC}} = \frac{1}{4\pi\varepsilon_0}\frac{q^2}{a^2}$$

であり，向きは図のようになる．よってベクトルの合成則より，合成したクーロン力 $\boldsymbol{F}_{\mathrm{A}}$ の向きは，$\overrightarrow{\mathrm{CB}}$ の向きに等しく，大きさは次式のように計算される．

$$F_{\mathrm{A}} = F_{\mathrm{AB}}\cos 60^\circ + F_{\mathrm{AC}}\cos 60^\circ = \frac{1}{4\pi\varepsilon_0}\frac{q^2}{a^2}$$

1.2　電　　場

1.2.1　近接作用論と電場

前節で，クーロン力は真空中でも働くことを述べたが，このとき，電荷の間には何も存在しないので，電荷同士には遠隔相互作用が直接的に働いているように思われる．実際，クーロンの法則はこのような考え方に基づいている．これを**遠隔作用論** (theory of action at distance) または**直達説**という．しかしこれは，見方を変えれば，電荷はまわりの空間を変化させ，その変化が空間を媒

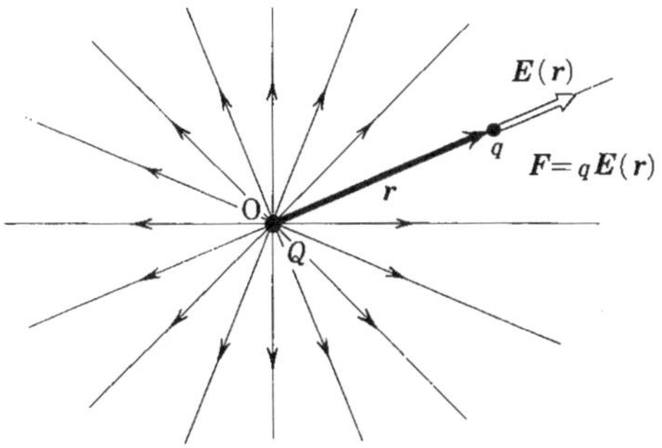

図 **1.4**　電場

質として広がり，他の電荷は，その変化した空間から近接作用を受けると考えることもできる．このような考え方を，**近接作用論** (theory of near action) または**媒達説**という．この立場は，イギリスのファラデー (Faraday) によって導入されたもので，彼は，このように電荷に作用する空間を一般に**電場** (electric field) と呼んだ[8]．

電荷 Q の位置を原点，電荷 q の位置ベクトルを $\boldsymbol{r}$ とすると，クーロンの法則 (式 (1.3)) は，形式的に次のように書き換えることができる．

$$\boldsymbol{F} = q\boldsymbol{E}(\boldsymbol{r}) \tag{1.8}$$

$$\boldsymbol{E}(\boldsymbol{r}) = \frac{1}{4\pi\varepsilon_0}\frac{Q}{r^2}\hat{\boldsymbol{r}} \tag{1.9}$$

このときベクトル $\boldsymbol{E}(\boldsymbol{r})$ は，点電荷 Q が，まわりの空間に作る電場を表わし，図 1.4のように，位置 $\boldsymbol{r}$ にある点電荷 q は，その位置における電場 $\boldsymbol{E}(\boldsymbol{r})$ から，クーロン力$\boldsymbol{F} = q\boldsymbol{E}(\boldsymbol{r})$ を受けると考えられる．なお，本章で扱うような時間変化のない電場を，特に**静電場** (electrostatic field) という．

定義より，**電場の向きは正電荷が受ける力の向き**に等しい．また，電場 $\boldsymbol{E}$ の単位は，式 (1.8) より N/C であるが，1.3節で定義される V (ボルト) を用いて V/m と書くこともできる．

電荷が分布している場合には，その電荷分布が作る電場は，式 (1.6) より

8 field という単語は,『界 (かい)』とも訳されるが，本書では『場 (ば)』と呼ぶ．

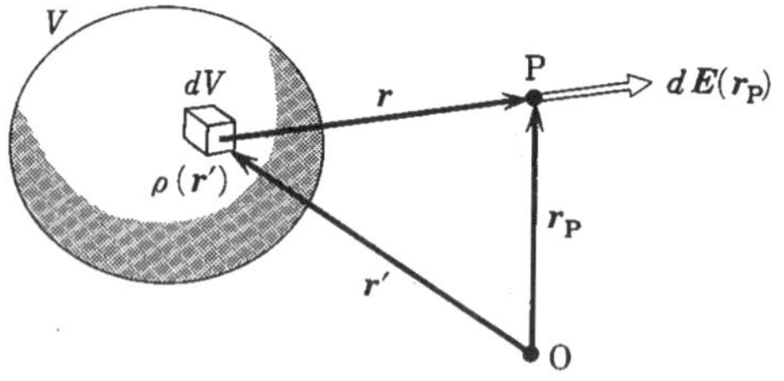

図 1.5　電荷分布による電場

$$\boldsymbol{E}(\boldsymbol{r}) = \frac{1}{4\pi\varepsilon_0}\sum_{i=1}^{n}\frac{q_i}{r_i^2}\hat{\boldsymbol{r}}_i \tag{1.10}$$

と書くことができる．すなわち，電荷分布が作る電場は，各電荷の作る電場のベクトル的な和であり，電荷分布が決まれば一義的に決定される．

電荷は素粒子に存在するので，電荷分布は，上記のような点電荷系で考えるのが最も妥当であるが，非常に多くの点電荷からなる場合，電荷分布は，単位体積当たりの電気量，すなわち連続的な**電荷密度** (density of electric charge) と考えてもよい．たとえば，電荷 q が単位体積当たり n 個あれば (これを**数密度**という)，その電荷密度は，$\rho = nq$ となる．いま，図 1.5 のように，体積 V 内の点 $\boldsymbol{r}'$ における電荷密度を$\rho(\boldsymbol{r}')$ とすると，体積素 dV に含まれる電気量は，$dQ = \rho dV$ であるから，この電荷分布全体が点 $\boldsymbol{r}_{\mathrm{P}}$ に作る電場は，

$$\boxed{\boldsymbol{E}(\boldsymbol{r}_{\mathrm{P}}) = \frac{1}{4\pi\varepsilon_0}\int\frac{dQ}{r^2}\hat{\boldsymbol{r}} = \frac{1}{4\pi\varepsilon_0}\int_V\frac{\rho dV}{r^2}\hat{\boldsymbol{r}}} \tag{1.11}$$

のような体積積分になる．ただし r は dQ から点 P までの距離 ($\boldsymbol{r} = \boldsymbol{r}_{\mathrm{P}} - \boldsymbol{r}'$ の大きさ)，$\hat{\boldsymbol{r}}$ はその単位ベクトルである．なお，電荷が曲面 S 上や曲線 C 上に分布する場合は，それぞれ，単位面積，単位長さ当たりの電気量，すなわち，**面電荷密度** (surface density of electric charge)，**線電荷密度** (linear density of electric charge) を定義することができ，この場合，式 (1.11) は，たとえば，電荷が面電荷密度 $\sigma(\boldsymbol{r}')$ で分布していれば，$dQ = \sigma dS$ として面積分，線電荷密度 $\lambda(\boldsymbol{r}')$ で分布してれば，$dQ = \lambda dl$ として線積分となる (付録 D)．

一般に電場は，このような色々な電荷分布の重ね合わせであるが，もし，あ

る点での電場 $\boldsymbol{E}$ がすでに分かっていれば，そこにある点電荷 q に働くクーロン力は $\boldsymbol{F} = q\boldsymbol{E}$ であり，もはやその電場がどのような電荷分布によって作られているかは知る必要がない．逆にいえば，ある点の電場は，そこに置かれた**試験電荷** (test charge) q に働く力のみで完全に知ることができる．しかし後で説明するように，電荷を置くと静電誘導や誘電分極が生じ，周囲の電荷分布は一般に変化する．そこで電荷分布を変えないように，次のような極限で考える．

$$\boldsymbol{E} = \lim_{q \to 0} \frac{\boldsymbol{F}}{q} \tag{1.12}$$

ところで一般に，ある量が空間内の各点 $\boldsymbol{r} = (x, y, z)$ に一義的に対応するとき，その空間を**場** (field) と呼び，その量がベクトルのときは**ベクトル場** (vector field)，スカラーのときは**スカラー場** (scalar field) という．電場 $\boldsymbol{E}$ は，位置 $\boldsymbol{r}$ によって一義的に決まるので，電荷によって作られたベクトル場である．

定義から明らかなように，場は位置 $\boldsymbol{r} = (x, y, z)$ の関数で表わされるが，それが時間的にも変化する場合には，時刻 t の関数でもあるので，一般に，スカラー場は $\phi(\boldsymbol{r}, t)$ のような**スカラー関数**，ベクトル場は $\boldsymbol{A}(\boldsymbol{r}, t)$ のような**ベクトル関数** によって記述される．なおこれらは単に ϕ，$\boldsymbol{A}$ とも書かれる．

《参考》　電場の意義

上述のように，電場の導入は便宜的であり，静止系ではむしろ電場を考えない遠隔作用論の方が考えやすいときもある．しかし時間的に変化する系では，その変化した情報は，一般に真空中の光速度 $c = 3.0 \times 10^8$ m/s より速くは伝わらないことが知られており，遠隔作用論では，この時間の遅れがうまく説明できない．これを自然に説明するには，近接作用論に基づく電場や磁場が本質的に必要となる．実際，電磁気学の大きな成果である電磁波は，『電磁場』によってはじめて理解される[9]．

【例題 1.3】　直線上に一様に分布した電荷による電場

無限直線上に，一様な線密度 λ で電荷が分布している．この直線から距離 r の点 P における電場を求めよ．

9　なお，電磁波は波であるから，媒質が必要であり，この媒質は**エーテル** (ether) と呼ばれた (有機化学におけるエーテルとは関係ない)．しかし，実際にはこのような実体は存在しないことが示されており，現在では，相互作用を伝えるのは，真空の基本性質とみなされている．

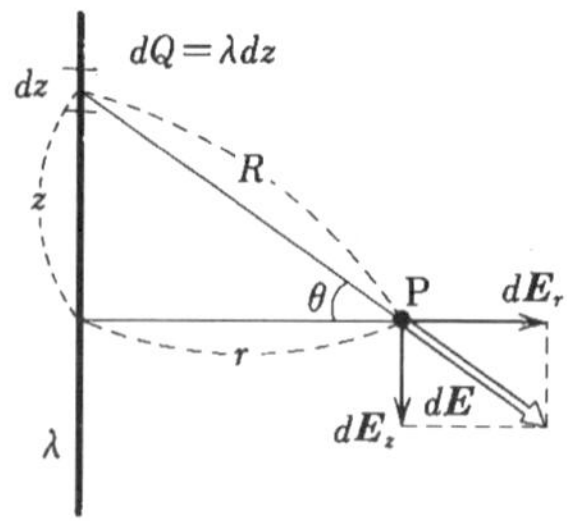

図 1.6　直線状の電荷による電場

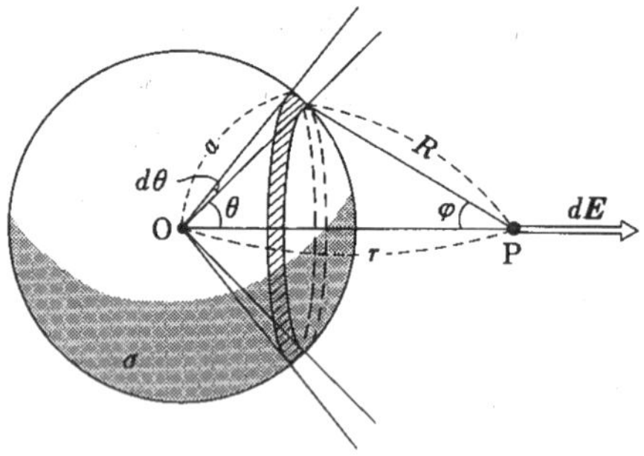

図 1.7　球面状の電荷による電場

［解］ まず図 1.6 のように，微小部分 dz にある電荷 $dQ = \lambda dz$ が点 P に作る電場を求める．図のように θ をとると，dQ から点 P までの距離は $R = \dfrac{r}{\cos\theta}$ であり，さらに，$z = r\tan\theta$，$dz = \dfrac{rd\theta}{\cos^2\theta}$ であるから，dQ が点 P に作る電場の r 方向成分は

$$dE_r = \frac{1}{4\pi\varepsilon_0}\frac{dQ}{R^2}\cos\theta = \frac{\lambda}{4\pi\varepsilon_0 r^2}\cos^3\theta dz = \frac{\lambda}{4\pi\varepsilon_0 r}\cos\theta d\theta$$

となる．また対称性より，z 方向成分は，積分すると 0 であるから，求める電場は

$$E = \int dE_r = \frac{\lambda}{4\pi\varepsilon_0 r}\int_{-\pi/2}^{\pi/2}\cos\theta d\theta = \frac{\lambda}{2\pi\varepsilon_0 r} \tag{1.13}$$

【例題 1.4】　球面上に一様に分布した電荷による電場 (1)

半径 a の球面上に，電荷 Q が一様に分布している．球の中心 O から距離 r の点 P における電場を求めよ．

［解］ まず図 1.7のように，半頂角 θ および $\theta + d\theta$ の円錐で切りとられる球面上の円輪が点 P につくる電場を考える．球表面の電荷密度は$\sigma = \dfrac{Q}{4\pi a^2}$ であるから，円輪の電荷は $dQ = \sigma\cdot 2\pi a\sin\theta\cdot ad\theta = \dfrac{1}{2}Q\sin\theta d\theta$ である．対称性より，この電荷の作る電場 $d\boldsymbol{E}$ は，OP の方向を向き，その大きさは，円輪上の点と点 P との距離を R，それと OP とのなす角を φ とすると，

$$dE = \frac{1}{4\pi\varepsilon_0}\frac{dQ}{R^2}\cos\varphi = \frac{Q}{8\pi\varepsilon_0}\frac{\cos\varphi\sin\theta d\theta}{R^2} \tag{1.14}$$

となる．球全体の電荷による点 P の電場の大きさは，これを θ について 0 から π まで積分すれば求まるが，余弦定理より $R^2 + r^2 - 2Rr\cos\varphi = a^2$ であるから

$$\frac{\cos\varphi}{R} = \frac{1}{2}\left(\frac{1}{r} + \frac{r}{R^2} - \frac{a^2}{R^2 r}\right) \tag{1.15}$$

であり，また $a^2+r^2-2ar\cos\theta=R^2$ を微分すると，変数は θ と R であるから

$$\frac{\sin\theta d\theta}{R}=\frac{1}{ar}dR \tag{1.16}$$

を得る．よって，θ の積分を R の積分に置き換えると，点 P が球外部のときは

$$E=\frac{Q}{16\pi\varepsilon_0 a}\int_{r-a}^{r+a}\left(\frac{1}{r^2}+\frac{1}{R^2}-\frac{a^2}{R^2r^2}\right)dR=\frac{1}{4\pi\varepsilon_0}\frac{Q}{r^2} \tag{1.17}$$

点 P が球内部のときは

$$E=\frac{Q}{16\pi\varepsilon_0 a}\int_{a-r}^{r+a}\left(\frac{1}{r^2}+\frac{1}{R^2}-\frac{a^2}{R^2r^2}\right)dR=0 \tag{1.18}$$

となる．この結果を見ると，球外部の電場は，球の中心に点電荷 Q を置いたときの電場に一致し，球内部には電場がないことが分かる[10]．なお，これらの結果は，2章で説明するガウスの法則を用いると，もっと簡単に導ける．

1.2.2 電気力線と電気力束

電荷が電場から受ける力の方向を連ねていくと，1 本の曲線ができる．これを**電気力線** (line of electric force) という (図 1.8)．電気力線は電場の様子を図示するのに便利である．また図 1.9 のように，電気力線に沿った管を**電気力管** (tube of electric force) という．電気力線は電場に沿っているから，電気力線に沿った微小変位 $\boldsymbol{dl}=(dx,dy,dz)$ と電場 $\boldsymbol{E}=(E_x,E_y,E_z)$ とは平行であり，次の比例関係が成り立つ．これが電気力線の微分方程式である．

$$\frac{dx}{E_x}=\frac{dy}{E_y}=\frac{dz}{E_z} \tag{1.19}$$

電気力線の密度は，そこでの電場の強さで定義される．すなわち，図 1.8 のような微小面積 $\Delta\boldsymbol{S}$ を貫く電気力線の本数 $\Delta\Phi$ は，そこの電場を $\boldsymbol{E}$ とすると，

$$\Delta\Phi=\boldsymbol{E}\cdot\Delta\boldsymbol{S} \tag{1.20}$$

で与えられる．よって，一般の曲面 S を貫く電気力線の本数 Φ は，式 (1.20) を曲面 S の各部について求め，それらを合計すれば求まり，それを

---

10 この結果は，逆 2 乗則から導かれる一般的な性質であり，万有引力ではすでに知られていた．プリーストリーは，この事実を用いて，静電気力の逆 2 乗則を示そうとしたわけである．なお，彼は導体球殻を用いたので，3 章で説明するように，実は球でなくても，内部の電場は零である．

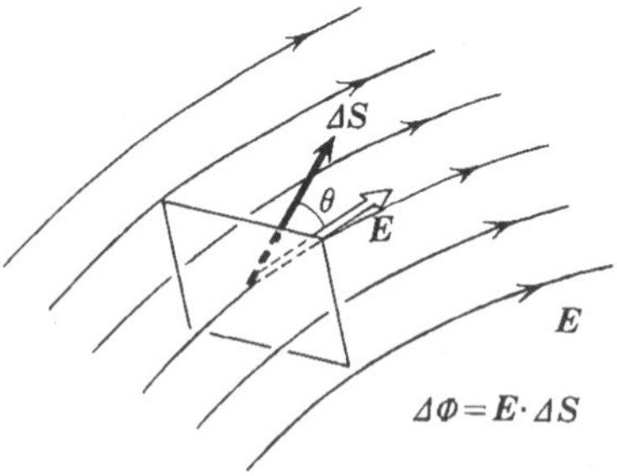

図 1.8　電気力線と電気力束

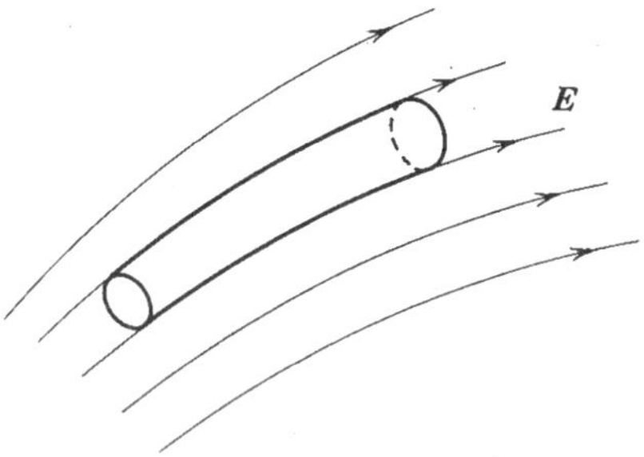

図 1.9　電気力管

$$\Phi = \int_S \boldsymbol{E} \cdot d\boldsymbol{S} \tag{1.21}$$

と書く．これはベクトル場の面積分であり，これを一般に，面積 S を貫くベクトル $\boldsymbol{E}$ の**フラックス** (flux) という (付録 D)．また電場のフラックスを，特に**電気力束** (electric flux of force) という．なお，面積ベクトル $\Delta\boldsymbol{S}$ の向きは，曲面の表向きにとる．すなわち，$\boldsymbol{E}$ が裏から表に貫く場合は，$\Delta\Phi > 0$，表から裏に貫く場合は，$\Delta\Phi < 0$ とする．電気力束の単位は，式 (1.20) より $\mathrm{N{\cdot}m^2/C}$ である．したがって，本数は便宜的なものであって，単位の取り方に依存する．

ところで，電気力線を眺めると，川の流れ，すなわち**流線** (streamline) を思わせる．実際，流れの中に置かれた微粒子は，流線に沿って力を受けるが，これは，電場中の電荷が，電気力線に沿って力を受けるのと類似している．そこで，電場を『流れの場』になぞらえて説明することは，物理的なイメージに役立つ．このとき，電気力管に対応するものは，**流管**である．

ここで，流線の性質について簡単に触れておこう．まず流線には，始点と終点が考えられるが，明らかなように，始点は**湧き出し** (source)，終点は**吸い込み**を意味する．また流線は一般に，湧き出し・吸い込み以外の点では途中で交わったり途切れたりしない．逆に言えば，もし途切れていれば，そこには必ず湧き出し，または吸い込みが存在することになる．

図 1.10 は，正負一対の電荷による電気力線を描いたものであるが，これを見ると，電気力線を流線とすれば，**正電荷は電気力線の湧き出し，負電荷は吸い**

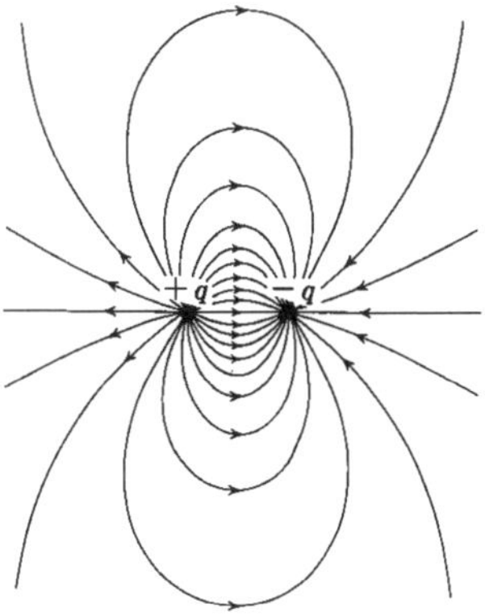

図 1.10 流線の湧き出し

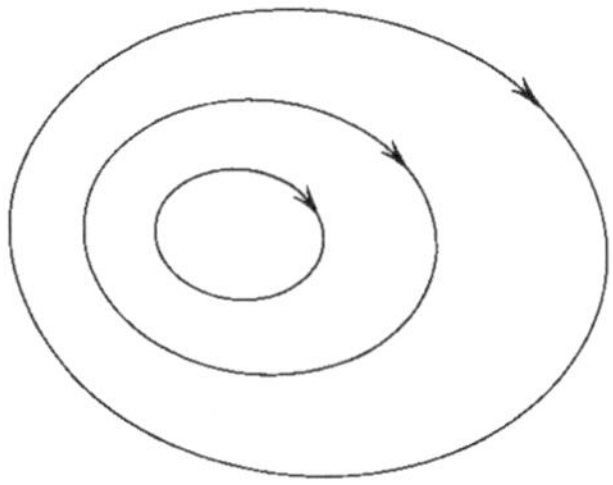

図 1.11 流線のループ

込みに対応すると考えられる．また，電気力線は，電荷以外の場所では途切れたりしないので，電気力線と電荷の関係は，まさに流線と湧き出しとの関係に対応すると考えられる．一方，流線は，図 1.11 のように**ループ**を描くことが可能である．これは後に述べるように，そのループの中に，**渦** (vortex, eddy) が存在していることを表わしている．

このように，流れの場には湧き出し (吸い込み) や渦という性質があるが，それらは，数学的には，それぞれベクトル場の**発散** (divergence)，**回転** (rotation) という量によって表現され，ベクトル場を $\boldsymbol{E}$ とすれば，発散，回転はそれぞれ，div $\boldsymbol{E}$，rot $\boldsymbol{E}$ と書かれる．このようなベクトル場の性質は，**ベクトル解析** (vector analysis) と呼ばれる数学によって調べられる．詳しくは 2 章で述べる．

1.3 電　位

1.3.1 静電場の線積分と電位

静電場中の電荷にはクーロン力が働くので，それを移動するためには，仕事が必要である．いま図 1.12 (a) のように，電場 $\boldsymbol{E}$ 中で，電荷 q を経路 C に沿って点 A から点 B まで運ぶ仕事を考えると，経路 C に沿った微小変位 $d\boldsymbol{l}$ に必要な微小仕事は，電場に逆らった移動に必要な仕事を正にとると，$dW = -q\boldsymbol{E}\cdot d\boldsymbol{l}$ であるから，求める仕事は，次のような線積分となる (付録 D)．

$$W = -\int_{\mathrm{A}\ (C)}^{\mathrm{B}} q\boldsymbol{E}\cdot d\boldsymbol{l} \tag{1.22}$$

ここで，$\boldsymbol{E}$ として，点電荷 Q が作る静電場を考えると，$\boldsymbol{E}$ は式 (1.9) で与えられるが，それは中心力場であるから，図 1.12 (b) のように，$d\boldsymbol{l}$ と $\boldsymbol{E}$ とのなす角を θ とおくと，$\boldsymbol{E}\cdot d\boldsymbol{l} = Edl\cos\theta = Edr$ と書き換えることができるので，式 (1.22) の積分は，次のように計算することができる．

$$W = -\frac{qQ}{4\pi\varepsilon_0}\int_{r_\mathrm{A}}^{r_\mathrm{B}} \frac{dr}{r^2} = \frac{qQ}{4\pi\varepsilon_0}\left(\frac{1}{r_\mathrm{B}} - \frac{1}{r_\mathrm{A}}\right) \tag{1.23}$$

ただし，r_A，r_B はそれぞれ点 A，B と電荷 Q との距離である．すなわち結果は，点 A と 点 B の位置のみで決定され，経路 C には依存しない．

よって，電気量 1 C の**単位電荷** (unit charge) を，点 A から 点 B まで運ぶ仕事は，途中の経路にはよらず，一義的に

$$V \equiv -\int_{\mathrm{A}}^{\mathrm{B}} \boldsymbol{E}\cdot d\boldsymbol{l} = \frac{Q}{4\pi\varepsilon_0}\left(\frac{1}{r_\mathrm{B}} - \frac{1}{r_\mathrm{A}}\right) \tag{1.24}$$

で与えられる．これを，2 点 A，B の**電位差** (potential difference) または**電圧** (voltage) という．このとき，電荷 q を点 A から 点 B まで運ぶ仕事は，

$$\boxed{W = qV} \tag{1.25}$$

と書ける．ところで，点 A を無限遠，点 B を点 P とすると，式 (1.24) は

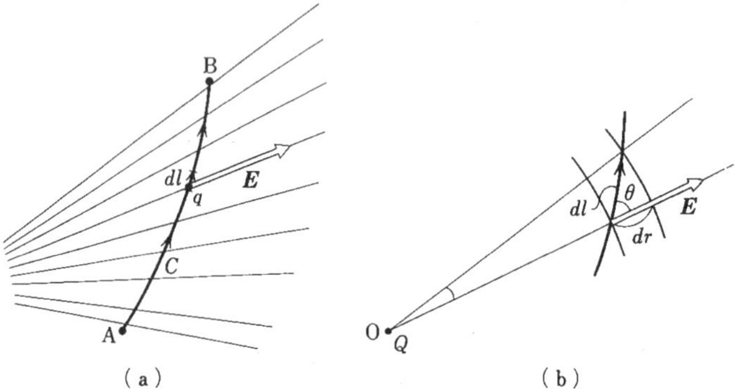

図 1.12　静電場の線積分

$$\phi(\mathrm{P}) \equiv -\int_{\infty}^{\mathrm{P}} \boldsymbol{E}\cdot d\boldsymbol{l} = \frac{1}{4\pi\varepsilon_0}\frac{Q}{r} \tag{1.26}$$

となる．ここで r は電荷 Q と点 P との距離である．これを，無限遠を基準とした点 P の**電位** (electric potential) と定義する．基準点 (電位 0 の点) をどこに選ぶかは任意であるが，通常は無限遠を基準とする．点 A，B の電位をそれぞれ $\phi(\mathrm{A})$，$\phi(\mathrm{B})$ とすれば，2 点 A，B 間の電位差は

$$V = -\int_{\mathrm{A}}^{\mathrm{B}} \boldsymbol{E}\cdot d\boldsymbol{l} = \phi(\mathrm{B}) - \phi(\mathrm{A}) \tag{1.27}$$

で与えられる．電位差または電位の単位には V(ボルト) を用いる．1 V は 1 C の電荷を運ぶのに 1 J を要する電位差である．V = J/C = N·m/C である．

以上の議論は，重ね合わせの原理によって，一般の電場についても成り立つ．電位はスカラーであるから，電荷分布による電位は，各電荷による電位の代数和であり，n 個の点電荷 q_i $(i = 1, 2, \ldots, n)$ による点 P の電位は，

$$\phi = \frac{1}{4\pi\varepsilon_0}\sum_{i=1}^{n}\frac{q_i}{r_i} \tag{1.28}$$

となる．ただし r_i は，電荷 q_i と点 P との距離である．したがって一般に，電場より電位の方が求めやすい．もし電荷が，体積 V 内に電荷密度 ρ で連続的に分布していれば，体積素 dV に含まれる電気量は $dQ = \rho dV$ であるから，

$$\phi = \frac{1}{4\pi\varepsilon_0}\int\frac{dQ}{r} = \frac{1}{4\pi\varepsilon_0}\int_V \frac{\rho dV}{r} \tag{1.29}$$

である．ただし，r は電荷 $dQ = \rho dV$ と点 P との距離である．なお，電荷が曲線 C 上に線密度 λ で分布していれば，$dQ = \lambda dl$ として線積分，曲面 S 上に面密度 σ で分布していれば，$dQ = \sigma dS$ として面積分になる．

一般に電位は，このようないろいろな電荷分布による電位の重ね合わせであり，電荷分布が決まれば，それらの作る電位が一義的に決定される．

問 1.2　電場の単位は V/m であり，それは N/C に等しいことを示せ．

問 1.3　電子を，電位差 1 V の点まで運ぶのに必要な仕事を求めよ．なお，この仕事を基準としたエネルギーの単位を eV (**電子ボルト**) という．
($W = 1.6 \times 10^{-19}$ J = 1 eV)

【例題 1.5】 球面上に一様に分布した電荷による電位

例題 1.4 で，球の中心 O から距離 r の点 P の電位 ϕ を求めよ．

［**解**］図 1.7 と同様に円環を考えると，この円環の電荷 dQ による点 P の電位は

$$d\phi = \frac{1}{4\pi\varepsilon_0}\frac{dQ}{R} = \frac{Q}{8\pi\varepsilon_0}\frac{\sin\theta d\theta}{R} \quad \left(\because \quad dQ = \frac{1}{2}Q\sin\theta d\theta\right)$$

となる．球全体の電荷による点 P の電位は，これを θ について 0 から π まで積分すれば求まるが，式 (1.16) を用いて R に変数変換すれば，点 P が球外部のときは

$$\phi = \frac{Q}{8\pi\varepsilon_0 ar}\int_{r-a}^{r+a} dR = \frac{1}{4\pi\varepsilon_0}\frac{Q}{r} \tag{1.30}$$

である．一方，点 P が球内部のときは，次のような一定値となる．

$$\phi = \frac{Q}{8\pi\varepsilon_0 ar}\int_{a-r}^{r+a} dR = \frac{1}{4\pi\varepsilon_0}\frac{Q}{a} \tag{1.31}$$

［**別解**］電場は例題 1.4 で与えられ，その線積分は経路によらないから，経路を半径方向にとると，球外部の電位は次式のように求まる．

$$\phi = -\int_{\infty}^{r} \frac{1}{4\pi\varepsilon_0}\frac{Q}{r^2}dr = \frac{1}{4\pi\varepsilon_0}\frac{Q}{r}$$

また，球内部の電位は次のように求まり，同じ結果を得る．

$$\phi = -\int_{\infty}^{a} \frac{1}{4\pi\varepsilon_0}\frac{Q}{r^2}dr - \int_{a}^{r} 0dr = \frac{1}{4\pi\varepsilon_0}\frac{Q}{a}$$

問 1.4　一様な電場 $\boldsymbol{E}$ に沿って距離 d だけ離れた 2 点間の電位差は，

$$V = Ed \tag{1.32}$$

であることを示せ．$\left(V = \int_0^d Edl = Ed\right)$

問 1.5　一様な電場中で，電場に沿って 1 cm 移動したら，電位が 1 V 上昇した．電場の強さを求めよ．(100 V/m)

問 1.6　無限直線上に，一様な線密度 λ で電荷が分布しているとき，この直線から距離 r_0 および r の 2 点間の電位差は，次式で与えられることを示せ．

$$V = \frac{\lambda}{2\pi\varepsilon_0}\ln\frac{r_0}{r} \qquad (\text{ただし } \ln \text{ は自然対数 } \log_e \text{ を表わす.}) \tag{1.33}$$

(**ヒント**: 例題 1.3 の電場を線積分する．これは $r_0 \to \infty$ とすると発散する．)

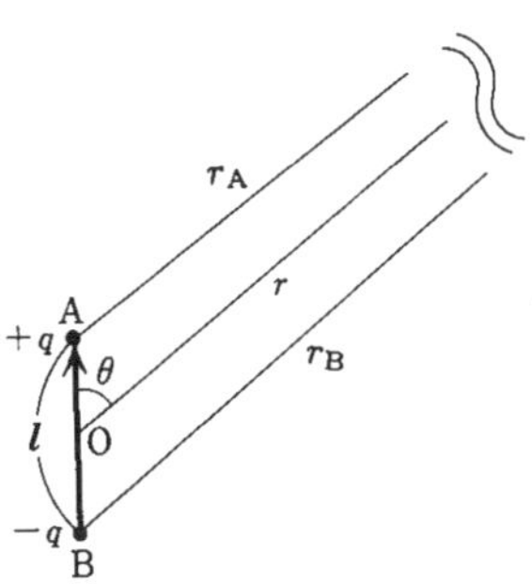

図 1.13　電気双極子

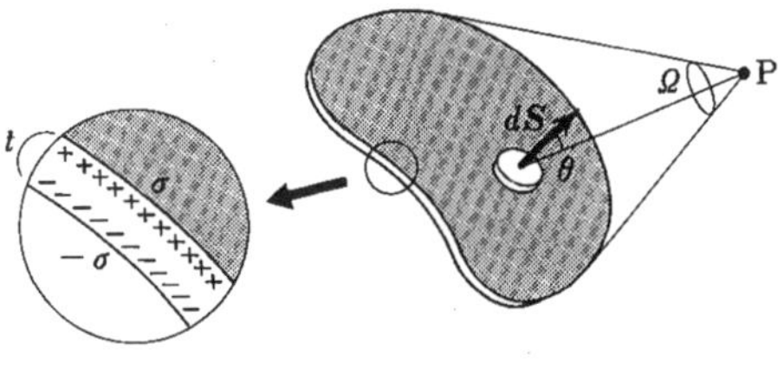

図 1.14　電気 2 重層

【例題 1.6】　電気双極子

非常に短い距離を隔てた，等量異符号の一対の電荷を**電気双極子** (electric dipole) と呼ぶ．図 1.13 のように，電荷$+q$，$-q$ が，距離 l だけ離れた点 A，B にあるとき，十分遠方の点 P での電位を求めよ．ただし線分 AB の中点を原点 O，$\angle$ POA $= \theta$，OP $= r$ とする．

[**解**] AP $= r_A$，BP $= r_B$ とすると，点 P の電位は，重ね合わせの原理より

$$\phi(\mathrm{P}) = \frac{q}{4\pi\varepsilon_0 r_A} - \frac{q}{4\pi\varepsilon_0 r_B} = \frac{q}{4\pi\varepsilon_0}\frac{r_B - r_A}{r_A r_B} \tag{1.34}$$

である．ここで点 P が十分遠く，$r \gg l$ ならば，AP//OP//BP とみなせるので

$$r_A = r - \frac{1}{2}l\cos\theta, \quad r_B = r + \frac{1}{2}l\cos\theta \tag{1.35}$$

としてよい．これを式 (1.34) に代入して，l/r の高次の項を無視すると

$$\phi(\mathrm{P}) = \frac{ql\cos\theta}{4\pi\varepsilon_0 r^2} = \frac{p\cos\theta}{4\pi\varepsilon_0 r^2} = \frac{\boldsymbol{p}\cdot\hat{\boldsymbol{r}}}{4\pi\varepsilon_0 r^2} \tag{1.36}$$

となる．ただし $p \equiv ql$，$\hat{\boldsymbol{r}}$ は点 P の方向の単位ベクトルであり，

$$\boldsymbol{p} \equiv q\boldsymbol{l} \quad (\boldsymbol{l} \text{ は負電荷から正電荷に向かうベクトル}) \tag{1.37}$$

である．$\boldsymbol{p}$ は**電気双極子モーメント** (electric dipole moment) と呼ばれ，この一対の電荷を特徴づける量である．単位は C·m である．

《参考》　電気 2 重層

図 1.14 のように，厚さ t の薄い板の表裏に，それぞれ等量異符号の面電荷密度 $\pm\sigma$ が分布したのものを，**電気 2 重層** (electric double layer) という．いま薄板に厚さ t，面積 dS の微小体積をとると，その双極子モーメントは，$\boldsymbol{p} = t\sigma d\boldsymbol{S}$ であるから，これによる点 P の電位は，式 (1.36) より，

$$d\phi = \frac{t\sigma d\boldsymbol{S}\cdot\hat{\boldsymbol{r}}}{4\pi\varepsilon_0 r^2} = \frac{\sigma t}{4\pi\varepsilon_0}d\Omega$$

である．ただし $d\Omega = \dfrac{d\boldsymbol{S}\cdot\hat{\boldsymbol{r}}}{r^2}$ は，付録Eより，点Pから dS を見込む立体角である．よって，電気2重層全体による点Pの電位は，σ を一定として上式を積分して

$$\phi = \frac{\sigma t}{4\pi\varepsilon_0}\Omega \quad (\Omega\text{は電気2重層全体を見込む立体角}) \tag{1.38}$$

となる．すなわち電気2重層の電位は，立体角が一定ならその形状にはよらない．

1.3.2 等電位面

電位は，基準点を決めれば，各点に一義的に決まるので，スカラー場である．これは，重力の位置エネルギーと同様のものであり，これを一般に，**スカラーポテンシャル** (scalar potential) [11] という．これは，重力と同様に，クーロン力が**中心力**であることに起因している．電位が一定の点の集合は，1つの曲面を形成する．これを**等電位面** (equipotential surface) という．電位を $\phi(x,y,z)$ とすると，等電位面の方程式は，$\phi(x,y,z)=C$ (ただし C は定数) で与えられる．定数 C は任意であるから，C の値によって無数の等電位面が存在する．これを**等電位面群**という．別の等電位面同士は互いに交わることはない．もし交われば，それらは同じ等電位面である．

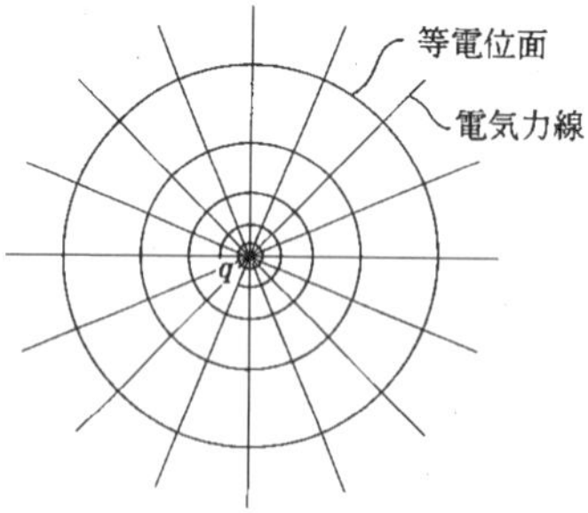

図 1.15 点電荷による等電位面

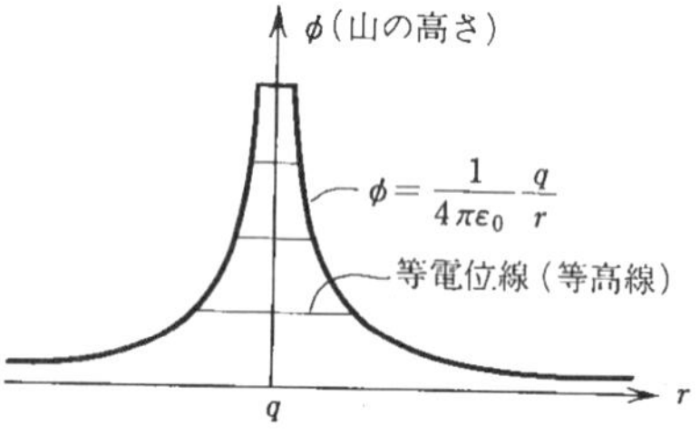

図 1.16 電位の山

図1.15に，点電荷 q が作る電場の等電位面の様子を示す．また図1.16は，その電位のグラフである．電位は単位電荷の位置エネルギーであるから，それは

11 これはふつう単にポテンシャルと呼ばれるが，ここでは後出のベクトルポテンシャルと区別するためにスカラーをつけて呼んでいる．なおポテンシャルは，概念の一般化に有効であり，量子力学や場の理論では，常にポテンシャルが取り扱われる．

山の高さにたとえられる．その場合，等高線は等電位線に対応する．

1.4 静電エネルギー

上述のように，静電場はスカラーポテンシャルを持つが，力学で学ぶように，このような場は**エネルギー保存則** (law of conservation of energy) が成り立ち，**保存場** (conservative field) と呼ばれる，またその力を**保存力** (conservative force) という．実際，電荷 q を点 A から点 B まで運ぶのに必要な仕事は，点 A，B における電位をそれぞれ $\phi(\mathrm{A})$，$\phi(\mathrm{B})$ とすると，

$$W = qV = q(\phi(\mathrm{B}) - \phi(\mathrm{A})) \tag{1.39}$$

で与えられるが，これは，電荷に外部から与えた仕事 W は，位置エネルギー

$$U = q\phi \tag{1.40}$$

として蓄えられること (すなわちエネルギー保存則) を意味している．

いま，n 個の電荷 q_i $(i = 1, 2, \ldots, n)$ を，それぞれ点 P_i に順番に配置する仕事を考えよう．最初は電荷はないので，電荷 q_1 を点 P_1に運ぶ仕事は零である．次に q_1 による点 P_2 の電位を ϕ_{21} とおくと，電荷 q_2 を点 P_2 に運ぶ仕事は，$W_{21} = q_2\phi_{21}$ であるから，蓄えられるエネルギーは $U_{21} = q_2\phi_{21}$ である．ここで，この系を逆順で作ってもエネルギーは等しいはずだから，一般に，$U_{12} = U_{21}$ が成り立ち，電荷 q_1，q_2 によって蓄えられるエネルギーは，

$$U = \frac{1}{2}(U_{12} + U_{21}) = \frac{1}{2}(q_1\phi_{12} + q_2\phi_{21}) \tag{1.41}$$

と書ける．同様に，電荷 q_j による点 P_i の電位を ϕ_{ij} とおくと，q_i を点 P_i に運ぶ仕事は，すでに配置された各電荷との間で，エネルギー $U_{ij} = q_i\phi_{ij}$ が蓄えられるので，重ね合わせの原理より，一般に，n 個の電荷分布のエネルギーは，

$$\boxed{U = \frac{1}{2}\sum_{i=1}^{n}\sum_{j=1}^{n}{}' U_{ij} = \frac{1}{2}\sum_{i=1}^{n} q_i\phi_i} \tag{1.42}$$

となる．ただし $\sum'$ は，$j = i$ を除いて和をとることを意味する．また

$$\phi_i \equiv \sum_{j=1}^{n}{}' \phi_{ij} \tag{1.43}$$

である．この ϕ_i は，電荷 q_i 以外の電荷が点 P_i に作る電位，すなわち点 P_i の電位にほかならない．連続な電荷分布の場合は，式 (1.42) は積分となり，

$$U = \frac{1}{2}\int \phi dQ = \frac{1}{2}\int_V \phi\rho dV \tag{1.44}$$

となる．ただし，dQ，ρ および ϕ は，微小体積 dV の電荷，電荷密度および電位である．このような電荷分布によって蓄えられるエネルギーを，一般に**静電エネルギー** (electrostatic energy) という．なお，点電荷自身は，無限大の静電エネルギーを持つが，ここではそれは考えないことにする (例題 1.7)．

【例題 1.7】　球面電荷分布の静電エネルギー

半径 R の球面上に，電荷 Q が一様に分布している．この電荷分布による静電エネルギーを求めよ．

［**解**］電荷は球面上に分布しているので，式 (1.44) は面積分となるが，球面上の電位は，例題 1.5 より $\phi = \dfrac{Q}{4\pi\varepsilon_0 R}$，電荷密度は $\sigma = \dfrac{Q}{4\pi R^2}$ であり，どちらも一定となるから，積分は簡単にできて

$$U = \frac{1}{2}\int_S \phi\sigma dS = \frac{1}{2}\frac{Q}{4\pi\varepsilon_0 R}\frac{Q}{4\pi R^2}4\pi R^2 = \frac{Q^2}{8\pi\varepsilon_0 R} \tag{1.45}$$

となる．この静電エネルギーは，半径を 0 にすると無限大になるから，点電荷という概念は架空のものである．

演習問題 1

1.1　真空中の点 A(0, 0, 6)，B(0, 0, −6) に，それぞれ電気量 $q_{\mathrm{A}} = 4 \times 10^{-5}$ C，$q_{\mathrm{B}} = -4 \times 10^{-5}$ C の点電荷が静止している．ただし座標の単位は m である．電気量 $q = 4 \times 10^{-4}$ C の点電荷が，それぞれ

(1) O(0, 0, 0),　(2) C($6\sqrt{3}$, 0, 0),　(3) D($3\sqrt{3}$, 9, 0)

にある場合について，この点電荷の受けるクーロン力を求めよ．

1.2　電気量 $4q$，および $-q$ の点電荷が，距離 r だけ離れて固定されている．このとき

(1) 第 3 の電荷 q' に働くクーロン力が零となるような位置があればそれを求めよ．

(2) この 3 つのいずれの点電荷に働くクーロン力も零となるような q' の値があれば

それを求めよ．

(3) このつりあいの安定性について考えよ．

1.3 図 1.17 のような，糸の長さ l_1，l_2，質量 m_1，m_2 の質点 1，2 からなる 2 重振子がある．質点 1，2 にそれぞれ電荷 $\pm q$ を与え，水平方向に電場 $\boldsymbol{E}$ をゆっくりかけた．それぞれの糸が鉛直方向となす角度 θ_1，θ_2 を求めよ．ただし重力加速度を g とし，糸は十分軽い絶縁体とする．

1.4 晴天時でも，地上にはおよそ 100 V/m の電場が上向きにかかっている．1μg の微粒子にどの位電荷を与えれば浮くか．ただし重力加速度を $g = 9.8\mathrm{m/s^2}$ とする．

1.5 (**ミリカンの油滴の実験**) 未知の電荷 q (>0) で帯電した密度 ρ の油滴が，重力加速度 g のもとで，空気抵抗を受けながら終端速度 v_0 でゆっくり落下している．ここに一様な電場 E を鉛直上方にかけたら，終端速度は v_1 に変化した．この油滴の電気量 q を求めよ．ただし空気の密度を ρ_0，粘性率を η とする．なお，油滴が受ける空気抵抗は，**ストークスの法則** (Stokes' law) に従うとする．すなわち，粘性率 η の流体中を半径 a の球が速度 v で運動するときに受ける粘性抵抗は，$f = 6\pi a\eta v$ である．

1.6 図 1.18 のように，電荷が一様な面電荷密度 σ で分布した半径 a の円板がある．円板の中心から垂直に距離 h だけ離れた点 P の電場は，面に垂直で，大きさは

$$E = \frac{\sigma}{2\varepsilon_0}\left(1 - \frac{h}{\sqrt{h^2 + a^2}}\right) = \frac{\sigma}{4\pi\varepsilon_0}\Omega \tag{1.46}$$

であることを示せ．ただし Ω は点 P から円板を見込む立体角である (付録 E 参照)．

1.7 一様な面電荷密度 σ で電荷が分布した無限平面がある．この平面から距離 h の点 P での電場は，面に垂直で，次の大きさをもつことを示せ．

$$E = \frac{\sigma}{2\varepsilon_0} \tag{1.47}$$

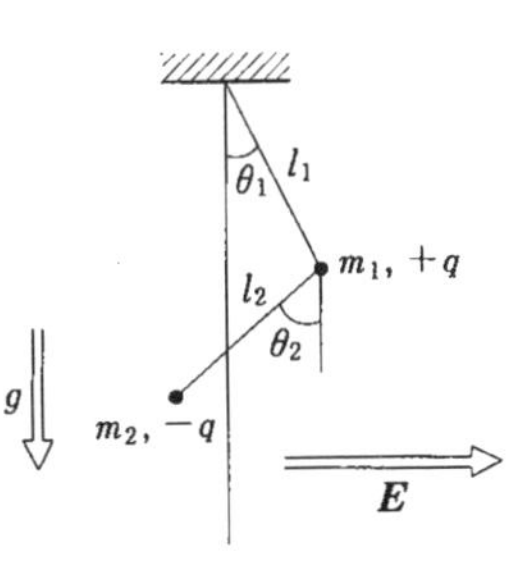

図 1.17 2 重振子

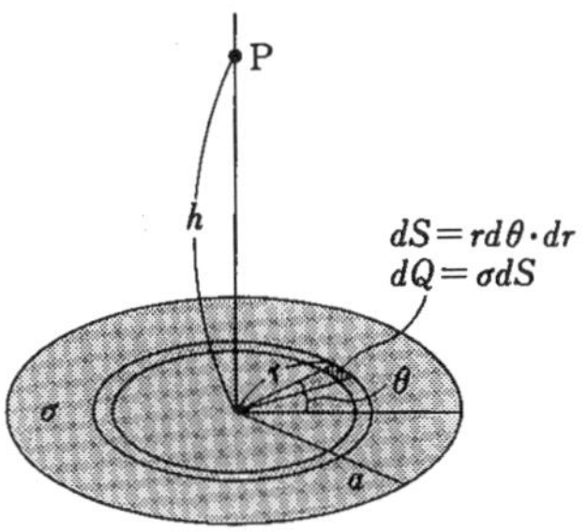

図 1.18

1.8 演習問題 1.7 で求めた点 P の電場のうち，半分は点 P から距離 $2h$ 以内にある電荷によるもの，残りの半分は，残り全部の電荷によるものであることを示せ．

1.9 一様な線電荷密度 λ_1，λ_2 をもつ，2 本の無限に長い直線電荷が，間隔 d で平行に置かれている．単位長さ当たりに働く力を求めよ．

1.10 1 V の等電位面にある 1 C 電荷を，10 V の等電位面まで運ぶのに必要な仕事を求めよ．

1.11 静止した電子 (電荷 e，質量 m) を電位差 V で加速した．電子の速度を求めよ．

1.12 次の電位の等電位面を求めよ．ただし $r = \sqrt{x^2 + y^2 + z^2}$ である．

(1) $\phi(r) = \dfrac{c}{r}$　　(2) $\phi(z) = kz$　　(3) $\phi(r) = \dfrac{1}{2}kr^2$　　(4) $\phi(x, y) = kxy$

1.13 次のベクトル場の流線を求めよ．

(1) $\boldsymbol{A} = (-y, x, 0)$　　(2) $\boldsymbol{B} = (y, x, 0)$　　(3) $\boldsymbol{C} = (x, y, 0)$

1.14 等電位面の微分方程式は，$E_x dx + E_y dy + E_z dz = 0$ であることを示せ．

1.15 一様な線電荷密度 $\pm\lambda$ をもつ 2 本の無限に長い直線電荷が，微小間隔 d で平行に置かれたものを 2 次元双極子という．これによる電位を求めよ．

1.16 表裏にそれぞれ一様な面電荷密度 $\pm\sigma$ で電荷が分布した，半径 a，厚さ t の円板がある．板が十分薄いとして，板の中心軸上で板から距離 r の点 P の電位を求めよ．

1.17 電気 2 重層が閉曲面を形成する場合，閉曲面内外の電位を求めよ．

1.18 点電荷 q が作る静電場において，q を囲まないような 1 つの球面上の電位の平均値は，その中心の電位に等しいことを示せ．なおこの結果は，重ね合わせの原理からすぐに一般化される．すなわち，任意の静電場においてある球面を考えるとき，もし球内部に電荷がなければ，球面上の電位の平均値は，その中心の電位に等しい．

1.19 1 辺 a の正方形の頂点に，電荷 $\pm q$ が交互に配置している．静電エネルギーを求めよ．

1.20 電子が例題 1.7 のような構造を持っていると仮定し，さらに電子の相対論的エネルギー $m_e c^2$ のうち半分が，静電エネルギーによるものと仮定すると，電子の半径は

$$R = \frac{e^2}{4\pi\varepsilon_0 m_e c^2} \fallingdotseq 2.8 \times 10^{-15}\ \mathrm{m} \tag{1.48}$$

で与えられることを示せ．なお，これを**古典電子半径**という．なぜ電子が安定でいられるかは電磁気学では説明できない．

2

電位と電場の解析

前章では，電場と電位を導入し，電気力線や等電位面を定義した．そして電場には，湧き出しや渦といった，流れの場と同様の性質があることを示した．この章では，これらに関連した，ベクトル場の**発散**および**回転**という量を定義し，静電場の基礎方程式を導く．さらにそれらをまとめて，ポアソン方程式を導出する．そのまえにまず，スカラー場の**勾配**という量を定義し，電位と電場を結びつける．

2.1　電位の勾配 (gradient)

2.1.1　偏微分と全微分

前章で，電気的な位置エネルギーとして電位を定義したが，ここでその空間的な変化を調べよう．考えやすいように，z 軸に垂直な 1 つの xy 平面について考え，その平面上の点 P (x, y) における電位 $\phi(x, y)$ を考えると，$\phi(x, y)$ のグラフは，図 2.1 のように，1 つの曲面で表わされ，これは，電位をその点の標高とする山の斜面のようにイメージできる．したがって，電位にも傾斜を考えることができる．まず x 方向の傾斜を考えてみると，それは図 2.2 のように，y を一定として得られる x-ϕ 平面での，関数 ϕ の傾きであるから，変数 x のみに着目し，残りの変数は定数と思って，次のように微分すれば求まる．

$$\frac{\partial \phi}{\partial x} = \lim_{\Delta x \to 0} \frac{\phi(x + \Delta x, y) - \phi(x, y)}{\Delta x} \tag{2.1}$$

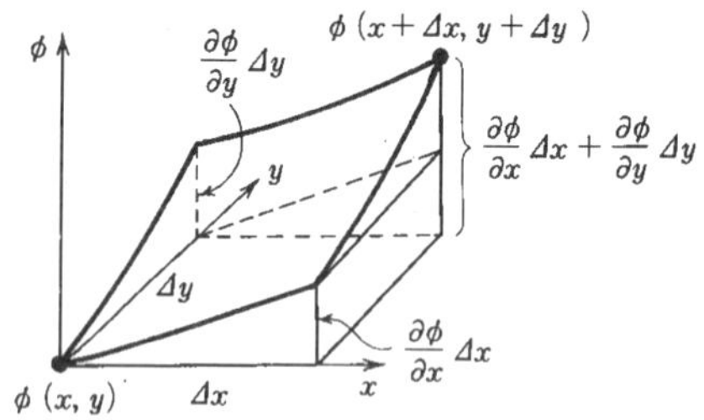

図 2.1 2 次元空間の電位の傾斜

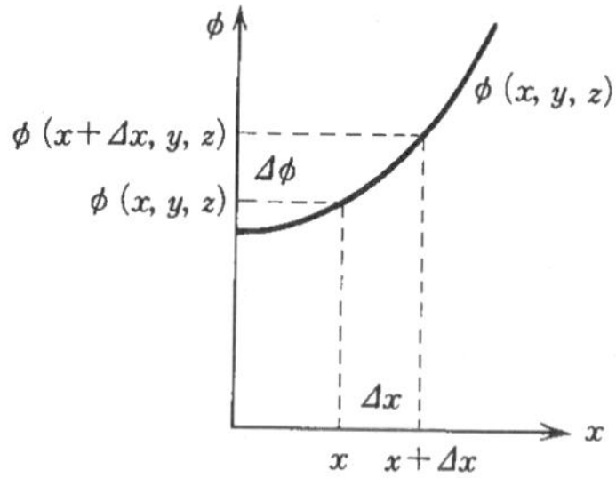

図 2.2 x 軸に沿った傾き

これを，関数 ϕ の，変数 x についての**偏微分** (partial differential) という．ここで ∂ は，偏微分であることを表わす記号である．同様に y 方向の傾きは，

$$\frac{\partial\phi}{\partial y} = \lim_{\Delta y\to 0} \frac{\phi(x, y+\Delta y) - \phi(x, y)}{\Delta y} \tag{2.2}$$

で与えられる．ところで，点 $\mathrm{P}(x, y)$ を $(\Delta x, \Delta y)$ だけ変位させたときの，電位 $\phi(x, y)$ の変化は，$\Delta\phi \equiv \phi(x+\Delta x, y+\Delta y) - \phi(x, y)$ と書けるが，これを，

$$\Delta\phi = \frac{\phi(x+\Delta x, y+\Delta y) - \phi(x, y+\Delta y)}{\Delta x}\Delta x + \frac{\phi(x, y+\Delta y) - \phi(x, y)}{\Delta y}\Delta y \tag{2.3}$$

のように変形し，$\Delta x \to 0$，$\Delta y \to 0$ の極限をとると，Δx，Δy の係数は，式 (2.1)，式 (2.2) によって偏微分で表わされ，また，Δ を d と書き直せば，

$$d\phi = \frac{\partial\phi}{\partial x}dx + \frac{\partial\phi}{\partial y}dy \tag{2.4}$$

となる．これを関数 $\phi(x, y)$ の**全微分** (total differential) という．なお，我々の空間は 3 次元であるから，実際の電位は $\phi(x, y, z)$ と表わされるが，以上の議論は，容易に 3 次元に拡張でき，全微分は次のように与えられる．

$$d\phi = \frac{\partial\phi}{\partial x}dx + \frac{\partial\phi}{\partial y}dy + \frac{\partial\phi}{\partial z}dz \tag{2.5}$$

問 2.1 関数 $U(x, y, z) = x^2 - 2xy + 1$ を全微分せよ．

（ $\dfrac{\partial U}{\partial x} = 2x - 2y$，$\dfrac{\partial U}{\partial y} = -2x$，$\dfrac{\partial U}{\partial z} = 0$ より $dU = 2(x-y)dx - 2xdy$ ）

2.1.2 勾配

微小変位を $\boldsymbol{dl} = (dx, dy, dz)$ とすると，式 (2.5) は，内積を用いて

$$d\phi = \text{grad } \phi \cdot \boldsymbol{dl} \tag{2.6}$$

と書ける．ただし，grad ϕ (グラディエント ϕ と読む) は，デカルト座標で

$$\boxed{\text{grad } \phi \equiv \frac{\partial \phi}{\partial x}\boldsymbol{i} + \frac{\partial \phi}{\partial y}\boldsymbol{j} + \frac{\partial \phi}{\partial z}\boldsymbol{k} = \left(\frac{\partial \phi}{\partial x}, \frac{\partial \phi}{\partial y}, \frac{\partial \phi}{\partial z}\right)} \tag{2.7}$$

と定義されるベクトルであり，電位 ϕ の**勾配** (gradient) と呼ばれる．

grad ϕ の性質を調べるため，微小変位 $\boldsymbol{dl}$ の方向と電位の変化 $d\phi$ との関係を調べてみよう．まず微小変位 $\boldsymbol{dl}$ の方向を，$d\phi = 0$ となるように等電位面内に選ぶと，式 (2.6) より grad $\phi \cdot \boldsymbol{dl} = 0$，すなわち grad $\phi \perp \boldsymbol{dl}$ である．これは，等電位面に含まれる $\boldsymbol{dl}$ すべてについて成り立つので，**grad ϕ の向きは等電位面に垂直**であることがわかる．次に $\boldsymbol{dl}$ を，grad ϕ と角 θ をなすように選ぶと，$d\phi = |\text{grad } \phi||\boldsymbol{dl}| \cos\theta$ であるから，その方向の電位の傾きは，

$$\frac{d\phi}{dl} = |\text{grad } \phi| \cos\theta \tag{2.8}$$

で与えられる．よって等電位面に垂直 ($\theta = 0$) のとき $d\phi/dl$ は最大値をとり，その値は $|\text{grad } \phi|$ である．すなわち**電位の傾きが最大なのは等電位面に垂直な方向で，その傾きは grad ϕ の大きさである．**また grad ϕ の向きは，傾きが正になる方向と定める．なお式 (2.7) の表式は座標系によって変わる (付録 C)．

【例題 2.1】 grad の計算

スカラー場 $\phi(r) = \dfrac{1}{r}$ の勾配を求めよ．ただし $r = \sqrt{x^2 + y^2 + z^2}$，$r \neq 0$ とする．さらに点 (2,2,1) における勾配を求めよ．

[解] まず，x について偏微分すると，

$$\frac{\partial \phi}{\partial x} = -\frac{1}{2}\frac{2x}{(x^2 + y^2 + z^2)^{3/2}} = -\frac{x}{r^3}$$

であり，他の偏微分も同様に行なえるから，求める勾配は

$$\text{grad } \phi = \text{grad } \frac{1}{r} = -\frac{x\boldsymbol{i} + y\boldsymbol{j} + z\boldsymbol{k}}{r^3} = -\frac{\boldsymbol{r}}{r^3} = -\frac{\hat{\boldsymbol{r}}}{r^2} \quad \text{ただし } \hat{\boldsymbol{r}} = \frac{\boldsymbol{r}}{r} \tag{2.9}$$

となる．よって点(2,2,1)での勾配は grad $\phi = -\dfrac{2\boldsymbol{i} + 2\boldsymbol{j} + \boldsymbol{k}}{27}$ である．

微分演算子

関数に微分操作を施すものを**微分演算子**というが[1]，grad ϕ を形式的に

$$\mathrm{grad}\ \phi = \left(\frac{\partial}{\partial x}\boldsymbol{i} + \frac{\partial}{\partial y}\boldsymbol{j} + \frac{\partial}{\partial z}\boldsymbol{k}\right)\phi = \left(\frac{\partial}{\partial x}, \frac{\partial}{\partial y}, \frac{\partial}{\partial z}\right)\phi \tag{2.10}$$

のように変形すると，これは，スカラー関数 ϕ に，**ベクトル微分演算子**

$$\nabla \equiv \frac{\partial}{\partial x}\boldsymbol{i} + \frac{\partial}{\partial y}\boldsymbol{j} + \frac{\partial}{\partial z}\boldsymbol{k} = \left(\frac{\partial}{\partial x}, \frac{\partial}{\partial y}, \frac{\partial}{\partial z}\right) \tag{2.11}$$

が作用したものと見ることができる（∇ は**ナブラ** (nabla) と読む[2]）．すなわち，

$$\mathrm{grad}\ \phi = \nabla\phi \tag{2.12}$$

と書くことができる．なお ∇ は，**ハミルトン** (Hamilton) **の記号**とも呼ばれる．

問 2.2 デカルト座標 x，y，z の勾配は，以下であることを示せ．

$$\nabla x = \boldsymbol{i}, \quad \nabla y = \boldsymbol{j}, \quad \nabla z = \boldsymbol{k} \tag{2.13}$$

2.1.3 電位と電場

いまスカラー場 ϕ において，grad ϕ で定義されるベクトル場を考え，それを点 A から点 B まで経路 C に沿って線積分してみると，式 (2.6) より，

$$\int_{\mathrm{A}\ (C)}^{\mathrm{B}} \mathrm{grad}\ \phi \cdot d\boldsymbol{l} = \int_{\mathrm{A}}^{\mathrm{B}} d\phi = \phi(\mathrm{B}) - \phi(\mathrm{A}) \tag{2.14}$$

となり，結果は経路 C によらないので，ベクトル場 grad ϕ はスカラーポテンシャルを持ち，それは ϕ である．これは 1 章で述べた電場と電位の関係に相当する．よって ϕ を電位とすれば，電場 $\boldsymbol{E}$ は，式 (1.27) より

$$\boxed{\boldsymbol{E} = -\mathrm{grad}\ \phi} \tag{2.15}$$

で与えられる．すなわち**電場は電位の勾配**である．すでに説明したように，等電位面と勾配は直交するので，**等電位面と電場（または電気力線）は直交する．**式 (2.15) は線積分の微分形であり，線積分と grad は逆演算の関係にある．

---

1 一般に関数などにある操作を施すものを**演算子** (operator) という．演算子はふつう，そのすぐ右に置かれた関数に作用する．

2 これは，逆三角形をしたヘブライの竪琴の名に因んでいる．

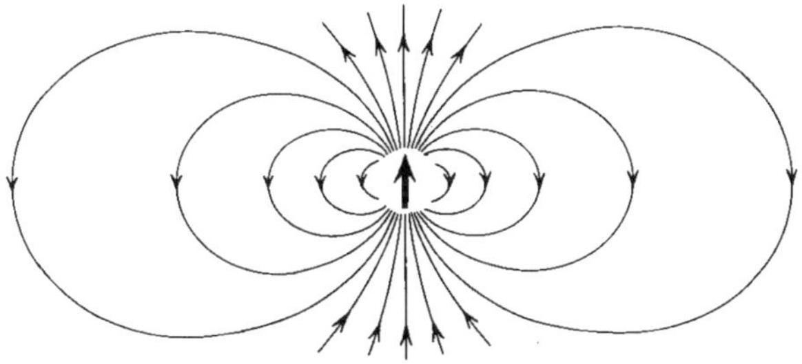

図 2.3 双極子場

電位から電場を求める操作は，式 (2.15) であるから，計算が簡単であり，さらに一般に，電場より電位の方が求めやすいので，電場を求める問題は，まず電位を求めて，その勾配を計算することにより，簡単になることがある．

問 2.3 例題 1.4 で求めた電場を，例題 1.5 で求めた電位から計算せよ．

【例題 2.2】 電気双極子による電場

原点にあり，z 軸を向いた電気双極子 $\boldsymbol{p}$ による電場を，球座標で求めよ．

［解］電気双極子モーメント $\boldsymbol{p}$ による電位は式 (1.36) で与えられるから，電場はその勾配を計算すれば求まる．球座標での勾配は付録の式 (C.14) で与えられるから，

$$E_r = -\frac{\partial \phi}{\partial r} = \frac{2p\cos\theta}{4\pi\varepsilon_0 r^3} \tag{2.16}$$

$$E_\theta = -\frac{1}{r}\frac{\partial \phi}{\partial \theta} = \frac{p\sin\theta}{4\pi\varepsilon_0 r^3} \tag{2.17}$$

$$E_\varphi = -\frac{1}{r\sin\theta}\frac{\partial \phi}{\partial \varphi} = 0 \tag{2.18}$$

となる (図 2.3)．このような場を一般に**双極子場** (dipole field) という．

2.2 電場の発散 (divergence)

2.2.1 湧き出し・吸い込みと発散

1 章で触れたように，流線の性質に，湧き出し・吸い込みがある．ところで，流線は，湧き出し・吸い込み以外の場所では，交わったり本数を変えたりしないので，ある領域の中に湧き出しや吸い込みがあるかどうかは，その領域を囲む閉曲面 S を考え，そこから出る流線の本数 $\Phi_{\rm out}$ と入る流線の本数 $\Phi_{\rm in}$ の

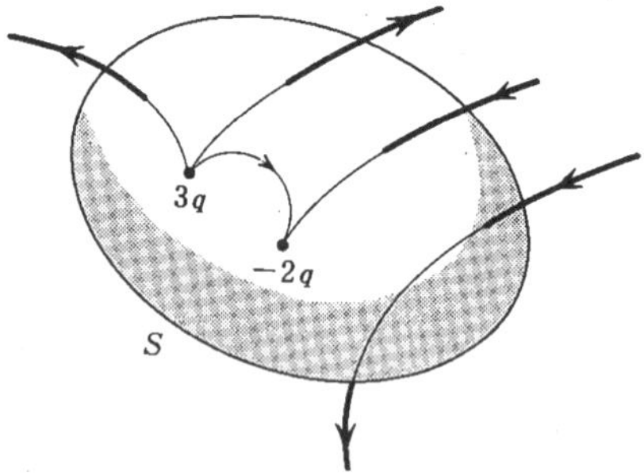

図 2.4 湧き出しの調べ方

差より知ることができる．すなわち，もし閉曲面の内部に湧き出しや吸い込みがなければ $\Phi_{\mathrm{out}} = \Phi_{\mathrm{in}}$ であり，$\Phi_{\mathrm{out}} > \Phi_{\mathrm{in}}$ ならばその閉曲面内部に湧き出しが，$\Phi_{\mathrm{out}} < \Phi_{\mathrm{in}}$ ならば吸い込みがあると考えられる．吸い込みを『負の湧き出し』と定義すれば，出入りの差 $\Phi = \Phi_{\mathrm{out}} - \Phi_{\mathrm{in}}$ は正味の湧き出しの量を表わす．たとえば図 2.4 のように，内部に $3q$ および $-2q$ の湧き出しを持つ場合，正味の湧き出し量は $3q - 2q = q$ であるが，たとえば，q 当たり 1 本の流線が湧き出すと仮定すると，図 2.4 の場合，$\Phi_{\mathrm{out}} = 3$，$\Phi_{\mathrm{in}} = 2$ より，$\Phi = 1$ となるので，出入りの差 Φ を調べることによっても内部には正味 $1q$ の湧き出しがあることが分かる．ベクトル場を $\boldsymbol{E}$ とおくと，式 (1.21) より，Φ は次式のような閉曲面 S についての $\boldsymbol{E}$ の面積分 (フラックス) で与えられる (付録 D)．

$$\Phi = \oint_S \boldsymbol{E} \cdot d\boldsymbol{S} \tag{2.19}$$

ここで $\oint_S$ は，閉曲面 S 全体にわたって面積分することを意味する．

以上のように湧き出しの量を定義すると，ある『点』における単位体積当たりの$\boldsymbol{E}$ の湧き出しの量は，その点を囲む微小閉曲面 ΔS から出る$\boldsymbol{E}$ のフラックス $\Delta\Phi$ を求め，その体積 ΔV を無限に小さくしていったときの $\Delta\Phi/\Delta V$ の極限値で定義することができる．これを div $\boldsymbol{E}$ と書き (ダイバージェンス E と読む)，$\boldsymbol{E}$ の**発散** (divergence) という[3]．すなわち

3 これは極限操作における収束，発散 (これも divergence という) とは関係ない．

$$\mathrm{div}\ \boldsymbol{E} = \lim_{\Delta V \to 0} \frac{\Delta \Phi}{\Delta V} \tag{2.20}$$

である．したがって，逆にフラックスは，発散を用いて

$$\Delta \Phi = \oint_{\Delta S} \boldsymbol{E} \cdot d\boldsymbol{S} = \mathrm{div}\ \boldsymbol{E} \Delta V \tag{2.21}$$

と書くこともできる．定義から明らかに，**ベクトルの発散はスカラー**である．

デカルト座標では，ベクトル場 $\boldsymbol{E}$ の発散は次のように与えられる．

$$\mathrm{div}\ \boldsymbol{E} = \frac{\partial E_x}{\partial x} + \frac{\partial E_y}{\partial y} + \frac{\partial E_z}{\partial z} \tag{2.22}$$

なお，この表式は座標系によって異なる (付録 C)．div はベクトルに作用し，スカラーを作る微分演算子と考えることができる．式 (2.11) で定義したベクトル微分演算子 ∇ を用いれば，次のような内積で書くことができる．

$$\mathrm{div}\ \boldsymbol{E} = \nabla \cdot \boldsymbol{E} \tag{2.23}$$

《参考》 デカルト座標における div の表式の導出

点 P (x, y, z) に，図 2.5 のような微小体積 $\Delta x \Delta y \Delta z$ (表面積 ΔS) を考え，そのフラックスを計算する．まず $x = x$ における微小面 $\Delta y \Delta z$ を，内から外に貫く $\boldsymbol{E}$ を考えると，実際に貫くのは，面に垂直な x 成分 E_x であり，また，微小面内で $\boldsymbol{E}$ の変化を無視して，面の中心の値 $E_x(x, y + \frac{\Delta y}{2}, z + \frac{\Delta z}{2})$ で代表させると，$\boldsymbol{E}$ が 微小面 $\Delta y \Delta z$ を内から外に貫く正味の量は，$-E_x(x, y + \frac{\Delta y}{2}, z + \frac{\Delta z}{2}) \Delta y \Delta z$ である．ここでマイナ

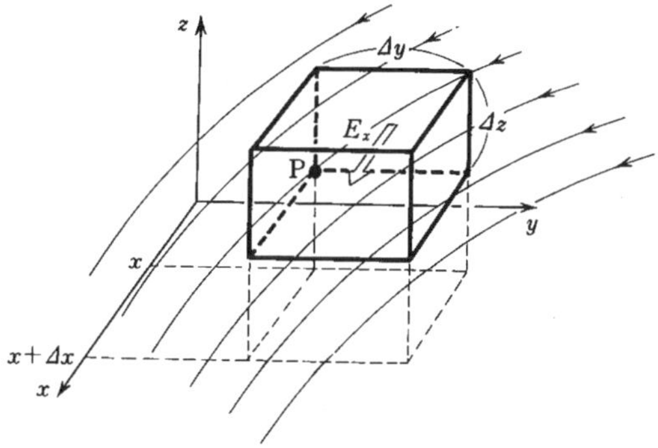

図 2.5 微小体積からの湧き出し

スを付けたのは，微小面 $\Delta y\Delta z$ を内から外に貫く向きが x 方向と逆だからである．同様に，$x=x+\Delta x$ における微小面$\Delta y\Delta z$ を内から外に貫く$\boldsymbol{E}$ を考え，微小面内で $\boldsymbol{E}$ の変化を無視して，やはり面の中心の値 $E_x(x+\Delta x, y+\frac{\Delta y}{2}, z+\frac{\Delta z}{2})$ で代表させると，$\boldsymbol{E}$ が微小面 $\Delta y\Delta z$ を内から外に貫く正味の量は，$E_x(x+\Delta x, y+\frac{\Delta y}{2}, z+\frac{\Delta z}{2})\Delta y\Delta z$ である．したがって，これらを合計したのものは

$$[E_x(x+\Delta x, y+\frac{\Delta y}{2}, z+\frac{\Delta z}{2}) - E_x(x, y+\frac{\Delta y}{2}, z+\frac{\Delta z}{2})]\Delta y\Delta z$$
$$=\frac{\partial E_x}{\partial x}\Delta x\Delta y\Delta z+\cdots \tag{2.24}$$

となる．同様に y，z 軸に垂直な面についても求めると，

$$\frac{\partial E_y}{\partial y}\Delta x\Delta y\Delta z+\cdots,\quad \frac{\partial E_z}{\partial z}\Delta x\Delta y\Delta z+\cdots \tag{2.25}$$

となる．よって微小体積 $\Delta x\Delta y\Delta z$ の表面を中から外に貫く $\boldsymbol{E}$ の正味量 $\Delta\Phi$ は，

$$\Delta\Phi=\oint_{\Delta S}\boldsymbol{E}\cdot d\boldsymbol{S}=\left(\frac{\partial E_x}{\partial x}+\frac{\partial E_y}{\partial y}+\frac{\partial E_z}{\partial z}\right)\Delta x\Delta y\Delta z+\cdots \tag{2.26}$$

となる．これは体積 $\Delta V=\Delta x\Delta y\Delta z$ からの湧き出しであるから，点 P における単位体積当たりの湧き出し，すなわち発散は，式 (2.20) より式 (2.22) となる．

【例題 2.3】　div の計算

次のベクトル場の発散を求めよ．ただし r は原点からの距離で，$r\neq 0$ とする．

(1)　$\boldsymbol{E}(x,y,z)=(kx,0,0)$　　(図 2.6 (a))

(2)　$\boldsymbol{E}(r)=\dfrac{q}{4\pi\varepsilon_0 r^2}\hat{\boldsymbol{r}}$　　($\hat{\boldsymbol{r}}$ は r 方向の単位ベクトル)　(図 2.6 (b))

［**解**］(1) $E_x=kx$，$E_y=E_z=0$ であるから，式 (2.22) に代入して計算すると，div $\boldsymbol{E}=k$ となる．すなわち，いたるところで一様な湧き出しがある．

(2) $r=\sqrt{x^2+y^2+z^2}$，$\hat{\boldsymbol{r}}=(x/r, y/r, z/r)$ であるから，式 (2.22) の第 1 項は

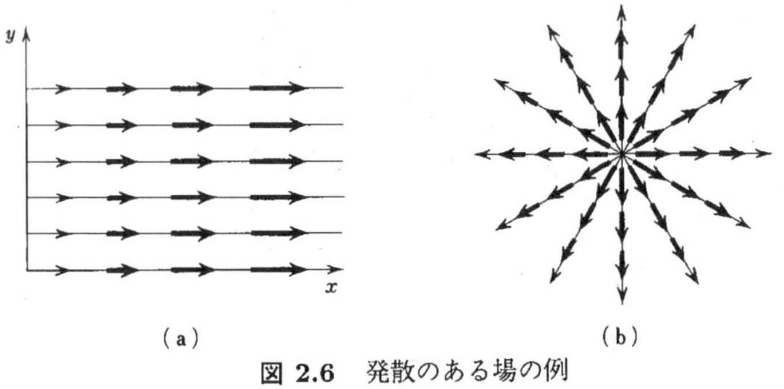

図 2.6　発散のある場の例

$$\frac{\partial E_x}{\partial x} = \frac{\partial}{\partial x}\left(\frac{q}{4\pi\varepsilon_0}\frac{x}{(\sqrt{x^2+y^2+z^2})^3}\right) = \frac{q}{4\pi\varepsilon_0}\frac{-2x^2+y^2+z^2}{(x^2+y^2+z^2)^{5/2}}$$

である．残りも同様に計算して加えると，div $\boldsymbol{E}=0$ となる．すなわち原点以外では発散はない．原点については発散が存在するが，それは後に考察する．

2.2.2 ガウスの発散定理

いま，図2.7のような体積 V をとって，それを細胞のような微小体積 ΔV_i ($i=1,\ldots,n$) (表面積 ΔS_i) にすき間なく分割し，各微小体積のフラックス $\Delta\Phi_i$ を考えると，隣り合う微小体積は，必ず互いに面を共有しており，一方から出た流線は，他方では入る流線となるので，共有した面についてのフラックスは，大きさは等しく，互いに逆符号である．したがってそれらを合計すると，隣り合う面同士は打ち消し合い，隣り合う面のない表面 S のフラックスだけが残る．これは分割を無限に細かくしても成り立つので，次式を得る．

$$\lim_{n\to\infty}\sum_{i=1}^{n}\oint_{\Delta S_i}\boldsymbol{E}\cdot d\boldsymbol{S} = \oint_S \boldsymbol{E}\cdot d\boldsymbol{S} \tag{2.27}$$

ここで，各微小体積について式 (2.21) が成り立ち，また体積積分の定義より，

$$\lim_{n\to\infty}\sum_{i=1}^{n}\text{div}\ \boldsymbol{E}_i\Delta V_i = \int_V \text{div}\ \boldsymbol{E}dV \tag{2.28}$$

であるから，次の式が成り立つことがわかる．

$$\boxed{\oint_S \boldsymbol{E}\cdot d\boldsymbol{S} = \int_V \text{div}\ \boldsymbol{E}dV} \tag{2.29}$$

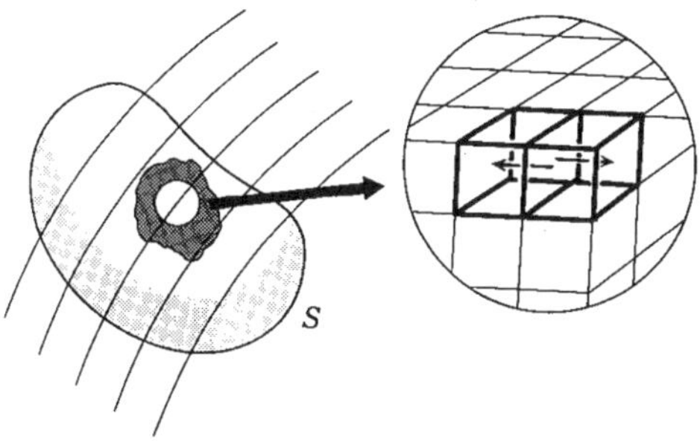

図 2.7　ガウスの発散定理

これを**ガウスの発散定理** (Gauss' divergence theorem) という[4]．この式は，**ある閉曲面 S を貫いて外に出るベクトル $\boldsymbol{E}$ のフラックス Φ は，その体積 V 内部の $\boldsymbol{E}$ の発散の総量に等しい**ということを意味している．これはまた，ベクトル $\boldsymbol{E}$ の面積分を体積積分に変換する公式としてよく用いられる．

2.2.3　ガウスの法則

1章で触れたように，電気力線は流線，電荷は湧き出しとみなされるが，それを一般的に示そう．図 2.8 (a) のように，点 O に静止している点電荷 q を考えると，電場は式 (1.9) より

$$\boldsymbol{E} = \frac{1}{4\pi\varepsilon_0}\frac{q}{r^2}\hat{\boldsymbol{r}} \tag{2.30}$$

で与えられるが，この点電荷 q を取り囲むような閉曲面 S をとり，それを貫く電気力線の本数を考える．そのためにまず，S 上の点 P　(OP $= r$) における微小面積 ΔS を貫く電気力線の本数 $\Delta\Phi$ を考えると，式 (1.20) より

$$\Delta\Phi = \boldsymbol{E}\cdot\Delta\boldsymbol{S} = \frac{q}{4\pi\varepsilon_0}\frac{\hat{\boldsymbol{r}}\cdot\Delta\boldsymbol{S}}{r^2} \tag{2.31}$$

となる．ただし $\Delta\boldsymbol{S}$ の向きを閉曲面 S から出る向きにとる．ところで付録 E より $\dfrac{\hat{\boldsymbol{r}}\cdot\Delta\boldsymbol{S}}{r^2}$ は点 O から微小面積 ΔSを見こむ立体角 $\Delta\Omega$ であるから，

$$\Delta\Phi = \frac{q}{4\pi\varepsilon_0}\Delta\Omega \tag{2.32}$$

と書くことができる．すなわち，$\Delta\Phi$ は立体角 $\Delta\Omega$ のみで決まり，$\Delta\Omega$ が一定なら，ΔS の向きや距離に依存しない．この理由は，点電荷による電場が球対称 (等方的) であることおよび，立体角$\Delta\Omega$ で規定される錐体は，一つの電気力管であり，その中に含まれる電気力線の本数は，原点からの距離によらず一定であるからである．よって閉曲面 S 全体を貫く電気力線の本数 Φ は，簡単な全立体角についての積分に帰着し，

$$\Phi = \oint_S \boldsymbol{E}\cdot d\boldsymbol{S} = \oint \frac{q}{4\pi\varepsilon_0}d\Omega = \frac{q}{\varepsilon_0} \quad \left(\because \quad \oint d\Omega = 4\pi\right) \tag{2.33}$$

4　これは単にガウスの定理と呼ばれることもあるが，ガウスはいろいろな定理を出しているので，ここでは発散定理と呼ぶことにする．

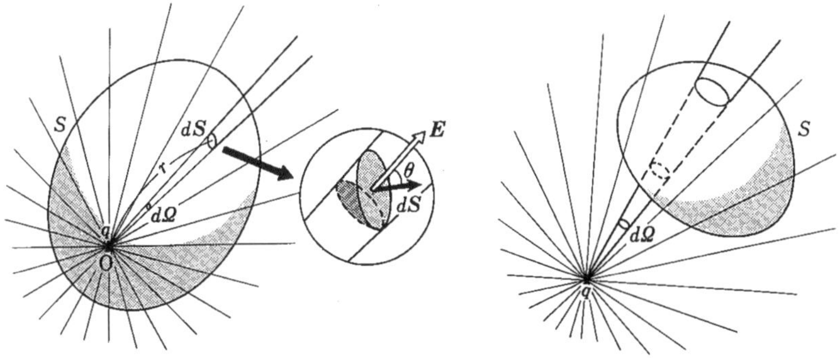

(a) 電荷が内部にある場合　　　(b) 電荷が内部にない場合

図 **2.8**　ガウスの法則

となる．すなわち，**閉曲面 S を貫く全電気力束 Φ の値は，S で囲んだ電気量 (を ε_0 で割ったもの) に等しく，それは S の形状によらない**．よって，S を限りなく q に近付けても，S を貫く電気力線の本数 Φ は q/ε_0 で一定である．これは，**電気力線の源は電荷 q 以外には無く，電荷 q から湧き出す電気力線の本数は q/ε_0 本である**ということを意味している．すなわち，電気力線は流体の流線，電荷は湧き出しと同じ性質を持っていることが分かる．ただしこれが成り立つのは，式 (2.32) への変形から分かるように，クーロン力が**厳密**に逆 2 乗則に従う中心力であるからである．

一方，図 2.8 (b) のように，電荷が閉曲面 S の内部にない場合，閉曲面 S は，一つの立体角 $\Delta\Omega$ に対して偶数回切り取られる．ところでこの場合，切り取られた面を貫く電気力線の本数はすべて等しいが，電気力線の向きは，閉曲面 S に入るものと，出るものが必ず対になって現れ，それらの式 (2.32) の値は互いに逆符号なので，積分の際に打ち消し合い，結局，閉曲面 S 全体を貫く電気力線の正味の本数 (すなわち全電気力束) は，0 となる．すなわち，

$$\Phi = \oint_S \boldsymbol{E} \cdot d\boldsymbol{S} = 0 \tag{2.34}$$

である．このように，閉曲面外部の電荷による電場は，その閉曲面の全電気力束には寄与しない．以上より，任意の閉曲面 S の全電気力束 Φ の値は，S が

囲んだ電荷 q のみで決まり，外にある電荷とは無関係であることが分かる．

この結果は，重ね合わせの原理により，分布した電荷の場合に拡張することができる．すなわち，点電荷 $q_1, q_2, \ldots$ があり，そのうち $q_1, q_2, \ldots, q_n$ は閉曲面 S の内側，$q_{n+1}, \ldots$ は外側にある場合，S を貫く全電気力束は，その内部の電荷のみが寄与し，外部の電荷は無関係であるから，次式が成り立つ．

$$\Phi = \oint_S \boldsymbol{E} \cdot d\boldsymbol{S} = \frac{1}{\varepsilon_0} \sum_{i=1}^{n} q_i \tag{2.35}$$

また，電荷が空間に密度 $\rho(\boldsymbol{r})$ で連続的に分布しているときは，式 (2.35) の右辺は，閉曲面 S の囲む体積 V に含まれる全電荷となるので，

$$\boxed{\Phi = \oint_S \boldsymbol{E} \cdot d\boldsymbol{S} = \frac{1}{\varepsilon_0} \int_V \rho dV} \tag{2.36}$$

となる．これを電場に関する**ガウスの法則** (Gauss' law) と呼ぶ[5]．なおこの法則は，前述のように，クーロン力が厳密に逆 2 乗則に従う中心力であることに起因しており，これから少しでもずれたら，この法則は導き出せない．すなわち，**ガウスの法則は，クーロンの法則のベクトル解析的表現**といえる[6]．

問 2.4 クーロン力の大きさが，距離の $(2+\delta)$ 乗に反比例する場合，電荷 q を中心とした半径 a の球面を貫く電気力束 Φ を求めよ．($\Phi = \dfrac{q}{\varepsilon_0 a^\delta}$)

なお，式 (2.36) の中辺を，ガウスの定理によって体積積分に直すと

$$\oint_S \boldsymbol{E} \cdot d\boldsymbol{S} = \int_V \mathrm{div}\, \boldsymbol{E} dV \tag{2.37}$$

であり，式 (2.36) と式 (2.37) の体積積分は恒等的に等しいので，

$$\boxed{\mathrm{div}\, \boldsymbol{E} = \frac{\rho}{\varepsilon_0}} \tag{2.38}$$

を得る．すなわち $\boldsymbol{E}$ の発散は，電荷密度 ρ が存在する点でのみ存在し，その単位体積当たりの発散は 式 (2.38) で与えられる．この式は**ガウスの法則の微**

5 ベクトル解析のガウスの定理と区別するため，こちらをガウスの法則と呼ぶ．
6 厳密にいえば，ガウスの法則の方がより一般的である．なぜなら，クーロンの法則は遠隔作用論であるから，電荷が運動するような場合は正しくないが，ガウスの法則は近接作用論であるから，電荷が運動するような場合でも正しい．

分形式である．式 (2.36) または式 (2.38) は，静電場の基礎方程式の 1 つである．ガウスの法則は数学的には大変美しいが，実際の電場を求めるにはあまり向いていない．しかし電場の対称性がよい場合は，非常に簡単に電場を求めることができる．以下その例を挙げる．

【例題 2.4】 球面上に一様に分布した電荷による電場 (2)

例題 1.4 をガウスの法則により解け．

［**解**］この電荷分布は球対称であるから，電場 $\boldsymbol{E}$ も球対称であり，電場の向きは半径方向で，大きさは同心球面上で等しい．したがって，半径 r の同心球面 S についてガウスの法則を適用する．まず球面 S を貫く全電気力束 Φ を求めると，$\boldsymbol{E}$ の向きは面 S に垂直であり，大きさはその面上で一定であるから，

$$\Phi = \oint_S \boldsymbol{E} \cdot d\boldsymbol{S} = \oint_S E dS = E \oint_S dS = 4\pi r^2 E \tag{2.39}$$

となる．ガウスの法則より，これが球面 S 内に含まれる全電荷に等しいが，ここで $r > a$ の場合は，S 内部にある電気量は Q，$r < a$ の場合は S 内部に電荷はないから，ガウスの法則より

$$\Phi = 4\pi r^2 E = \begin{cases} \dfrac{Q}{\varepsilon_0} & (r > a) \\ 0 & (r < a) \end{cases} \quad \therefore E = \begin{cases} \dfrac{Q}{4\pi\varepsilon_0 r^2} & (r > a) \\ 0 & (r < a) \end{cases} \tag{2.40}$$

である．これは例題 1.4 の結果と一致する．

【例題 2.5】 無限平面上に一様に分布した電荷による電場

無限平面上に，面電荷密度 σ で一様に分布した電荷の作る電場を求めよ．

［**解**］対称性より，電場 $\boldsymbol{E}$ はこの無限平面に対して垂直であり，その大きさは，この平面からの距離のみで決まる．そこで図 2.9 のような，底面積 S，高さ h (上下に

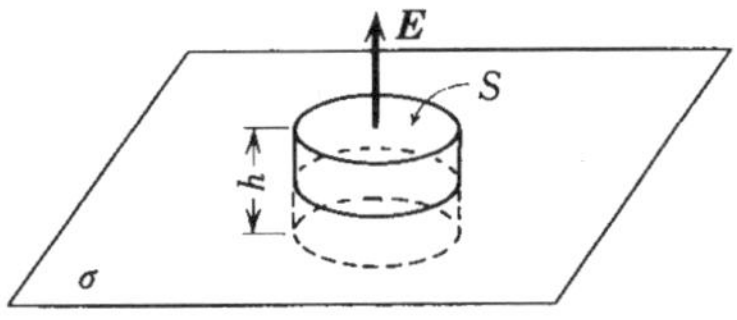

図 2.9 一様に帯電した無限平面

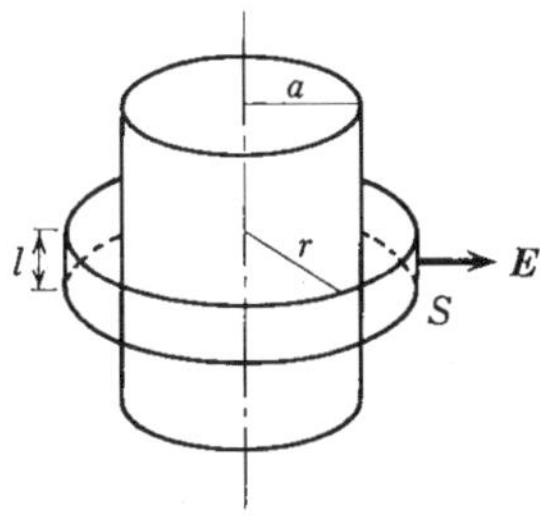

図 2.10 一様に帯電した無限円筒

$h/2$ ずつ) の茶筒状の閉曲面について，ガウスの法則を適用する．まず閉曲面の全電気力束 Φ を求めると，側面を貫く電気力束はないから，上下底面を貫く量を求めればよく，上下底面上では，$\boldsymbol{E}$ の大きさは一定で，向きは面に垂直であるから，貫く電気力束は，各々 SE であり，全電気力束は次のようになる．

$$\Phi = \oint_S \boldsymbol{E} \cdot d\boldsymbol{S} = 2SE \tag{2.41}$$

ガウスの法則より，これが閉曲面に囲まれる全電荷に等しく，それはσSであるから，

$$\Phi = 2SE = \frac{\sigma S}{\varepsilon_0} \quad \therefore E = \frac{\sigma}{2\varepsilon_0} \tag{2.42}$$

となる．よって電場の強さは面との距離によらず一定で，向きは面の上下で逆である．

【例題 2.6】 無限円筒上に一様に分布した電荷による電場

図 2.10 のように，半径 a の円筒面上に，単位長さ当たり λ の電荷が一様に分布している．円筒内外の電場を求めよ．

［**解**］この電荷分布は軸対称であるから，電場$\boldsymbol{E}$も軸対称であり，電場の向きは半径方向で，大きさは同軸円筒上で等しい．したがって，半径 r，長さ l の同軸円柱面 S についてガウスの法則を適用する．まず円柱面 S を貫く全電気力束 Φ を求めると，円柱の上下底面を貫く電気力束はないから，側面だけを考えればよく，$\boldsymbol{E}$ の大きさは側面上で一定で，向きは面に垂直であるから，

$$\Phi = \oint_S \boldsymbol{E} \cdot d\boldsymbol{S} = 2\pi r l E \tag{2.43}$$

となる．ガウスの法則より，これが円柱面 S に囲まれる全電荷に等しいが，ここで $r > a$ の場合は，S が囲む電気量は λl，$r < a$ の場合は S の内部に電荷はないから，

$$\Phi = 2\pi r l E = \begin{cases} \dfrac{\lambda l}{\varepsilon_0} & (r > a) \\ 0 & (r < a) \end{cases} \qquad \therefore E = \begin{cases} \dfrac{\lambda}{2\pi\varepsilon_0 r} & (r > a) \\ 0 & (r < a) \end{cases} \tag{2.44}$$

である．よって無限円筒内部に電場はなく，無限円筒外部の電場は，円筒の軸に線密度λの電荷が分布しているときと同じ電場である．

2.2.4 点電荷と δ 関数

例題 2.3 で，点電荷 q が作る電場

$$\boldsymbol{E} = \frac{1}{4\pi\varepsilon_0} \frac{q}{r^2} \hat{\boldsymbol{r}}$$

の発散は，$r \neq 0$ の場合，

$$\mathrm{div}\ \boldsymbol{E} = \frac{q}{4\pi\varepsilon_0}\mathrm{div}\ \frac{\hat{\boldsymbol{r}}}{r^2} = 0 \tag{2.45}$$

であることを示した．これは，$r \neq 0$ には電荷 (湧き出し) がないので，物理的には明らかである．そこでここでは，$r = 0$ の場合について考えることにしよう，原点での湧き出しを求めるために，原点を含む微小閉曲面 S についてフラックスを計算すると，ガウスの法則より

$$\varPhi = \oint_S \boldsymbol{E} \cdot d\boldsymbol{S} = \frac{q}{\varepsilon_0} \tag{2.46}$$

であるから，これにガウスの定理を用いて，中辺を体積積分に直すと，

$$\int_V \mathrm{div}\ \boldsymbol{E} dV = \frac{q}{\varepsilon_0} \tag{2.47}$$

となる．すなわち，式 (2.45)，式 (2.47) から分かるように，点電荷 q が作る静電場 $\boldsymbol{E}$ の発散 div $\boldsymbol{E}$ は，δ 関数の性質 (下記《参考》参照) を持っており，

$$\mathrm{div}\ \boldsymbol{E} = \frac{q}{4\pi\varepsilon_0}\mathrm{div}\ \frac{\hat{\boldsymbol{r}}}{r^2} = \frac{q\delta(r)}{\varepsilon_0} \tag{2.48}$$

と書くことができる．これと式 (2.38) を比較して，原点にある点電荷 q は

$$\rho(r) = q\delta(r) \tag{2.49}$$

という電荷分布で表現できることが分かる．

《参考》　δ 関数

次の性質を満たす関数を**ディラックの δ 関数** (Dirac δ - function) という．

$$(1)\quad \delta(\boldsymbol{r}) = 0 \quad (\boldsymbol{r} \neq \boldsymbol{0}) \tag{2.50}$$

$$(2)\quad \int_V \delta(\boldsymbol{r})dV = 1 \quad (\text{ただし } V \text{ は原点を含む}) \tag{2.51}$$

この関数は，原点 $\boldsymbol{r} = \boldsymbol{0}$ で無限大に発散し，数学的には特異な関数であるが，実用性は大きい．この関数のイメージは，たとえば 1 次元空間なら，図 2.11 のような関数における，$\Delta x \to 0$ の極限と考えてもよい．δ 関数には次のような性質がある．

$$\int_V f(\boldsymbol{r})\delta(\boldsymbol{r})dV = f(\boldsymbol{0}) \quad (\text{ただし } V \text{ は原点を含む}) \tag{2.52}$$

$$\int_V f(\boldsymbol{r})\delta(\boldsymbol{r} - \boldsymbol{r}')dV = f(\boldsymbol{r}') \quad (\text{ただし } V \text{ は} \boldsymbol{r}' \text{を含む}) \tag{2.53}$$

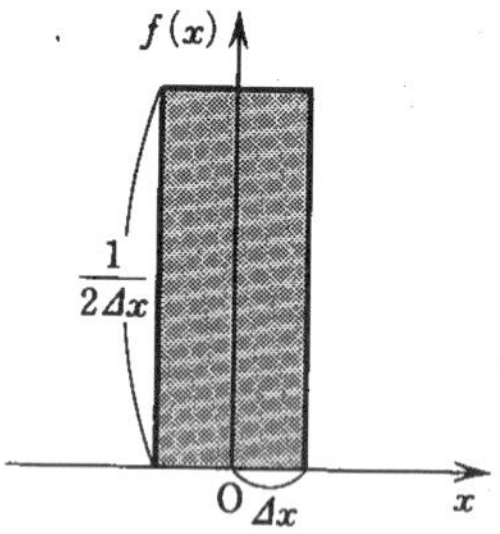

図 2.11　δ 関数

なお，球対称なら，$\delta(\boldsymbol{r})$ は原点からの距離 r のみの関数となるから，それを $\delta(r)$ と書けば，式 (2.51) の積分は，球座標で

$$\int_V \delta(\boldsymbol{r})dV = \int_0^{2\pi}\int_0^{\pi}\int_0^{\infty}\delta(r)r^2\sin\theta drd\theta d\varphi = 4\pi\int_0^{\infty}r^2\delta(r)dr = 1 \qquad (2.54)$$

と書け，次の積分公式を得る．

$$\int_0^{\infty} r^2\delta(r)dr = \frac{1}{4\pi} \quad \text{(球座標)} \qquad (2.55)$$

なお，2 次元の極座標では，次の公式が成り立つ．

$$\int_0^{\infty} r\delta(r)dr = \frac{1}{2\pi} \quad \text{(2 次元極座標)} \qquad (2.56)$$

2.3　電場の回転 (rotation)

2.3.1　渦と回転

1章で触れたように，流線はループを描くことがあり，これはループの中に渦があることを表わしている．流線がループを描く場合，図 2.12 のように，ある 2 点 A，B を，異なる経路 C_1, C_2 で進んでみると，経路 C_1 では流れに乗って得をし，経路 C_2 では流れに逆らって損をしているので，経路によって線積分の値が異なり，その差は

$$\begin{aligned}\Gamma &= \int_{\mathrm{A}\ (C_1)}^{\mathrm{B}} \boldsymbol{E}\cdot d\boldsymbol{l} - \int_{\mathrm{A}\ (C_2)}^{\mathrm{B}} \boldsymbol{E}\cdot d\boldsymbol{l} = \int_{\mathrm{A}\ (C_1)}^{\mathrm{B}} \boldsymbol{E}\cdot d\boldsymbol{l} + \int_{\mathrm{B}\ (C_2)}^{\mathrm{A}} \boldsymbol{E}\cdot d\boldsymbol{l} \\ &= \oint_C \boldsymbol{E}\cdot d\boldsymbol{l} \qquad (2.57)\end{aligned}$$

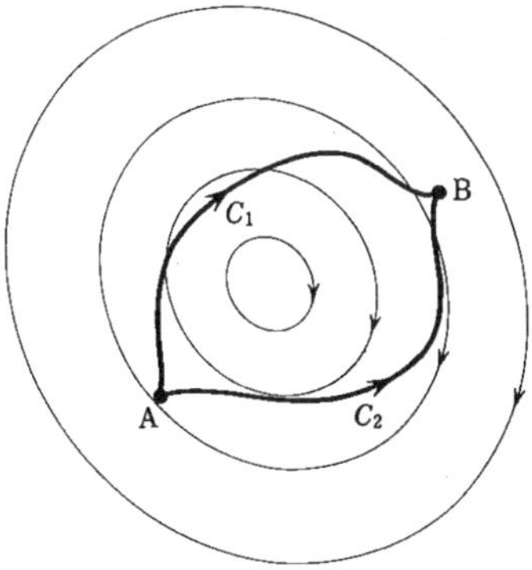

図 2.12 渦

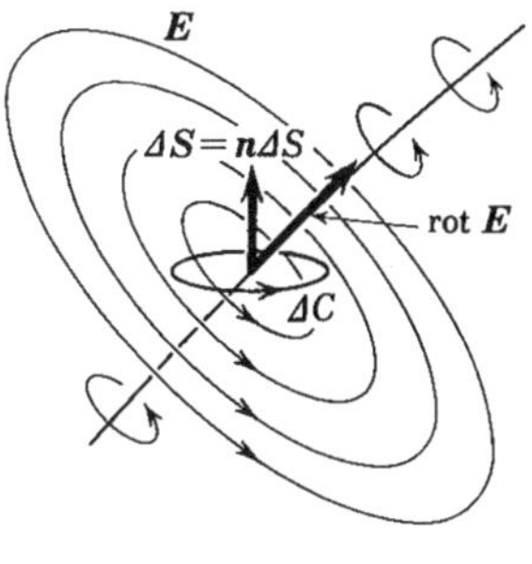

図 2.13 渦ベクトル

で与えられる．ここで $\oint_C$ は，C_1，C_2 で作られるループ C についての周回積分を意味する．そこでこの Γ を，ループ C で囲んだ渦の量と定義する．流れの場では Γ を**循環** (circulation) という．これが 0 であれば，ループ内に渦はなく，正ならば積分した方向の渦が，負ならばそれと逆向きの渦がある．

以上のように渦の量を定義すると，ある『点』における単位面積当たりの渦の量は，その点を囲む微小ループについて上述の循環 $\Delta\Gamma$ を求め，その面積 ΔS を無限に小さくしていったときの $\Delta\Gamma/\Delta S$ の極限値で定義することができる．ただし渦には，図 2.13 のように回転軸があるから，渦に対して右ねじの方向を向き，渦の強さを大きさに持つ**ベクトル**が考えられる．実際，これは**軸性ベクトル**であることが証明できる．そのベクトルを rot $\boldsymbol{E}$(ローテーション E と読む) と書き，$\boldsymbol{E}$ の**回転** (rotation または curl) という．なおこれは curl $\boldsymbol{E}$ とも書かれる (カール E と読む)．すなわち，ベクトル rot $\boldsymbol{E}$ の，ΔS に垂直な成分は，面 ΔS の単位法線ベクトルを $\boldsymbol{n}$ とすると

$$(\mathrm{rot}\ \boldsymbol{E}) \cdot \boldsymbol{n} = \lim_{\Delta S \to 0} \frac{\Delta\Gamma}{\Delta S} \tag{2.58}$$

で与えられる．したがって，逆に循環は，回転を用いて

$$\Delta\Gamma = \oint_{\Delta C} \boldsymbol{E} \cdot d\boldsymbol{l} = \mathrm{rot}\ \boldsymbol{E} \cdot \Delta\boldsymbol{S} \tag{2.59}$$

と書くこともできる．ただし $\Delta\boldsymbol{S} = \boldsymbol{n}\Delta S$ である．

デカルト座標では，ベクトル場 $\boldsymbol{E}$ の回転は次のように与えられる．

$$\mathrm{rot}\ \boldsymbol{E} = \left(\frac{\partial E_z}{\partial y} - \frac{\partial E_y}{\partial z}\right)\boldsymbol{i} + \left(\frac{\partial E_x}{\partial z} - \frac{\partial E_z}{\partial x}\right)\boldsymbol{j} + \left(\frac{\partial E_y}{\partial x} - \frac{\partial E_x}{\partial y}\right)\boldsymbol{k} \quad (2.60)$$

なおこの表式は座標系によって異なる（付録 C）．rot は，ベクトルに作用して新しいベクトルを作る演算子と考えられる．式 (2.60) の右辺は，式 (2.11) で定義した ∇ を用いれば，次のような外積で書くことができる．

$$\mathrm{rot}\ \boldsymbol{E} = \nabla \times \boldsymbol{E} = \begin{vmatrix} \boldsymbol{i} & \boldsymbol{j} & \boldsymbol{k} \\ \dfrac{\partial}{\partial x} & \dfrac{\partial}{\partial y} & \dfrac{\partial}{\partial z} \\ E_x & E_y & E_z \end{vmatrix} \quad (2.61)$$

《参考》　デカルト座標における rot の表式の導出

図 2.14 のように，ある点 $\mathrm{P}(x, y, z)$ に，z 軸に垂直な微小ループ ΔC_z（面積 $\Delta S = \Delta x \Delta y$）を考え，この循環を求める．はじめに線分 PQ についての線積分を考えると，$\boldsymbol{E}$ で実際に線積分に寄与するのは，接線成分，すなわち x 成分 E_x のみであり，さらに，線分 PQ 上での $\boldsymbol{E}$ の変化を無視して，PQ の中点の値 $E_x(x + \frac{\Delta x}{2}, y, z)$ で代表させれば，P から Q までの線積分は，

$$\int_{\mathrm{P}\ (\Delta C_z)}^{\mathrm{Q}} \boldsymbol{E} \cdot d\boldsymbol{l} = E_x(x + \frac{\Delta x}{2}, y, z)\Delta x \quad (2.62)$$

となる．同様に残りの線積分も計算すると，閉曲線 ΔC_z に沿っての周回積分は

$$\begin{aligned}\oint_{\Delta C_z} \boldsymbol{E} \cdot d\boldsymbol{l} &= E_x(x + \frac{\Delta x}{2}, y, z)\Delta x - E_x(x + \frac{\Delta x}{2}, y + \Delta y, z)\Delta x \\ &\quad + E_y(x + \Delta x, y + \frac{\Delta y}{2}, z)\Delta y - E_y(x, y + \frac{\Delta y}{2}, z)\Delta y\end{aligned} \quad (2.63)$$

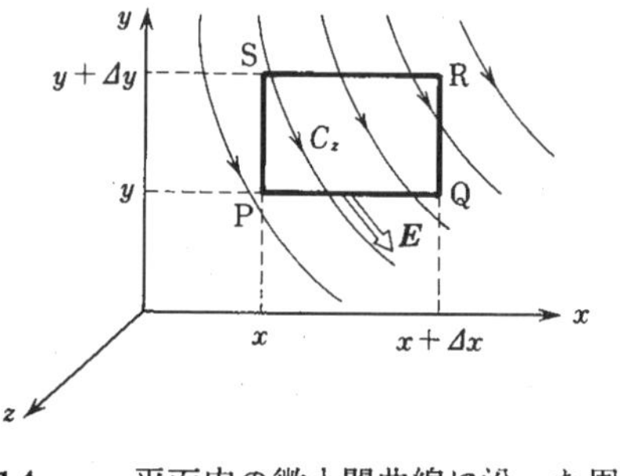

図 2.14　xy 平面内の微小閉曲線に沿った周回積分

となる．ここで，偏微分の定義から，

$$E_x(x+\frac{\Delta x}{2},y+\Delta y,z)-E_x(x+\frac{\Delta x}{2},y,z)=\frac{\partial E_x}{\partial y}\Delta y+\cdots \tag{2.64}$$

などとなるので，結局この微小閉曲線 ΔC_z における循環 $\Delta\Gamma$ は，

$$\Delta\Gamma=\oint_{\Delta C_z}\boldsymbol{E}\cdot d\boldsymbol{l}=\left(\frac{\partial E_y}{\partial x}-\frac{\partial E_x}{\partial y}\right)\Delta x\Delta y+\cdots \tag{2.65}$$

となる．よって，点 P における xy 面内の単位面積当たりの渦の強さ，すなわち点 P における回転 rot $\boldsymbol{E}$ の z 成分は，式 (2.58) より，

$$(\text{rot}\ \boldsymbol{E})_z=\lim_{\Delta S\to 0}\frac{\Delta\Gamma}{\Delta S}=\lim_{\Delta S\to 0}\frac{1}{\Delta S}\oint_{\Delta C_z}\boldsymbol{E}\cdot d\boldsymbol{l}=\frac{\partial E_y}{\partial x}-\frac{\partial E_x}{\partial y} \tag{2.66}$$

となる．他の成分も同様に求まり，最終的に式 (2.60) を得る．

【例題 2.7】 rot の計算

次のベクトル場の回転を調べよ．ただし，r は原点からの距離で，$r\neq 0$ とする．

(1) $\boldsymbol{E}(x,y,z)=(ky,0,0)$ (図 2.15 (a))

(2) $\boldsymbol{E}(r)=\frac{k}{r}\boldsymbol{e}_\theta$ (円筒座標) (図 2.15 (b))

(3) $\boldsymbol{E}(r)=kr\boldsymbol{e}_\theta$ (円筒座標)

［解］(1) $E_x=ky,\ E_y=E_z=0$ であるから，これらを式 (2.60) に代入すると，$\dfrac{\partial E_x}{\partial y}=k$ 以外はすべて 0 だから，rot $\boldsymbol{E}=(0,0,-k)$ を得る．すなわち，$-z$ 方向を向いた渦 (xy 面内で，右まわりの渦) が存在する．

(2) $\boldsymbol{E}$ は r のみの関数で，向きは θ 成分のみだから，円筒座標での式を用いて，

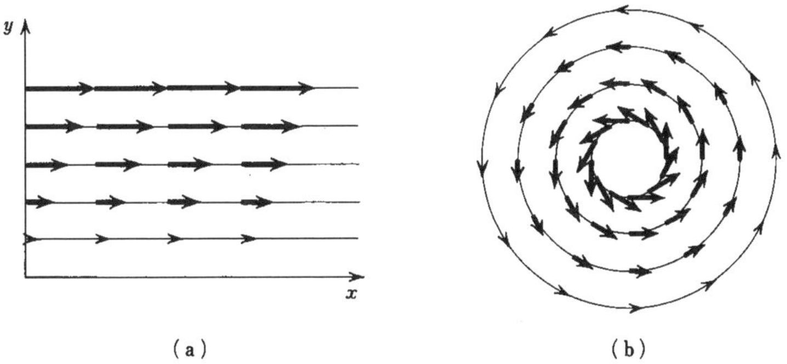

図 2.15 回転のある場の例

$$\mathrm{rot}\ \boldsymbol{E} = -\frac{\partial E(r)}{\partial z}\boldsymbol{e}_r + \frac{1}{r}\frac{\partial}{\partial r}(rE(r))\boldsymbol{e}_z = \frac{1}{r}\frac{d}{dr}(rE(r))\boldsymbol{e}_z = 0 \qquad (2.67)$$

となる．すなわち，原点以外の場所には渦はない (原点については下記参照)．
(3) 同様に円筒座標で rot $\boldsymbol{E} = 2k\boldsymbol{e}_z$ を得る．すなわち，いたるところに回転が存在する．なお $\boldsymbol{E} = kr\boldsymbol{e}_\theta$ の意味は，流れの速さ E が半径 r に比例するということだから，これはいわば『剛体的な回転』であり，一般に渦とは言わない．

《参考》　渦糸

例題 2.7 (2) で，原点についての回転を考える．そのために，原点を中心とする半径 a のループ C について循環を計算すると，

$$\Gamma = \oint_C \boldsymbol{E}\cdot d\boldsymbol{l} = \oint_C \frac{k}{a}dl = \frac{k}{a}2\pi a = 2\pi k \qquad (2.68)$$

であり，0 でない有限の値を持つ．よってループの中心の回転の z 成分は，

$$(\mathrm{rot}\ \boldsymbol{E})_z = \lim_{a\to 0}\frac{\Gamma}{\pi a^2} = \lim_{a\to 0}\frac{2k}{a^2} = \infty \qquad (2.69)$$

であり，中心に無限大の回転が存在することがわかる．すなわち渦は，z 軸に沿って局在している．このように幅のない線に沿った渦を，一般に**渦糸** (vortex filament) という．ところで式 (2.68) に，次に説明するストークスの定理を用いると

$$\int_S (\mathrm{rot}\ \boldsymbol{E})_z dS = 2\pi k \qquad (2.70)$$

であり，これと $(\mathrm{rot}\ \boldsymbol{E})_z = 0\ (r \neq 0)$ より，この $(\mathrm{rot}\ \boldsymbol{E})_z$ は，ディラックの δ 関数 (2 次元) の性質を持っていることが分かる．また，他の成分は 0 であるから，まとめれば，次のように書くことができる．

$$\mathrm{rot}\ \boldsymbol{E} = \mathrm{rot}\ \frac{k\boldsymbol{e}_\theta}{r} = (0, 0, 2\pi k\delta(r)) = 2\pi k\delta(r)\boldsymbol{e}_z \qquad (2.71)$$

《参考》　渦の見分け方

例題 2.7 から分かるように，流線が閉じていなくても渦は存在するし (図 2.15 (a))，逆にループを描く流線上でも，図 2.15 (b) のように，必ずしもその点に渦があるわけではない (この例では渦はループの中心 ($r = 0$) のみに存在する)．これらは直観的な渦のイメージと異なるが，次のように考えると考えやすい．すなわち渦を見つける直観的な方法は，図 2.16 のように，流れの中に小さな落葉のようなものを流せばよい．もし落葉が回転しながら流れれば，その点には渦があり，向きを変えずに平行移動す

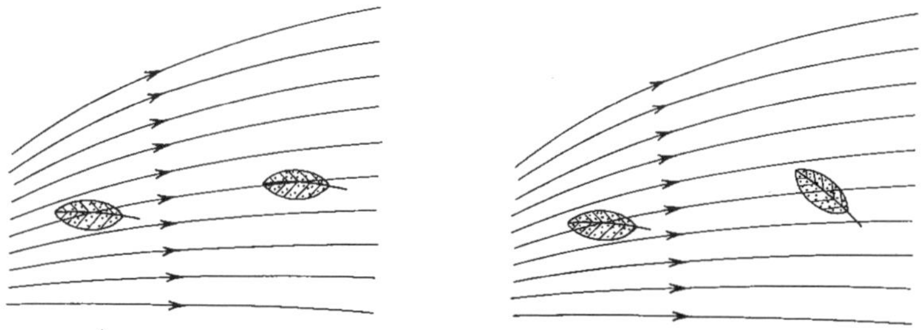

(a) 渦がないとき　　(b) 渦があるとき

図 2.16 落葉の流れと渦

れば，その点には渦はない．実際，図 2.15 (a) に落葉を流すと，落葉は右まわりに回転しながら x 方向に流れ，また 図 2.15 (b) の場合は，中心に落葉を置くと，落葉は回転し，中心には渦が存在することが分かるが，中心以外の場所では，落葉は中心のまわりを円運動するものの，落葉の向きは常に一定に保たれ，渦がないことが分かるはずである．なお，例題 2.7 の (3) のような剛体的な回転は，一般に渦とは言わないが，この場合でも落葉は向きを変え，実際，rot も零ではない．したがって，ここで説明した方法は，正確には，渦ではなく回転 (rotation) の見分け方である．

2.3.2 ストークスの定理

いま，図 2.17 のようなループ C を考え，それを微小なループ ΔC_i $(i = 1, \ldots, n)$ にすき間なく分割し，各微小ループの周回積分を考えると，各微小ループは，必ず隣りのループと辺を共有しており，周回積分の際，共有される辺の線積分の向きは互いに逆となるので，その線積分は，大きさは等しく互いに逆符号である．したがって，これらを合計すると，共有する辺の線積分は打ち消し合い，共有されない一番外側のループ C についての周回積分のみが残る．これは分割を無限に細かくしても成り立つので，次式を得る．

$$\lim_{n\to\infty}\sum_{i=1}^{n}\oint_{\Delta C_i}\boldsymbol{E}\cdot d\boldsymbol{l} = \oint_C \boldsymbol{E}\cdot d\boldsymbol{l} \tag{2.72}$$

ここで各微小ループについて式 (2.59) が成り立ち，また面積分の定義より，

$$\lim_{n\to\infty}\sum_{i=1}^{n}\mathrm{rot}\ \boldsymbol{E}_i\cdot\Delta\boldsymbol{S}_i = \int_S \mathrm{rot}\ \boldsymbol{E}\cdot d\boldsymbol{S} \tag{2.73}$$

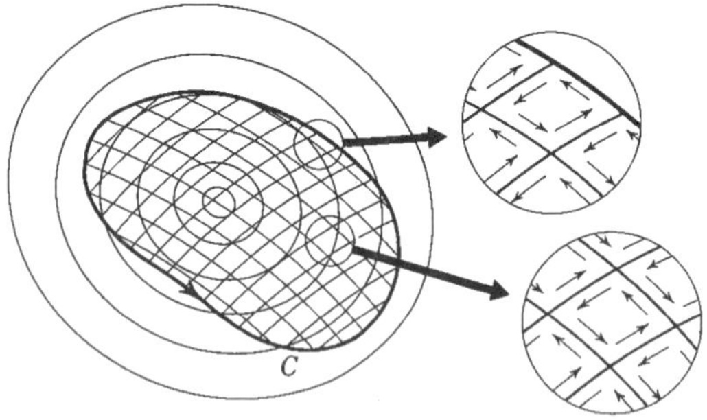

図 2.17 ストークスの定理

であるので，次の式が成り立つことがわかる．

$$\oint_C \boldsymbol{E} \cdot dl = \int_S \mathrm{rot}\ \boldsymbol{E} \cdot d\boldsymbol{S} \tag{2.74}$$

これを**ストークスの定理** (Stokes' theorem) という[7]．この式は，**ある閉曲線 C についてのベクトル $\boldsymbol{E}$ の周回積分 (循環 Γ) は，それを縁とする面内の $\boldsymbol{E}$ の回転の総量に等しい**ということを意味している．これはまた，ベクトル $\boldsymbol{E}$ の線積分を面積分に変換する公式としてよく用いられる．

2.3.3 渦なしの場

1章で見たように，静電場 $\boldsymbol{E}$ の線積分は積分経路によらず，その場合，スカラーポテンシャルが存在し，電位が定義できた．ところで線積分が経路によらないということは，循環 $\Gamma = 0$ と同値であるから，これを渦という観点からみれば,『渦は存在しない』と言うことができる．したがって，このような場を一般に**渦なしの場** (irrotational field) という．すなわち**静電場は渦なしの場**である．式 (2.74) を用いれば，循環 $\Gamma = 0$ は，

$$\mathrm{rot}\ \boldsymbol{E} = \boldsymbol{0} \tag{2.75}$$

と書くこともできる．これは，クーロン力が中心力であるための結論であり，この式は，式 (2.38) とともに，静電場の基礎方程式である．

7 流体力学におけるストークスの法則 (演習問題 1.5 参照) と混乱しないようにせよ．

上述のように，渦なし (rot $\boldsymbol{E} = \boldsymbol{0}$) ならば，$\boldsymbol{E}$ はスカラーポテンシャルをもつが，逆に，$\boldsymbol{E}$ がスカラーポテンシャルをもてば，rot $\boldsymbol{E} = \boldsymbol{0}$ であることも証明できる．なぜなら，スカラーポテンシャルをϕ とすると，$\boldsymbol{E} = -\text{grad}\ \phi$と書けるが，ベクトル解析の公式 (付録の式 (B.10)) によれば，

$$\text{rot grad}\ \phi \equiv \boldsymbol{0} \tag{2.76}$$

であるから，rot $\boldsymbol{E} = \boldsymbol{0}$ は自動的に満たされる．すなわち，**rot $\boldsymbol{E} = \boldsymbol{0}$ は $\boldsymbol{E}$ がポテンシャルをもつための必要十分条件である**といえる．なお，スカラーポテンシャルを持つ場は保存場であるから，**rot $\boldsymbol{E} = \boldsymbol{0}$ は，ベクトル場 $\boldsymbol{E}$ が保存場であるための必要十分条件である**ともいえる．

2.4 ポアソン方程式とラプラス方程式

前述のように，静電場の基礎方程式は式 (2.38) および式 (2.75) で表わされる．

$$\text{div}\ \boldsymbol{E} = \frac{\rho}{\varepsilon_0}\ \ (\text{ガウスの法則}), \quad \text{rot}\ \boldsymbol{E} = \boldsymbol{0}\ \ (\text{渦なし})$$

これは，クーロン力の，逆 2 乗則に従う中心力という性質から導かれたのものであるから，クーロンの法則の別表現と考えられるが，第 2 式より，静電場 $\boldsymbol{E}$ は電位 ϕ を持ち，$\boldsymbol{E} = -\text{grad}\ \phi$ と書けるから，これを第 1 式に代入すると

$$\boxed{\triangle\phi = -\frac{\rho}{\varepsilon_0}} \tag{2.77}$$

となる．これを**ポアソン方程式** (Poisson's equation) という．ここで，

$$\boxed{\triangle \equiv \text{div grad} = \nabla \cdot \nabla = \nabla^2 = \left(\frac{\partial^2}{\partial x^2} + \frac{\partial^2}{\partial y^2} + \frac{\partial^2}{\partial z^2}\right)} \tag{2.78}$$

は**ラプラシアン** (Laplacian) と呼ばれ[8]，スカラー関数に作用する微分演算子である．ただし表式は座標系によって異なる (付録 C)．なお，特に $\rho = 0$ の場合を**ラプラス方程式** (Laplace equation) といい，ラプラス方程式を満たす関数を，一般に**調和関数** (harmonic function) という．このように電位は，ポアソン・ラプラス方程式の解として与えられる．これの応用は 3 章で述べる．

8 微小量を意味するΔ (デルタ) とは異なる．

【例題 2.8】 ラプラシアン △の計算

原点にある点電荷 q による電位は，$\phi(r) = \dfrac{1}{4\pi\varepsilon_0}\dfrac{q}{r}$ である．これのラプラシアンを計算せよ．ただし $r = \sqrt{x^2+y^2+z^2}$，$r \neq 0$ とする．

［**解**］ $\dfrac{\partial^2}{\partial x^2}\dfrac{1}{r} = \dfrac{2x^2-y^2-z^2}{(x^2+y^2+z^2)^{5/2}}$ であるから，残りも同様に計算して

$$\triangle\phi = \triangle\frac{1}{4\pi\varepsilon_0}\frac{q}{r} = 0 \tag{2.79}$$

となる．もちろん 例題 2.1，例題 2.3 を用いて div grad ϕ を計算してもよい．なお，原点以外には電荷は存在しないので，この結果は物理的には明らかである．δ 関数を用いれば，$\triangle\phi = -q\delta(r)/\varepsilon_0$ と書くことができる．

【例題 2.9】 ポアソン方程式

原点 O から距離 r の点の電位が

$$\phi(r) = -\frac{1}{4\pi\varepsilon_0}\frac{q}{a}e^{-2r/a} \tag{2.80}$$

で与えられるための電荷分布 $\rho(r)$ を求めよ．

［**解**］ 電位が分かれば，ポアソン方程式から電荷分布が計算できる．ただし問題の電位は球対称だから，球座標のラプラシアン (付録の式 (C.17)) を用いると，

$$\rho = -\varepsilon_0\triangle\phi(r) = -\varepsilon_0\frac{1}{r^2}\frac{\partial}{\partial r}r^2\frac{\partial}{\partial r}\phi(r) = \frac{q}{\pi a^2}\left(\frac{1}{r}-\frac{1}{a}\right)e^{-2r/a} \tag{2.81}$$

のように計算される．

演習問題 2

2.1 ϕ をスカラー関数，$\boldsymbol{A}$ をベクトル関数とするとき，次の公式を証明せよ．

(1) rot grad $\phi = \mathbf{0}$ (2) div rot $\boldsymbol{A} = 0$

2.2 $\boldsymbol{r}$ を位置ベクトル，$r = |\boldsymbol{r}|$，$\hat{\boldsymbol{r}} = \boldsymbol{r}/r$ とするとき，次の諸式を証明せよ．

(1) div $\boldsymbol{r} = 3$ (2) rot $\boldsymbol{r} = \mathbf{0}$ (3) grad $r = \hat{\boldsymbol{r}}$ (4) grad $r^n = nr^{n-1}\hat{\boldsymbol{r}}$

2.3 点電荷 Q による電場は，$\boldsymbol{E} = -\dfrac{Q}{4\pi\varepsilon_0}\mathrm{grad}\,\dfrac{1}{r}$ であることを示せ．

2.4 電気双極子モーメント $\boldsymbol{p}$ による電位は，$\phi = -\dfrac{1}{4\pi\varepsilon_0}\boldsymbol{p}\cdot\mathrm{grad}\,\dfrac{1}{r}$ であることを示せ．

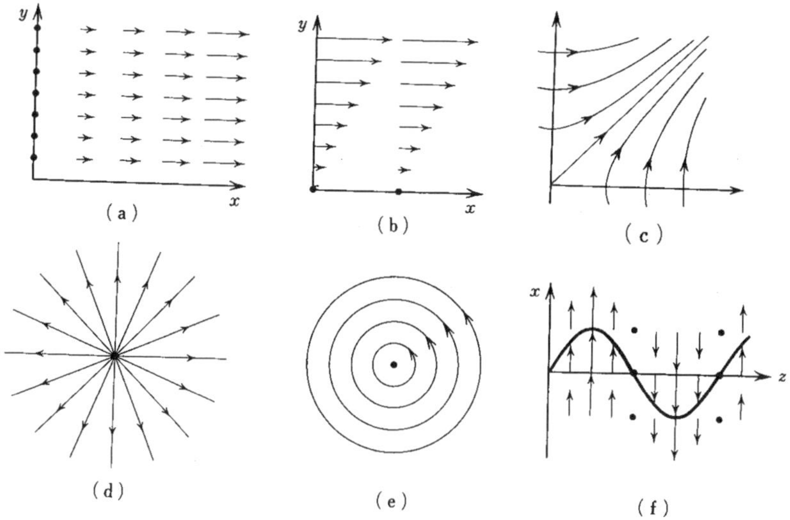

図 2.18

2.5 次の電位に対する電場を求めよ．ただし $r = \sqrt{x^2 + y^2 + z^2}$ である．

(1) $\phi(x, y, z) = c$　　(2) $\phi(z) = kz$　　(3) $\phi(x, y) = kxy$

(4) $\phi(r) = \dfrac{1}{2}kr^2$　　(5) $\phi(r) = \dfrac{q}{4\pi\varepsilon_0 r}$　　(6) $\phi(x) = A\cos kx$

2.6 原点にある電気双極子モーメント $\boldsymbol{p}$ が，位置ベクトル $\boldsymbol{r}$ の点に作る電場は

$$\boldsymbol{E} = \frac{3(\boldsymbol{p}\cdot\hat{\boldsymbol{r}})\hat{\boldsymbol{r}} - \boldsymbol{p}}{4\pi\varepsilon_0 r^3} \tag{2.82}$$

であることを示せ．ただし $r = |\boldsymbol{r}|$，$\hat{\boldsymbol{r}} = \boldsymbol{r}/r$ である．

2.7 次のベクトル場の発散と回転を求めよ．

(1) $\boldsymbol{F}(x) = (f(x), 0, 0)$　（図 2.18 (a)）

(2) $\boldsymbol{F}(y) = (f(y), 0, 0)$　（図 2.18 (b)）

(3) $\boldsymbol{F}(x, y) = (f(y), f(x), 0)$　（図 2.18 (c)）

(4) $\boldsymbol{F}(r) = r^n \boldsymbol{e}_r$　(球座標)　（図 2.18 (d)）

(5) $\boldsymbol{F}(r) = r^n \boldsymbol{e}_\theta$　(円筒座標)　（図 2.18 (e)）

(6) $\boldsymbol{F}(z) = (E\sin kz, 0, 0)$　（図 2.18 (f)）

2.8 半径 a の球内部に，電荷 Q が一様に分布している．球内外の電場を求めよ．

2.9 半径 a の球内部に，電荷 $-Q$ が一様に分布し，その中心に，点電荷 Q がある．球内外の電場を求めよ．

2.10 半径 a の球内部に，その密度が球の中心からの距離の -2 乗に比例するように，電荷 Q が分布している．球内外の電場を求めよ．

2.11 半径 a の無限円柱の内部に，単位長さ当たり λ の電荷が一様に分布している．円柱内外の電場を求めよ．

2.12 任意の点で $\mathrm{rot}\ \boldsymbol{E} = \boldsymbol{0}$ を満たすベクトル場 $\boldsymbol{E}$ において，閉曲線 C についての周回積分 (循環) は，常に零であることを示せ．

2.13 ベクトル場 $\boldsymbol{B}$ が，あるベクトル場 $\boldsymbol{A}$ の回転によって $\boldsymbol{B} = \mathrm{rot}\ \boldsymbol{A}$ と与えられるとき，閉曲線 C を縁に持つ曲面 S に関して，次式が成り立つことを示せ．

$$\int_S \boldsymbol{B} \cdot d\boldsymbol{S} = \oint_C \boldsymbol{A} \cdot d\boldsymbol{l} \tag{2.83}$$

2.14 ガウスの定理 (式 (2.29)) で，$\boldsymbol{E} = \boldsymbol{a} \times \boldsymbol{A}$ ($\boldsymbol{a}$は任意の定ベクトル) とおくことにより，次の積分公式が成り立つことを示せ．ただし $\boldsymbol{n}$ は，面の法線ベクトルである．

$$\int_V \mathrm{rot}\ \boldsymbol{A} dV = \oint_S (\boldsymbol{n} \times \boldsymbol{A}) dS \tag{2.84}$$

2.15 次のラプラシアンを計算せよ．

(1) $\triangle xyz$ (2) $\triangle(x^2 + y^2 + z^2)$ (3) $\triangle(x + y + z)^2$

2.16 原点からの距離 r のみの関数 $f(r)$ のラプラシアンは，次式となることを示せ．

$$\triangle f(r) = f''(r) + \frac{2}{r} f'(r) \tag{2.85}$$

2.17 次のラプラシアンを計算せよ．

(1) $\triangle r$ (2) $\triangle e^r$

2.18 原点 O から距離 r の点の電位が，

$$\phi(r) = \frac{1}{4\pi\varepsilon_0} \frac{q}{r} e^{-r/\lambda} \tag{2.86}$$

のように与えられているとき，

(1) 原点を除く点の電荷分布 $\rho(r)$ を求めよ．

(2) 原点を除く点の全電気量を求めよ．

(3) 原点に点電荷 q があることを示せ．

なおこのポテンシャルを**遮蔽クーロンポテンシャル** (screened Coulomb potential) という．またこの距離依存性をもつポテンシャルを一般に**湯川型ポテンシャル** (Yukawa potential) という．

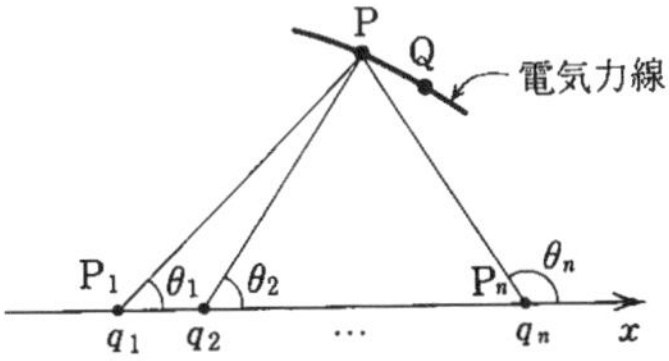

図 2.19

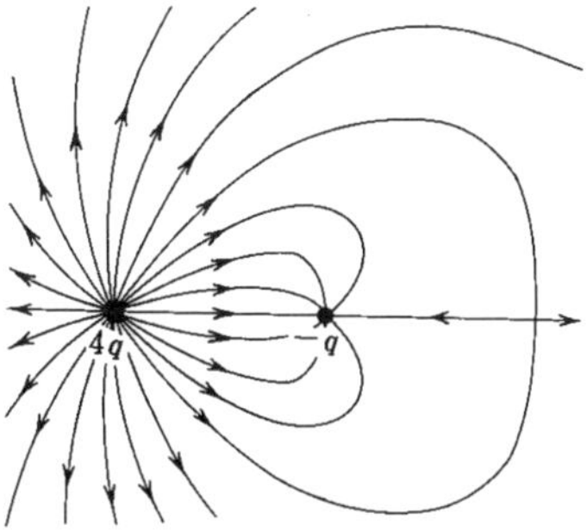

図 2.20

2.19　静止した点電荷 Q による電位を，ポアソン方程式により求めよ．ただし境界条件として無限遠で電位が 0 とする．(**ヒント**: 電荷分布は $\rho(r) = Q\delta(r)$ と書ける．)

2.20　次式で与えられる関数を**階段関数** (step function) という．

$$\theta(x) = \begin{cases} 0 & (x < 0) \\ \dfrac{1}{2} & (x = 0) \\ 1 & (x > 0) \end{cases} \tag{2.87}$$

1 次元 δ 関数 $\delta(x)$ との間に次の関係があることを証明せよ．

$$\delta(x) = \frac{d\theta(x)}{dx} \tag{2.88}$$

2.21　図 2.19 のように，x 軸上の点 P_i $(i = 1, \ldots, n)$ にそれぞれ点電荷 q_i がある．このとき，点 P を通る電気力線は，

$$\sum_{i=1}^{n} q_i \cos\theta_i = (\text{一定}) \tag{2.89}$$

で表されることを示せ．ただし，θ_i は直線 $\mathrm{P}_i\mathrm{P}$ が x 軸となす角である．

2.22　等量同種の 2 つの点電荷がある．この 2 電荷を結ぶ直線に垂直に出る電気力線の無限遠での角度を求めよ．(**ヒント**: 式 (2.89) を用いる．)

2.23　図 2.20 のように，電荷 $+4q$ および $-q$ がある．電荷 $+4q$ から出た電気力線の一部は電荷 $-q$ に終り，残りは無限遠に伸びる．電荷 $+4q$ から何度で出た電気力線がその境界となるか．(**ヒント**: 式 (2.89) を用いる．)

3

導　　体

導体は，電荷を運ぶことができる物体であるが，まずこの章では，導体中の電荷が静止している場合 (**静電的性質**) について考える．導体中の電荷が移動する場合は，5 章で扱う．また例として，電気を蓄えることができる**コンデンサ**について学ぶ．最後に，導体系を含む静電場の問題を取り上げ，それが**境界値問題**に帰着することを示す．さらに**鏡像法**を用いて，典型的な問題を解く．

3.1　静 電 誘 導

3.1.1　導体内の電場と電荷

物質には，金属のように電気をよく通すものと，ガラスやプラスチックのようにほとんど電気を通さないものがある．このとき前者を**導体** (conductor)，後者を**絶縁体** (insulator) と呼ぶ．この違いは，導体中には，その物質全体を比較的自由に移動できる電荷が存在するのに対し，絶縁体中の電荷は，すべて原子内に束縛されており，自由に移動できないためである．導体に電場をかけると，導体内の自由な電荷はクーロン力を受け，図 3.1 (a) のように，平均的には，正電荷は電場の向き，負電荷は電場と逆向きに移動する．その結果，図 3.1 (b) のように，導体表面に正負の電荷が現れ，導体内の電場を打ち消そうとする．これを**静電誘導** (electrostatic induction) という．静電誘導は，導体内

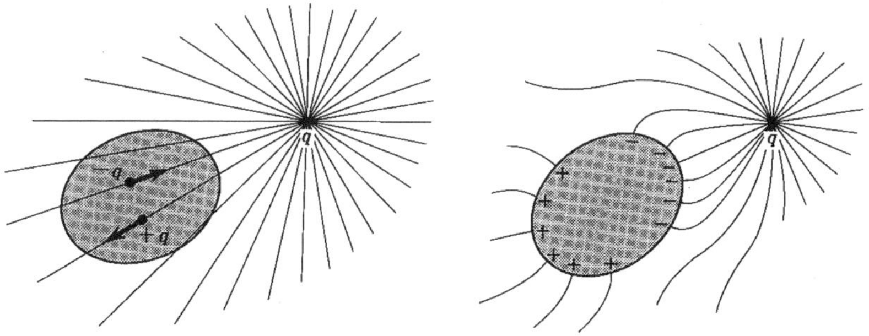

（a） 電場をかけた直後　　（b） 最終状態

図 3.1　静電誘導

に電場がある限り続くので，それが完了した**平衡状態** (equilibrium state) では，導体内の電場は完全に打ち消される．すなわち，**平衡状態では導体内には電場は存在しない**．したがって $\boldsymbol{E} = -\mathrm{grad}\,\phi = \mathbf{0}$ であるから，**導体は全体が等電位**である．これを『**導体の電位**』と定義する．すなわち，**導体表面は等電位面**であり，等電位面と電気力線は直交するから，**導体表面の電場は表面に垂直**である．もちろん，導体内部には電気力線はない．導体の電位は，無限遠から導体上の一点 P までの線積分によって与えられる．

$$\phi = -\int_{\infty}^{\mathrm{P}} \boldsymbol{E} \cdot d\boldsymbol{l} \tag{3.1}$$

《参考》　接地

電磁気学における導体か絶縁体かの区別は，観測する時間スケールで変わることがある．たとえば，電荷の移動が非常に遅い物質は，普通は絶縁体に分類されるが，静電場は電荷の移動が終了した平衡状態であるから，無限の時間がかかっても，最終的に電荷が電場の方向に巨視的に移動し，導体の性質を示すなら，その物質は，静電的には導体とみなせる．実際，地球も静電的には導体であり，全体が等電位である[1]．

ところで地球は我々のサイズに比べ非常に大きく，しかもそれは実際上無限遠まで続いていると考えてよいので，その電位は常に 0 とおいて差し支えない．したがって大地に電気的に接続することは，静電的には電位を 0 にすることである．これを**接地**という．これは**アース** (earthing) または**グランド** (grounding) とも呼ばれる．

1　これは，通常は固体とみなせる地球が，長い時間スケールで見れば，マントル対流などを起こす流体とみなせることに類似している．

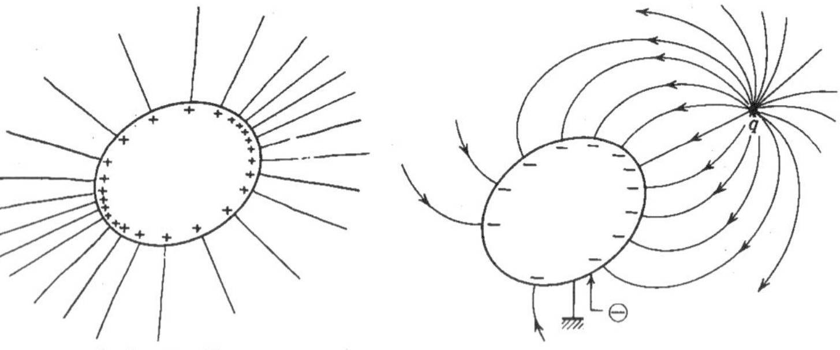

（a） 孤立導体　　（b） 接地導体

図 3.2　導体の帯電

さて，$\boldsymbol{E}=\mathbf{0}$ ならば，ガウスの法則より $\mathrm{div}\,\boldsymbol{E}=\dfrac{\rho}{\varepsilon_0}=0$ であるから，**導体内には電荷は存在しない**といえる．したがって静電誘導によって現れた電荷は，すべて表面に分布し，それは導体内の電場が零になるように，導体の形状に応じて決まる．また電荷保存則より，導体が孤立していれば，誘導された正負の電気量の合計は 0 である．なお一般的な傾向として，電荷は表面の曲率が大きいところに集まりやすい．したがって一般に，尖った表面ほど電荷密度が高い．

ところで，導体内には電荷は存在しないと言ったが，これは自由な電荷が全て導体表面に移動するという意味ではない．静電誘導によって現れる電荷は，侵入した電場を打ち消す分だけであるから，それは自由な電荷のほんの一部である．また金属などの導体では，自由な電荷は**電子**であるから，導体表面に現れる正電荷は，電子がいなくなり中性が破れて出現した**格子イオン**の電荷である．すなわち導体内の電荷が 0 とは，平均的に 0 という意味である．

なお，図3.2 (a)のように，孤立した導体に電荷を与えると，導体は電気を帯びる．また，図3.1 (b)の状態で導体を接地すると，電荷が流れ込む (図3.2 (b))．一般に，このように正負の電気量に差が生じた状態が『帯電』であるが，導体においては，帯電による電荷も表面のみに分布する．

《参考》　物質と電磁気学

この章から導体，誘電体，磁性体という物質中における電磁場を扱う．物質は，よく知られているように原子で構成されており，物質中には，時間的にも空間的にも複雑な電磁場が存在する．さらにこのサイズでは，**量子効果** (quantum effect) も現われる．しかし電磁気学では，このようなミクロ (微視的) な現象は，マクロ (巨視的) な『平均』として考える．すなわち，電磁気学における微小体積は，日常的には点にみなせるが，原子から見れば十分大きな領域であり，物質中の電磁場は，そのような微小体積での平均である．したがって，微視的には複雑な電磁場が存在しても，それが互いに打ち消し合っていれば，巨視的には零である．またこのとき，物質は連続体とみなすことができ，密度を定義したり，微分などの操作を行なうことができる．物質のミクロな研究は，**物性物理学** (physics of condensed matter) によって行なわれる．

3.1.2 導体表面

上述のように，電場は導体内には存在せず，導体表面ではそれに垂直となるが，次にその大きさを求めよう．そのために図 3.3 のように，導体表面に，底面積 S，高さ h の薄い茶筒状の閉曲面を考えて，ガウスの法則を適用する．まずこの閉曲面を貫く電気力線は，筒の上面のみであるから，全電気力束は ES である．また，電荷は導体表面にあるので，表面電荷密度を σ とおけば，この閉曲面に囲まれる電荷は σS である．したがってガウスの法則より，$ES = \sigma S/\varepsilon_0$ である．よって，求める導体表面の電場は，

$$E = \frac{\sigma}{\varepsilon_0} \tag{3.2}$$

となる．これを**クーロンの定理** (Coulomb's theorem) という．すなわち，導体表面の電場は，そこでの表面電荷密度で決まる．逆にいえば，**導体表面での電場が分かれば，そこでの表面電荷密度を知ることができる．**

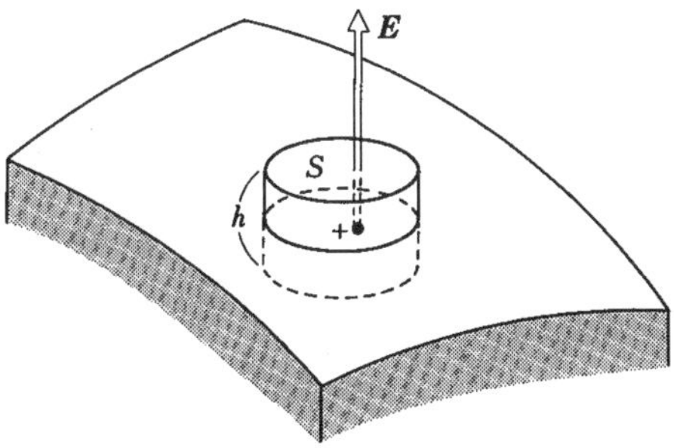

図 3.3 導体表面

【例題 3.1】 帯電した導体球表面の電場

電荷 Q で帯電した半径 a の孤立導体球がある．表面の電場を求めよ．

［**解**］まずこの系は球対称であるから，電荷分布は球対称である．したがって，電荷は導体球表面に一様に分布し，その表面電荷密度は，全電荷を導体球の表面積で割って

$$\sigma = \frac{Q}{4\pi a^2} \tag{3.3}$$

である．よって表面電場の大きさは，クーロンの定理より，

$$E = \frac{\sigma}{\varepsilon_0} = \frac{Q}{4\pi\varepsilon_0 a^2} \tag{3.4}$$

となる．また向きは，導体表面に垂直であるから，半径方向である．

3.1.3 静 電 遮 蔽

図 3.4 (a)のように，電荷 q が導体に囲まれていると，空洞表面に電荷が静電誘導される．図のように，空洞を囲むように導体中に閉曲面 S をとって，ガウスの法則を適用すれば，導体中は電場はないので，S を貫くフラックスは 0 であるから，S に囲まれる電荷の総量も 0 のはずである．したがって，空洞表面に誘導される電荷の総量は $-q$ であることが分かる．

そこでもし，この導体が外部と独立ならば，電荷保存則より，導体の外側の表面には，総量 q の電荷が誘導される．また，図 3.4 (b)のように導体が接地されていれば，電荷は地球に逃げて，導体は地球と同電位となるので，外部の

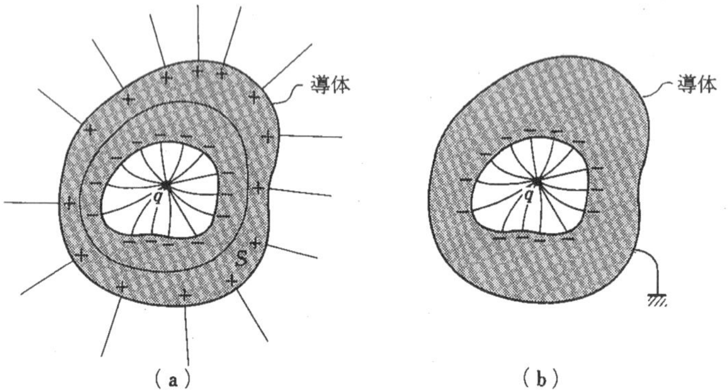

図 3.4　静電遮蔽

電気力線は消える．すなわちこれは，空洞内部の電場は外部に伝わらず，また逆に，外部からの電場も空洞内部に影響を与えないことを意味する．この効果を**静電遮蔽** (electrostatic shield) という．また，導体で囲まれた空洞の内部に電荷が存在しなければ，空洞内に電場は存在しない (演習問題 3.1).

3.2 電 気 容 量

3.2.1 コンデンサ

1 対の導体を考えよう．いまこの導体にそれぞれ $\pm Q$ の電荷を与えると，図 3.5 のように，導体間には電場が発生し，電位差 V が生じる．このとき，与えた電荷と生じた電位差は一般に比例し，その比

$$\boxed{C = \frac{Q}{V}} \tag{3.5}$$

を，その導体系の**電気容量**という[2]．また，1 つの導体の電気容量は，それに電荷 Q を与えたときの，その導体の電位 ϕ から

$$C = \frac{Q}{\phi} \tag{3.6}$$

のように定義される．一般にこのような電荷を蓄えるための導体系を，**コンデンサ** (condenser) または**キャパシタ** (capacitor) という．

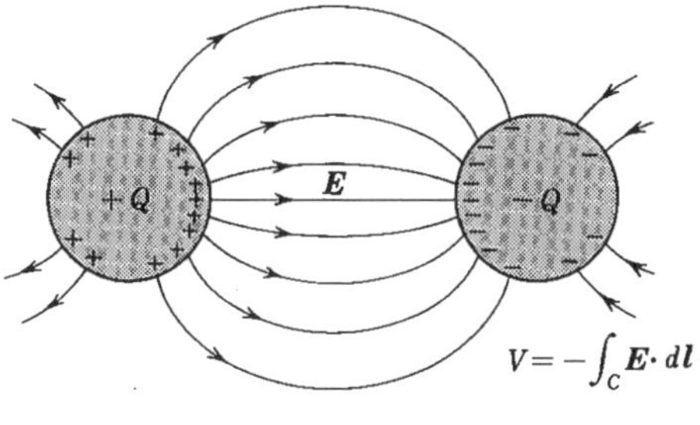

図 3.5　電気容量

2 **静電容量**または**キャパシタンス** (capacitance) とも呼ぶ．

電気容量の単位はファラッド (記号 F) である．式 (3.5) から分かるように，F = C/V である．ただしこの単位は実用には大きすぎるので，μF (マイクロファラッド) や pF (ピコファラッド) などがよく用いられる．ここで μ，p はそれぞれ$\times 10^{-6}$，$\times 10^{-12}$ を表わす接頭辞である．

【例題 3.2】 導体球の電気容量

半径 a の導体球の電気容量を求めよ．

［**解**］電荷 Q を与えると，球対称性から，電荷は球面に一様に分布する．また，電場は半径方向で，その大きさは，ガウスの法則より，球外 $(r > a)$ で

$$E = \frac{Q}{4\pi\varepsilon_0 r^2} \tag{3.7}$$

となる (球内 $(r < a)$ は $E = 0$ より等電位である)．したがって導体の電位は，

$$\phi = -\int_{\infty}^{a} \frac{Q}{4\pi\varepsilon_0 r^2} dr = \frac{Q}{4\pi\varepsilon_0 a} \tag{3.8}$$

となる．よって求める電気容量は，式 (3.6) より，次のように計算される．

$$C = \frac{Q}{\phi} = 4\pi\varepsilon_0 a \tag{3.9}$$

問 3.1　1 F の電気容量をもつ導体球の半径を求めよ．また，この導体球の電位を 1 V にした．帯電量を求めよ．(9×10^9 m，1 C)

【例題 3.3】 平行板コンデンサ (parallel condenser)

図 3.6 のように 2 枚の極板を平行に配した平行板コンデンサの電気容量を求めよ．

［**解**］2 枚の極板にそれぞれ電荷 $\pm Q$ を与えると，極板の面積 S がその間隔 d より十分大きい場合，端の影響は小さいから，電荷は面密度$\pm\sigma = \pm Q/S$ で一様に分布する．したがって対称性より，$\boldsymbol{E}$ は極板に垂直である．よって，図のような底面積 S'，高さ h の茶筒状の閉曲面を考えて，ガウスの法則を適用すると，全電気力束は $S'E$，囲む電気量は$\sigma S'$ であるから，$S'E = \sigma S'/\varepsilon_0$ である．よって極板間の電場は，

$$E = \frac{\sigma}{\varepsilon_0} = \frac{Q}{\varepsilon_0 S} \tag{3.10}$$

のように一様である．よって極板間の電位差は，

$$V = \int_0^d E dl = Ed = \frac{Qd}{\varepsilon_0 S} \tag{3.11}$$

となるから，求める電気容量は，式 (3.5) より，次式となる．

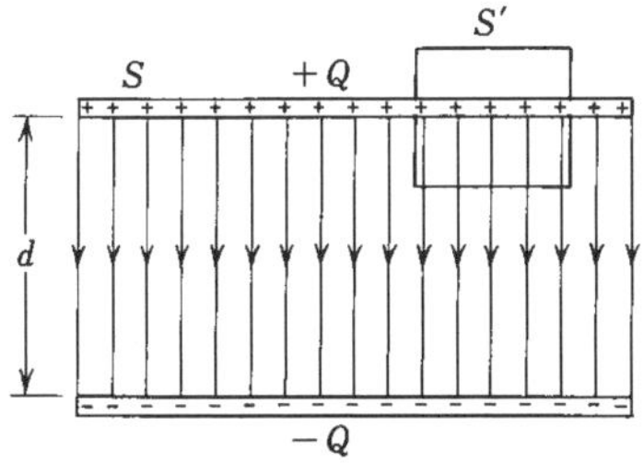

図 3.6 平板コンデンサ

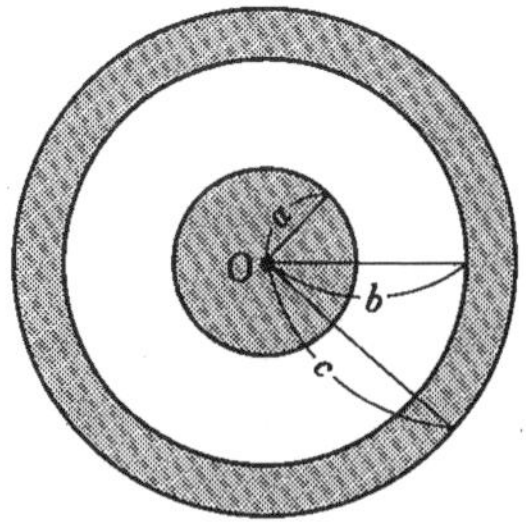

図 3.7 同心球コンデンサ

$$C = \frac{Q}{V} = \varepsilon_0 \frac{S}{d} \tag{3.12}$$

ただし正確には，極板の端では電荷分布は一様ではないから，補正が必要である．

問 3.2 極板面積 S，極板間隔 d の平行板コンデンサに，電圧 V をかけた．蓄えられる電気量を求めよ．($Q = \dfrac{\varepsilon_0 SV}{d}$)

問 3.3 問 3.2 で，V を保ったまま極板間隔を 2 倍にした．電気量はどうなるか．またコンデンサを電源から切り離して極板間隔を 2 倍にした場合はどうなるか．(V が一定の場合は，容量は半分だから電気量も半分．電源から切り離した場合は，電荷保存則より電気量は変わらないから，V は 2 倍になる．)

【例題 3.4】 同心球コンデンサ (spherical condenser)

図 3.7 のような同心球コンデンサの電気容量を求めよ．

［**解**］内外導体にそれぞれ電荷 $\pm Q$ を与えると，電場は半径方向で，その大きさは，ガウスの法則より，$a < r < b$ の範囲で

$$E = \frac{Q}{4\pi\varepsilon_0 r^2} \tag{3.13}$$

であり，他の部分では，$E = 0$ である．よって導体間の電位差は，

$$V = -\int_b^a \frac{Q}{4\pi\varepsilon_0 r^2} dr = \frac{Q}{4\pi\varepsilon_0}\left(\frac{1}{a} - \frac{1}{b}\right) \tag{3.14}$$

である．よって求める電気容量は，次のようになる．

$$C = \frac{Q}{V} = \frac{4\pi\varepsilon_0 ab}{b - a} \tag{3.15}$$

3.2.2 導 体 系

図 3.8のように，n 個の導体からなる導体系を考えよう．いまそれらに，それぞれ電荷 $Q_1, Q_2, \ldots, Q_n$ を与えると，導体のまわりには電場が生じ，各導体は電位をもつ．それらを $\phi_1, \phi_2, \ldots, \phi_n$ とすると，次の関係式が成り立つ．

$$\begin{pmatrix} \phi_1 \\ \phi_2 \\ \vdots \\ \phi_n \end{pmatrix} = \begin{pmatrix} p_{11} & p_{12} & \cdots & p_{1n} \\ p_{21} & p_{22} & \cdots & p_{2n} \\ \vdots & \vdots & \ddots & \vdots \\ p_{n1} & p_{n2} & \cdots & p_{nn} \end{pmatrix} \begin{pmatrix} Q_1 \\ Q_2 \\ \vdots \\ Q_n \end{pmatrix} \tag{3.16}$$

これはたとえば，導体 1 の電位 ϕ_1 が，自分自身の電荷 Q_1 による電位 $p_{11}Q_1$ と，それ以外の導体による電位 $p_{1j}Q_j$ $(j = 2, \ldots, n)$ との重ね合わせで与えられることに基づく．p_{ij} は**電位係数** (coefficient of electrostatic potential) と呼ばれ，導体の形状，配置など幾何学的条件で決まる定数である．単位は F^{-1} である．p_{ij} には次の**相反定理** (reciprocity theorem) が成り立つ．

$$p_{ij} = p_{ji} \tag{3.17}$$

なお，2 つの導体 1，2 からなるコンデンサの両極に，それぞれ $\pm Q$ の電荷を与えた場合，式 (3.16) は，

$$\phi_1 = p_{11}Q - p_{12}Q \tag{3.18}$$

$$\phi_2 = p_{21}Q - p_{22}Q \tag{3.19}$$

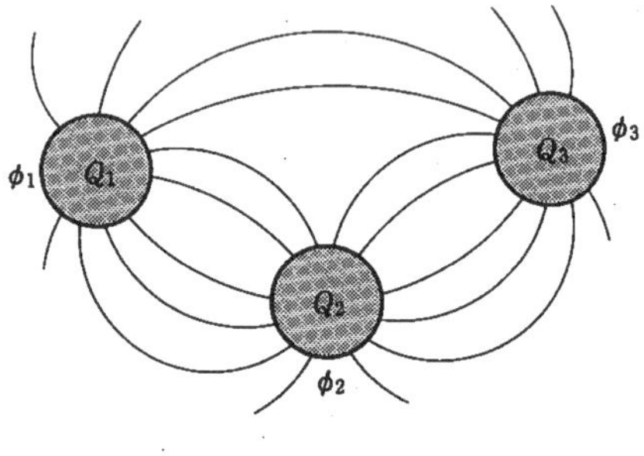

図 3.8 導体系

となり，また $p_{12} = p_{21}$ であるから，このコンデンサの電気容量は

$$C = \frac{Q}{\phi_1 - \phi_2} = \frac{1}{p_{11} + p_{22} - 2p_{12}} \tag{3.20}$$

と与えられる．

一方，各導体に電位を与えたときに，どのくらいの電荷を蓄えるかを知るために，式 (3.16) を Q_i について解き直して，

$$\begin{pmatrix} Q_1 \\ Q_2 \\ \vdots \\ Q_n \end{pmatrix} = \begin{pmatrix} C_{11} & C_{12} & \cdots & C_{1n} \\ C_{21} & C_{22} & \cdots & C_{2n} \\ \vdots & \vdots & \ddots & \vdots \\ C_{n1} & C_{n2} & \cdots & C_{nn} \end{pmatrix} \begin{pmatrix} \phi_1 \\ \phi_2 \\ \vdots \\ \phi_n \end{pmatrix} \tag{3.21}$$

と書くこともできる．このとき C_{ii} を**容量係数** (capacity coefficient)，C_{ij} $(i \neq j)$ を**誘導係数** (coefficient of electrostatic induction) と呼ぶ．行列 C_{ij} は行列 p_{ij} の逆行列である．誘導係数についても相反定理 $(C_{ij} = C_{ji})$ が成り立つ．また誘導係数は常に負である (演習問題 3.11)．単位は F である．

なお，2 つの導体 1，2 からなるコンデンサの両極に，それぞれ $\pm Q$ の電荷を与えた場合，式 (3.21) は，

$$Q = C_{11}\phi_1 + C_{12}\phi_2 \tag{3.22}$$

$$-Q = C_{21}\phi_1 + C_{22}\phi_2 \tag{3.23}$$

となり，また $C_{12} = C_{21}$ であるから，このコンデンサの電気容量は

$$C = \frac{Q}{\phi_1 - \phi_2} = \frac{C_{11}C_{22} - C_{12}^2}{C_{11} + C_{22} + 2C_{12}} \tag{3.24}$$

と与えられる．

【例題 3.5】 同心球コンデンサの電位係数

図 3.7 の同心球コンデンサの電位係数 p_{ij} を求めよ．

［解］ まず，内導体 1 に電荷 $Q_1 = 1$ C を与え，外導体 2 の電荷を $Q_2 = 0$ とすると，導体 1，2 の電位は，式 (3.16) より，それぞれ $\phi_1 = p_{11}$，$\phi_2 = p_{21}$ であり，電場

は$a<r<b$，$r>c$で$E=\dfrac{1}{4\pi\varepsilon_0 r^2}$，それ以外では，$E=0$であるから，

$$p_{11}=\phi_1=-\int_{\infty}^{a}Edr=\frac{1}{4\pi\varepsilon_0}\left(\frac{1}{a}-\frac{1}{b}+\frac{1}{c}\right) \tag{3.25}$$

$$p_{21}=\phi_2=\frac{1}{4\pi\varepsilon_0 c} \tag{3.26}$$

である．逆に，導体1の電荷を$Q_1=0$，導体2の電荷を$Q_2=1$ Cとすると，導体1，2の電位はそれぞれ$\phi_1=p_{12}$，$\phi_2=p_{22}$であり，電場は$r>c$で$E=\dfrac{1}{4\pi\varepsilon_0 r^2}$，それ以外では，$E=0$であるから，

$$p_{12}=\phi_1=\frac{1}{4\pi\varepsilon_0 c} \tag{3.27}$$

$$p_{22}=\phi_2=\frac{1}{4\pi\varepsilon_0 c} \tag{3.28}$$

である．$p_{12}=p_{21}$であるから，相反定理も成り立っている．

問 3.4　2個の導体からなる導体系で，導体2を接地して導体1の電位をϕ_1にしたところ，導体1，2の電荷がそれぞれQ_1，Q_2となった．導体1の容量係数および導体1，2の間の誘導係数を求めよ．
(式(3.21)より$Q_i=C_{i1}\phi_1$．よって$C_{11}=\dfrac{Q_1}{\phi_1}$，$C_{21}=\dfrac{Q_2}{\phi_1}$．)

3.2.3　コンデンサの接続

図3.9(a)のような接続を**直列**(series)という．直列接続された電気容量C_1，C_2のコンデンサ1，2に，電圧Vをかけた場合，コンデンサ1，2に蓄えられる電気量をそれぞれq_1とq_2とすると，図の点線で囲まれた領域では，コンデンサ1の＋極およびコンデンサ2の－極には，それぞれq_1と$-q_2$の電荷が蓄えられる．ところでこの領域は，外部から孤立しているから，電荷保存則が成り立ち，最初の電荷を0とすると，誘導された電荷の合計は，$q_1-q_2=0$

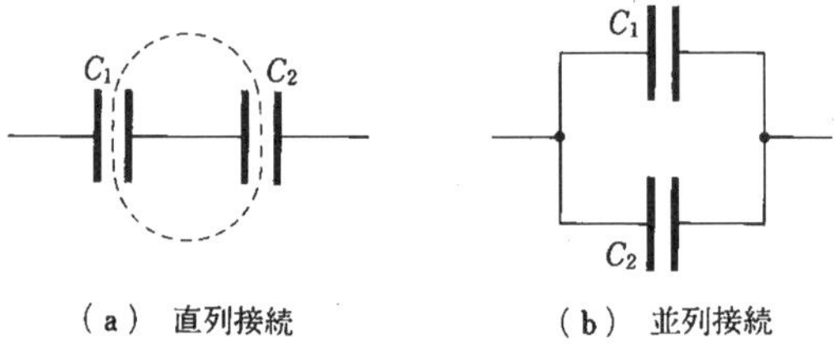

図 3.9　コンデンサの接続

である．よって $q_2 = q_1$ である．それを q とおき，またそのときのコンデンサ 1，2 の電位差を，それぞれ V_1，V_2 とすると，合計の電位差は，

$$V = V_1 + V_2 = \frac{q_1}{C_1} + \frac{q_2}{C_2} = q\left(\frac{1}{C_1} + \frac{1}{C_2}\right) \tag{3.29}$$

である．外部から実際に蓄えられた電気量は q であるから，合成容量 C は，

$$\frac{1}{C} = \frac{V}{q} = \frac{1}{C_1} + \frac{1}{C_2} \tag{3.30}$$

である．一般に，n 個のコンデンサを直列接続したときの合成容量 C は，

$$\boxed{\frac{1}{C} = \sum_{i=1}^{n} \frac{1}{C_i}} \tag{3.31}$$

である．一方，図 3.9 (b) のような接続を**並列** (parallel) という．この場合，各コンデンサの電圧 V は共通である．各コンデンサに蓄えられる電気量をそれぞれ q_1 と q_2 とすると，全電気量は $q = q_1 + q_2$ であるから，合成容量 C は，

$$C = \frac{q}{V} = \frac{q_1}{V} + \frac{q_2}{V} = C_1 + C_2 \tag{3.32}$$

である．一般に，n 個のコンデンサを並列接続したときの合成容量 C は，

$$\boxed{C = \sum_{i=1}^{n} C_i} \tag{3.33}$$

である．

3.3 静電エネルギー

3.3.1 導体系の静電エネルギー

図 3.8 のように，電荷 Q_1，Q_2 で帯電した導体 1，2 があるとき，電位係数を p_{ij} とすると，各導体の電位は，式 (3.16) より，

$$\phi_1 = p_{11}Q_1 + p_{12}Q_2 \tag{3.34}$$

$$\phi_2 = p_{21}Q_1 + p_{22}Q_2 \tag{3.35}$$

で与えられるが，この系の静電エネルギーを求めよう．そのためにまず，$Q_1 = 0$，$Q_2 = 0$ として，導体 1 の電荷を Q_1 にするのに必要な仕事を考える．いま，

導体 1 の電気量を Q とすれば，式 (3.35) より，導体 1 の電位は $\phi_1 = p_{11}Q$ であり，また一般に，電位が 0 の点から電位ϕ の導体まで，微小電荷 dQ を運ぶのに必要な仕事は，式 (1.39) より，$dW = \phi dQ$ であるから，Q を 0 から Q_1 まで増加させるのに必要な仕事は，

$$W = \int_0^{Q_1} \phi_1 dQ = \frac{1}{2}p_{11}Q_1^2 \tag{3.36}$$

である．次に，導体 1 の電荷を Q_1 に固定して，導体 2 の電荷を 0 から Q_2 まで増加させるのに必要なエネルギーを考えると，導体 2 の電荷が Q のときの導体 2 の電位は，式 (3.35) より，$\phi_2 = p_{21}Q_1 + p_{22}Q$ であるから，Q を 0 から Q_2 まで増加させるのに必要な仕事は，

$$W = \int_0^{Q_2} \phi_2 dQ = p_{21}Q_1Q_2 + \frac{1}{2}p_{22}Q_2^2 \tag{3.37}$$

である．よって求める静電エネルギー U は，この 2 つの仕事の和であり，相反定理 $(p_{21} = p_{12})$ より $p_{21} = \frac{1}{2}(p_{12} + p_{21})$ と書けるから，

$$U = \frac{1}{2}p_{11}Q_1^2 + \frac{1}{2}(p_{12} + p_{21})Q_1Q_2 + \frac{1}{2}p_{22}Q_2^2 = \frac{1}{2}\phi_1Q_1 + \frac{1}{2}\phi_2Q_2 \tag{3.38}$$

となる．特に，導体 1，2 にそれぞれ電荷 $\pm Q$ を与えると，

$$U = \frac{1}{2}(Q\phi_1 - Q\phi_2) = \frac{1}{2}QV \tag{3.39}$$

である．ただし $V \equiv \phi_1 - \phi_2$ は導体間の電位差である．電気容量を C として式 (3.5) を用いれば

$$\boxed{U = \frac{1}{2}QV = \frac{1}{2}CV^2 = \frac{Q^2}{2C}} \tag{3.40}$$

となる．これがコンデンサに蓄えられる静電エネルギーである．

式 (3.38) を n 個の導体系に拡張すると，静電エネルギー U は，導体 i の電位および電荷をそれぞれ ϕ_i，Q_i とすると，以下のように与えられる．

$$U = \frac{1}{2}\sum_{i=1}^{n} \phi_i Q_i \tag{3.41}$$

【例題 3.6】 平行板コンデンサ

図 3.6 の平行板コンデンサ (極板面積 S, 極板間隔 d) に，電圧 V をかけたとき，蓄えられる静電エネルギーを求めよ．またそれを，極板間の電場 E で表わせ．

［**解**］平行板コンデンサの電気容量は，式 (3.12) で与えられ，また，$V = Ed$ であるから，求める静電エネルギーは，式 (3.40) より，次式で与えられる．

$$U = \frac{1}{2}CV^2 = \frac{1}{2}\varepsilon_0\frac{S}{d}V^2 = \frac{1}{2}\varepsilon_0 E^2 Sd \tag{3.42}$$

《参考》 空間に蓄えられる静電エネルギー

近接作用論では，静電エネルギーは空間に蓄えられると考える．図 3.10 のように，導体 A の電荷 q の微小部分から出た電気力管が，導体 B の電荷 $-q$ に向かう場合を考えると，まずこの電気力管に含まれる電気力束は，ガウスの法則より $\Phi = q/\varepsilon_0$ であるから，断面積 dS の部分の電場は $E = \Phi/dS = q/(\varepsilon_0 dS)$ である．よって

$$q = \varepsilon_0 E dS \tag{3.43}$$

である．また導体 A, B の電位差は，電気力管に沿って E を積分したものであるから，

$$V = \int_{\mathrm{A}}^{\mathrm{B}} Edl \tag{3.44}$$

である．これらをこの電荷分布による静電エネルギー (式 (3.39)) に代入すると

$$U = \frac{1}{2}qV = \int_V \frac{1}{2}\varepsilon_0 E^2 dV \qquad (\text{ただし } dV = dSdl) \tag{3.45}$$

となる．これは電気力管についての体積積分であり，この空間には，単位体積当たり

$$u = \frac{1}{2}\varepsilon_0 E^2 \tag{3.46}$$

のエネルギーが蓄えられることを意味している．例題 3.6 の結果も，それを示している．

問 3.5 $\frac{1}{2}\varepsilon_0 E^2$ がエネルギー密度の次元 (J/m^3) を持つことを示せ．

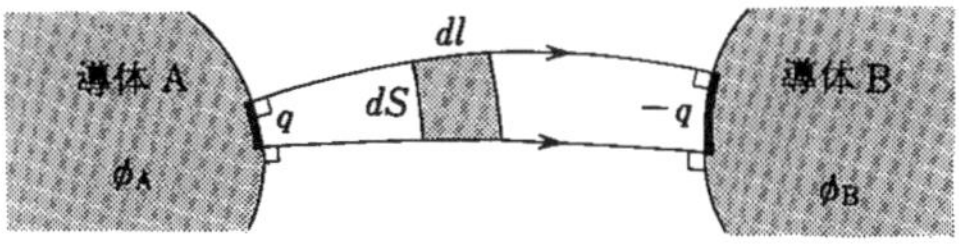

図 3.10 空間に蓄えられる静電エネルギー

3.3.2 静電張力

ここで，導体表面に働く力について考えよう．図 3.11 のように微小面積 ΔS を考えると，この近傍の電場は，電荷 $\sigma\Delta S$ が導体内外に作る電場 $\mp\boldsymbol{E}_1$ と，それ以外の電荷が作る電場 $\boldsymbol{E}_2$ の重ね合わせであるから，導体内部で電場が零，導体表面での電場を $\boldsymbol{E}$ とすると，

$$\boldsymbol{E}_1 + \boldsymbol{E}_2 = \boldsymbol{E} \tag{3.47}$$

$$-\boldsymbol{E}_1 + \boldsymbol{E}_2 = \boldsymbol{0} \tag{3.48}$$

となる．よって

$$\boldsymbol{E}_1 = \boldsymbol{E}_2 = \frac{1}{2}\boldsymbol{E} \tag{3.49}$$

であることが分かる．すなわち，電荷 $\sigma\Delta S$ 以外の電荷が作る電場 $\boldsymbol{E}_2$ は，表面に垂直で，大きさは表面電場の半分である．ところで，電荷 $\sigma\Delta S$ に働く力 $\boldsymbol{F}$ は，$\boldsymbol{E}_2$ によるものだから，

$$\boldsymbol{F} = \sigma\Delta S\boldsymbol{E}_2 = \frac{1}{2}\sigma\Delta S\boldsymbol{E} \tag{3.50}$$

である．面積ベクトルを $\Delta\boldsymbol{S}$ とおくと，$\boldsymbol{E}/\!/\Delta\boldsymbol{S}$ より $\Delta S\boldsymbol{E} = \Delta\boldsymbol{S}E$ であるから，式 (3.2) を用いると

$$\boldsymbol{F} = \frac{\sigma^2}{2\varepsilon_0}\Delta\boldsymbol{S} = \frac{\varepsilon_0 E^2}{2}\Delta\boldsymbol{S} \tag{3.51}$$

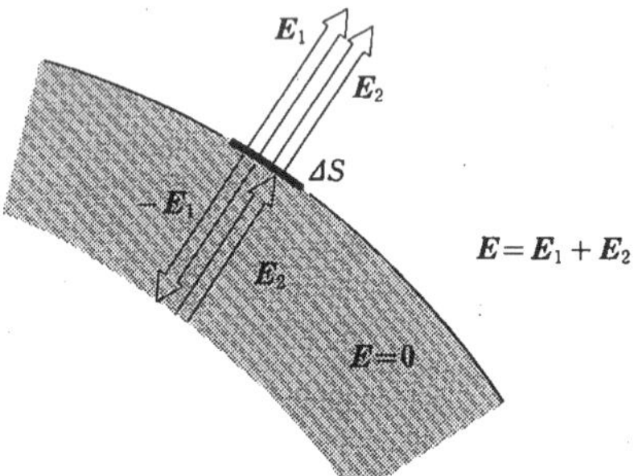

図 3.11　導体表面

と書くことができる．これは，表面電荷密度 σ を持つ導体表面には，面に垂直に単位面積当たり

$$\boxed{f = \frac{\sigma^2}{2\varepsilon_0} = \frac{1}{2}\varepsilon_0 E^2} \tag{3.52}$$

の張力が働いていることを意味する．これを**静電張力** (electric tension) という．

問 3.6 静電張力は，圧力の次元 ($\mathrm{N/m^2}$) を持つことを示せ．

3.3.3 マクスウェルの応力

近接作用論的に考えれば，導体表面に働く静電張力は，電気力管から単位面積当たりに受ける力と考えることができる．すなわち電気力管には，常にこのような張力が働いていると考えられる．これはちょうど，電気力線をゴムのひものように考えると分かりやすい．しかしそれならば，電気力線は電荷間にピンと張るはずであるが，これは実際の電気力線の形とは全く異なる．したがって，電気力線の間には，電気力線の間隔を押し広げるような力が働いていると考えられる．いま図 3.12 のような断面積 xy，長さ z の電気力管を考え，そのフラックスを $\Phi = Exy$ とすると，そこの静電エネルギーは，式 (3.46) より

$$U = \frac{1}{2}\varepsilon_0 E^2 xyz = \frac{1}{2}\varepsilon_0 \Phi^2 \frac{z}{xy} \tag{3.53}$$

となる．ここで電気力管の変形を考えると，フラックス Φ は変化しないので，式 (3.53) より，長さ z を増加させるとエネルギーが増加し，断面積 xy を増加

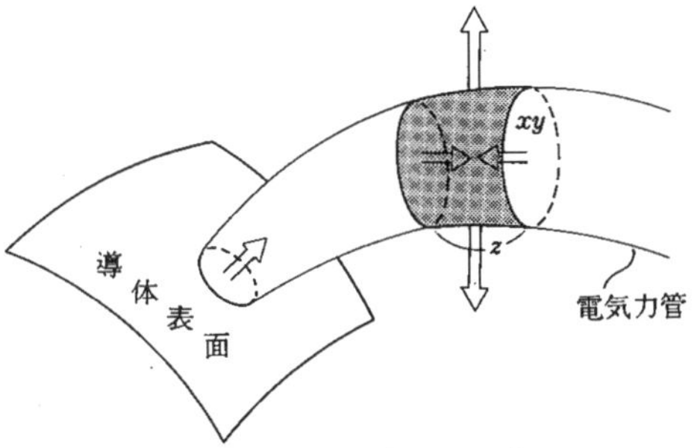

図 3.12 マクスウェルの応力

させるとエネルギーは減少することが分かる．よって電気力管は，縮んで太くなろうとしていることが分かる．実際その力は，$\Phi=$ (一定) として

$$-\frac{\partial U}{\partial x}=\frac{1}{2}\varepsilon_0E^2yz,\quad -\frac{\partial U}{\partial y}=\frac{1}{2}\varepsilon_0E^2zx,\quad -\frac{\partial U}{\partial z}=-\frac{1}{2}\varepsilon_0E^2xy \tag{3.54}$$

と計算されるから，電気力管には長さ方向は縮めようとする向きに，また太さ方向は広げようとする向きに，それぞれ単位面積当たり

$$\boxed{f=\frac{1}{2}\varepsilon_0E^2} \tag{3.55}$$

の力が働くことが分かる．これを**マクスウェルの応力** (Maxwell's stress) という．電気力線の形は，このつりあいによって決まると考えることができる．

3.3.4 導体系に働く静電気力

静電場中で作用する力は，電荷分布が決まれば，原理的にはクーロン力の重ね合わせで求めることができるが，導体を含む場合，導体内の電荷が移動するので，一般にその計算は簡単ではない．そこでエネルギーから働く力を求めよう．

まず，導体系が孤立している場合を考えよう．これは電荷保存則より，導体の『電荷が一定』の条件といえる．さて，導体表面は等電位面であるから，電荷 q_i を導体表面上で仮りに Δl_i だけ動かしても[3]，仕事は必要ない．これを力学では**仮想変位の原理** (principle of virtual displacement) という．これは滑らかな面に束縛されている質点と同様である．したがって，注目している電荷または導体を，力 $\boldsymbol{F}$ によって $\Delta\boldsymbol{l}$ だけ変位させると，その仕事 $-\boldsymbol{F}\cdot\Delta\boldsymbol{l}$ は，電荷の導体表面の移動には費やされず，新しく誘導された電荷による系の静電エネルギーの増加 ΔU に寄与する．すなわちエネルギー保存則より

$$\Delta U=-\boldsymbol{F}\cdot\Delta\boldsymbol{l} \tag{3.56}$$

である．よって，逆に働く力は，次のように与えられる．

$$\boxed{\boldsymbol{F}=-\mathrm{grad}\,U} \tag{3.57}$$

---

3 これを**仮想変位** (virtual displacement) という．

次に，導体が電源とつながれ，『電位が一定』に保たれている場合を考えよう．この場合，外部からのエネルギー供給が存在する．いま，導体系の各導体 i の電位ϕ_i を一定に保ちながら，注目する電荷または導体を $\Delta \boldsymbol{l}$ だけ仮想変位させたとき，それぞれの導体に外部から供給された電気量を ΔQ_i とすると，系全体に供給された外部からのエネルギーは

$$\Delta W = \sum_i \phi_i \Delta Q_i \tag{3.58}$$

であるが，これはちょうど，静電エネルギーの増加

$$\Delta U = \frac{1}{2}\sum_i \phi_i \Delta Q_i \tag{3.59}$$

の 2 倍である．よってエネルギー保存則より

$$\Delta U = -\boldsymbol{F}\cdot\Delta l + \Delta W = -\boldsymbol{F}\cdot\Delta l + 2\Delta U \tag{3.60}$$

である．したがって，この場合に働く力は，次式で与えられる．

$$\boxed{\boldsymbol{F} = \mathrm{grad}\, U} \tag{3.61}$$

【例題 3.7】 平行板コンデンサの極板間に働く力

極板面積 S，極板間隔 x の平行板コンデンサに電圧 V をかける．このとき極板間に働く力を，電圧 V をかけているときと，電源から切り離した後について求めよ．

［**解**］まず電圧をかけているときは，コンデンサの静電エネルギーは

$$U = \frac{1}{2}CV^2 = \frac{\varepsilon_0 SV^2}{2x} \tag{3.62}$$

であり，V は一定であるから，働く力は，式 (3.61) より，

$$F = \frac{dU}{dx} = -\frac{\varepsilon_0 SV^2}{2x^2} = -\frac{\varepsilon_0 E^2}{2}S \tag{3.63}$$

である．ただし $E = V/x$ を用いた．一方，電源から切り離すと，電荷保存則より電荷が一定となるから，この場合のコンデンサの静電エネルギーは

$$U = \frac{1}{2}\frac{Q^2}{C} = \frac{xQ^2}{2\varepsilon_0 S} \tag{3.64}$$

であり，Q は一定であるから，働く力は，式 (3.57) より，

$$F = -\frac{dU}{dx} = -\frac{Q^2}{2\varepsilon_0 S} = -\frac{\varepsilon_0 E^2}{2} S \tag{3.65}$$

である．ただし $E = \dfrac{Q}{\varepsilon_0 S}$ (式 (3.10)) を用いた．

3.4 導体系を含む静電場の解法

3.4.1 境界値問題

導体を含む静電場を考える場合，導体の表面の電荷分布は，他の導体などの電荷分布と矛盾なく決められる必要があるが，それを求めることは一般に困難である．したがって，電荷分布を求めてポアソン方程式を解くという方法は使えない．導体の場合，分かっているのは各導体表面の電位 (または帯電量) である．このような条件を**境界条件** (boundary condition) という．すなわち導体を含む静電場の問題は，与えられた境界条件のもとで，ポアソン・ラプラス方程式を解くという問題に帰着する．これは**境界値問題** (boundary-value problem) と呼ばれ，数学的に研究されている．なお一般に，導体以外にも電荷が分布していれば，方程式はポアソン方程式になるが，もしその電荷分布を囲むような等電位面が求まれば，それを境界条件に組み込むことで，ラプラス方程式を使うことができる (図 3.13)．ラプラスまたはポアソン方程式を解く一般的な方法はないが，**解の一意性定理** (uniqueness theorem) が証明できる．

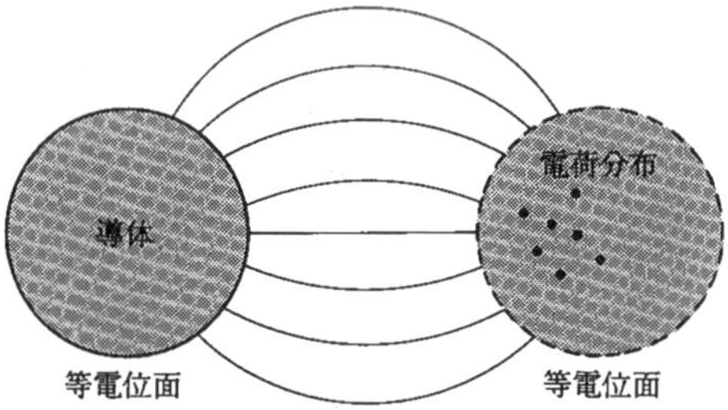

図 3.13 導体を含む静電場

《参考》 ポアソン方程式の解の一意性

いま，ある電荷分布 ρ に対して，同じ境界条件を満たし，無限遠で 0 となるような 2 つの解 ϕ_1，ϕ_2 が存在したと仮定しよう．このとき，境界面では $\phi_1 = \phi_2$ であり，またそれらは，同じポアソン方程式を満たすはずであるから，

$$\triangle\phi_1 = -\frac{\rho}{\varepsilon}, \quad \triangle\phi_2 = -\frac{\rho}{\varepsilon}, \tag{3.66}$$

である．したがって $\phi \equiv \phi_1 - \phi_2$ という関数を考えると，ラプラシアンの線形性から，ϕ はラプラス方程式 $\triangle\phi = 0$ を満たし，境界条件は，境界面および無限遠で $\phi = 0$ となる．

ところで，調和関数は極大，極小を持たない．なぜなら，演習問題 1.18 で示したように，ある点の電位 ϕ は，電荷がなければ，それを中心とする球面上の電位の平均であるから，球面上の電位には，必ず中心の電位以上のものと以下のものがある．すなわち，中心は極値ではない．この中心は任意にとれるから，ϕ は極値を持たない．一方，境界条件は $\phi = 0$ であるから，これらを満足する ϕ は，全領域で $\phi = 0$ となる以外にない．すなわち $\phi_1 = \phi_2$ が全領域で成り立つから，解はただ 1 つである．

3.4.2 鏡 像 法

静電場の問題は，解の一意性から，境界条件が定まれば 1 つに定まるから，なんらかの方法で境界条件を満たす解を見つけてしまえば，ポアソン方程式をまともに解かなくても，それが求める解である．その方法の 1 つに**鏡像法** (method of images) がある．鏡像法は，導体の境界条件と同じものを，簡単な電荷分布で実現し，それにより電位を求めるもので，その電荷は，ちょうど導体を鏡とした鏡像に対応するので，**鏡像電荷** (image charge) と呼ばれる．なお一般に，導体に電荷を近づけると，引力が働く．これを**鏡像力** (image force) というが，この力は，鏡像電荷から受ける力として求めることができる．

【例題 3.8】 導体平面と点電荷

図 3.14 (a) のように，無限に広い導体平面 S から距離 a の点に，電荷 q があるとき，導体表面に誘導される電荷を求めよ．

［**解**］ このとき導体平面は，電位 0 の等電位面であるが，この状況は，ちょうど図 3.14(b)のように，導体平面を鏡として，鏡像の位置 (**鏡像点**) に電荷 $-q$ を置き，導体を取り去ってしまったときと一致する．すなわち 2 つの電荷 q，$-q$ による電位は

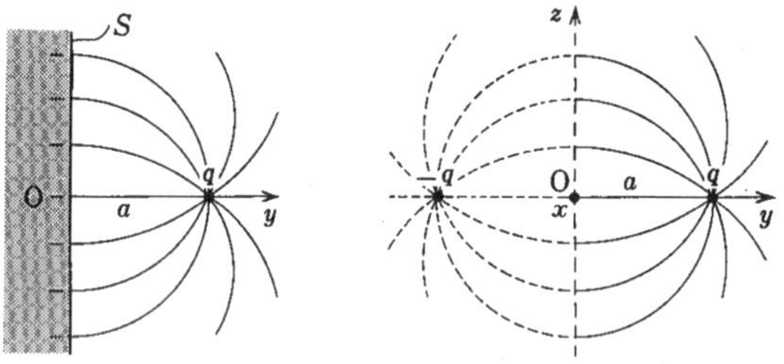

（a） 導体平面と点電荷　　（b） 鏡像電荷

図 3.14 鏡像法

$$\phi = \frac{q}{4\pi\varepsilon_0}\left(\frac{1}{\sqrt{x^2+(y-a)^2+z^2}} - \frac{1}{\sqrt{x^2+(y+a)^2+z^2}}\right) \tag{3.67}$$

である．ここに導体表面の条件 $y=0$ を代入すると，$\phi=0$ となるから，平面 $y=0$ は電位 0 の等電位面であり，導体がある場合の境界条件と完全に一致する．よって解の一意性から，求める導体外部の電場は，2 つの電荷 q，$-q$ が作る電場に等しく，それは，式 (3.67) の勾配より求まる．もちろん導体内部の電場は零である．

ところで導体表面の電場は，面に垂直であるから，y 成分のみなので，導体表面上の点 O から距離 r の点での電場の大きさは，$y=0$ における ϕ の y 方向の勾配より

$$E = -\left.\frac{\partial\phi}{\partial y}\right|_{y=0} = -\frac{qa}{2\pi\varepsilon_0(a^2+r^2)^{3/2}} \tag{3.68}$$

で与えられる．よって導体に誘導される表面電荷密度は，式 (3.2) より次式となる．

$$\sigma = \varepsilon_0 E = -\frac{qa}{2\pi(a^2+r^2)^{3/2}} \tag{3.69}$$

問 3.7　例題 3.8 で，導体表面に誘導される全電荷が $-q$ であることを，式 (3.69) を直接積分することにより示せ．

問 3.8　電荷 q が導体平面に引かれる力を，式 (3.69) から求め，それが鏡像電荷 $-q$ からの引力に一致することを示せ．

【例題 3.9】　接地された導体球と点電荷

図 3.15 (a) のように，接地された半径 R の導体球の中心 O から，距離 a $(a > R)$ の点 A に点電荷 q がある．導体球表面に誘導される電荷密度を求めよ．

［**解**］この場合の境界条件は，電位 0 の球面である．ところで導体球のかわりに，図 3.15 (b) のように，直線 OA 上で点 O から距離 b の点 B に点電荷 q' があるとして，この 2 つの電荷による点 P の電位を考えると，

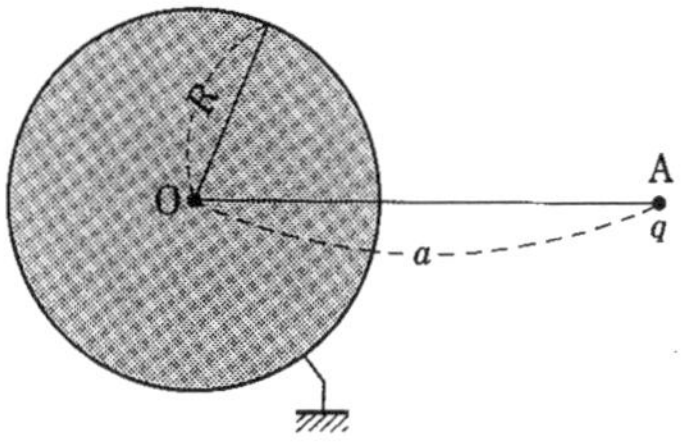

(a) 接地された導体球と点電荷

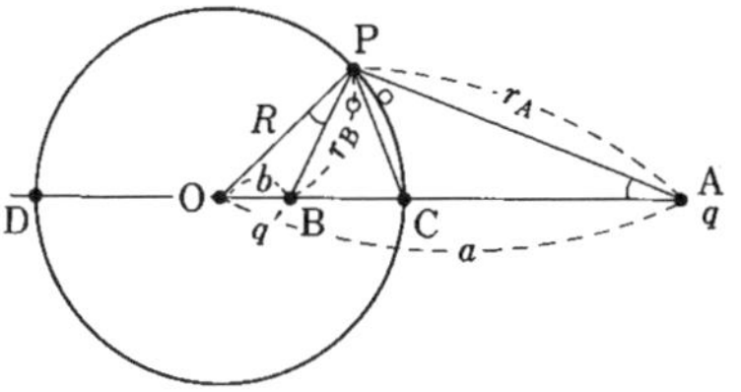

(b) 鏡像電荷

図 3.15

$$\phi = \frac{1}{4\pi\varepsilon_0}\left(\frac{q}{r_{\mathrm{A}}} + \frac{q'}{r_{\mathrm{B}}}\right) \tag{3.70}$$

である．ただし r_{A}，r_{B} はそれぞれ AP 間，BP 間の距離である．したがって $\phi = 0$ の等電位面は

$$\frac{r_{\mathrm{A}}}{r_{\mathrm{B}}} = -\frac{q}{q'} \tag{3.71}$$

で与えられる．ところで一般に，平面上で，2 点からの距離の比が一定である点の軌跡は，その内分点および外分点を直径の両端とする円 (**アポロニウス** (Apollonius) **の円**) であり，したがって式 (3.71) は，図 3.15 (b) のような，線分 AB の内分点 C，および外分点 D を直径の両端とする球面を与える．すなわち，q' をうまくとれば，点電荷によって，導体球と同じ境界条件が得られることがわかる．このとき，球外の電場は，2 つの電荷 q，q' の作る電場に等しい (球内の電場はもちろん零)．

ところで △OAP と △OPB は相似であるから[4]，$R : r_{\mathrm{A}} = a : r_{\mathrm{B}}$ であり，よって式 (3.71) より

$$q' = -\frac{R}{a}q \tag{3.72}$$

である．一方，$R : b = a : R$ より

$$b = \frac{R^2}{a} \tag{3.73}$$

が得られる．これが求める q' の条件である．よって原点 O からの距離が r，x 軸となす角が θ の点の電位は，

4 AP : PB = AC : CB = $r_{\mathrm{A}} : r_{\mathrm{B}}$ であるから，∠APC = ∠BPC である．また，△OCP は二等辺三角形であるから，∠OCP = ∠OPC である．ここで∠OCP = ∠OAP + ∠APC，∠OPC = ∠OPB + ∠BPC であるから，∠OAP = ∠OPB である．また ∠AOP は共通であるから，2 角相等によって △OAP ∽ △OPB である．

$$\phi = \frac{1}{4\pi\varepsilon_0}\left(\frac{q}{\sqrt{(r\cos\theta - a)^2 + (r\sin\theta)^2}} + \frac{q'}{\sqrt{(r\cos\theta - b)^2 + (r\sin\theta)^2}}\right) \quad (3.74)$$

で与えられる．これはもちろん境界条件 ($r = R$ で $\phi(r) = 0$) を満足する．

球外の電場は，この grad を計算すれば求まる．特に球表面での電場の大きさは，$E_{表面} = -\left.\frac{\partial\phi}{\partial r}\right|_{r=R}$ より計算できるから，クーロンの定理より，表面電荷密度は

$$\sigma = -\varepsilon_0 \left.\frac{\partial\phi}{\partial r}\right|_{r=R} = -\frac{q}{4\pi R^2}\left(\frac{R}{a}\right)\frac{1-\left(\frac{R}{a}\right)^2}{\left\{1+\left(\frac{R}{a}\right)^2 - 2\left(\frac{R}{a}\right)\cos\theta\right\}^{3/2}} \quad (3.75)$$

と求まる．

問 3.9　例題 3.9 で，表面に誘導された電荷を，式 (3.75) より求めよ．$(-\frac{R}{a}q)$

問 3.10　例題 3.9 で，電荷に働く力を求めよ．

(引力で，大きさは $F = \frac{q^2}{4\pi\varepsilon_0 a^2}\frac{R/a}{(1-(R/a)^2)^2}$)

【例題 3.10】　孤立した導体球と点電荷

図 3.16 (a) のように，帯電していない孤立した半径 R の導体球があり，その中心 O から距離 a ($a > R$) の点 A に，点電荷 q がある．導体球外部の電場を求めよ．

［解］例題 3.9 で，球面の電位が 0 の場合を解いたので，これに，球面の電位がたとえば ϕ_0 という条件を与えるような電荷を重ね合わせれば，それが求める鏡像電荷である．ところで半径 R の球面上の電位を ϕ_0 にするには，点 O に，

$$\phi_0 = \frac{q''}{4\pi\varepsilon_0 R} \quad (3.76)$$

で与えられるような電荷 q'' を置けばよい．したがって，例題 3.9 の鏡像電荷に加えて，さらに図 3.16 (b) のように，導体球の中心 O に電荷 q'' を置けば，重ね合わせ

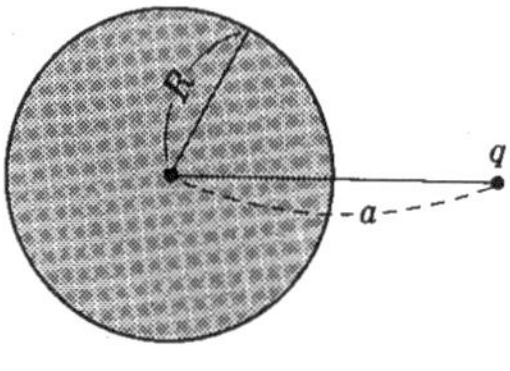

（a） 孤立した導体球と点電荷

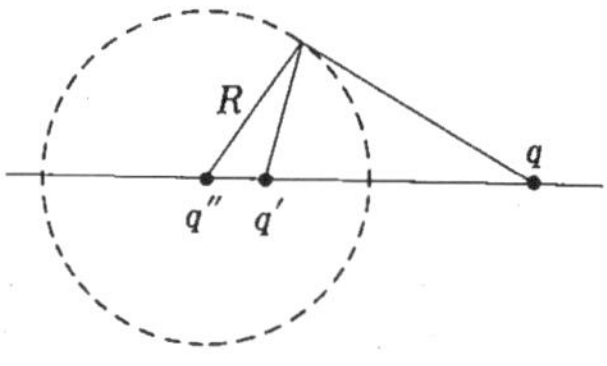

（b） 鏡像電荷

図 3.16

の原理によって，求める境界条件を作ることができる．もしはじめの導体の電荷が Q なら，電荷保存則より $q'+q''=Q$ であるが，今は $Q=0$ なので，$q''=-q'=\dfrac{R}{a}q$ である．求める球外部の電場は，これら 3 つの電荷 q，q'，q'' の作る電場に等しい（もちろん球内部の電場は零である）．

問 3.11 例題 3.10 で，電荷 q に働く力を求めよ．
（引力で，大きさは $F=\dfrac{q^2}{4\pi\varepsilon_0 a^2}\dfrac{(R/a)^3}{(1-(R/a)^2)^2}(2-(R/a)^2)$ ）

【例題 3.11】 一様な電場中の導体球

図 3.17 (a) のように，一様な電場 $\boldsymbol{E}_0$ の中に半径 R の導体球を置くとき，表面に誘導される電荷を求めよ．

［**解**］このような状況は，たとえば例題 3.10 で，電荷 q を，導体球付近の電場が一定となるように強くしながら，無限遠に持って行っても得られ，このとき，2 つの鏡像電荷 $\pm q'$ は，図 3.17 (b) のように，球の中心に電気双極子モーメント $p=bq'$ を作る．よって球外の電場は，球の中心に置かれた p による双極子場と，電荷 q による一様電場 $\boldsymbol{E}_0$ との重ね合わせになる．よって電位は，球座標で

$$\phi(r,\theta,\varphi)=-E_0 r\cos\theta+\frac{p\cos\theta}{4\pi\varepsilon_0 r^2} \tag{3.77}$$

と書ける．ここで第 1 項は一様電場 $\boldsymbol{E}_0$ による電位，第 2 項は電気双極子 p による電位（式 (1.36)）である．境界条件（$r=R$ で $\phi=0$）を用いると，式 (3.77) より，

$$p=4\pi\varepsilon_0 R^3 E_0, \qquad \phi=E_0\left(\frac{R^3}{r^3}-1\right)r\cos\theta \tag{3.78}$$

となる．よって表面電荷密度は

$$\sigma=\varepsilon_0 E_r=-\varepsilon_0\left.\frac{\partial\phi}{\partial r}\right|_{r=R}=3\varepsilon_0 E_0\cos\theta \tag{3.79}$$

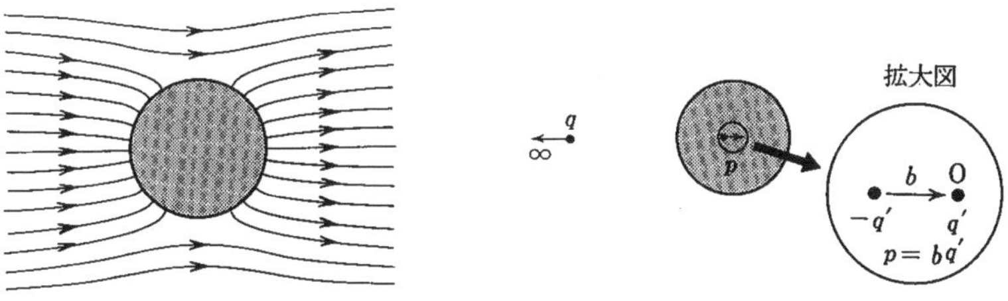

（a） 一様電場中の導体球　　（b） 鏡像法による解釈

図 3.17

となる．この電荷が，導体内部に電場 $-\boldsymbol{E}_0$ を作って導体内部の電場を打ち消し，導体外部には双極子場を作って，一様電場 $\boldsymbol{E}_0$ に合成される (図 3.17 (a)の力線).

演習問題 3

3.1 導体空洞の内部に電荷が存在しなければ，空洞内に電場が存在しないことを示せ．

3.2 空気中の半径 3 m の導体球に与え得る最大の電気量を求めよ．ただし空気の最大許容電場を 3×10^6 V/m とする．

3.3 図 3.18のような半径 R の導体球 A の内部に，中心が d だけずれた半径 a の空洞が空いており，その中心に半径 r の導体球 B がある．以下の場合についてそれぞれ電荷分布と，導体球 A，B の電位を求めよ．

(1) 導体 A だけに電荷 Q を与える．

(2) 導体 B だけに電荷 Q を与える．

(3) 導体 A，B にそれぞれ電荷 Q_{A}，Q_{B} を与える．

(4) (3) の状態で導体 A を接地する．

(5) (3) の状態で導体 B を接地する．

(6) (3) の状態で導体 A，B を導線で結ぶ．

3.4 導体球の電位を一定とすれば，導体表面の電荷密度は，球の半径に反比例することを示せ．

3.5 十分に離れた半径 r_1，r_2 の 2 つの孤立した導体球に電荷を与え，それぞれ電位を ϕ_1，ϕ_2 とし，そのあと細い導線で両者をつないで等電位とした．その電位を求めよ．

3.6 地球を導体球とみなしたとき，その電気容量を求めよ．ただし地球の半径を 6377 km とする．

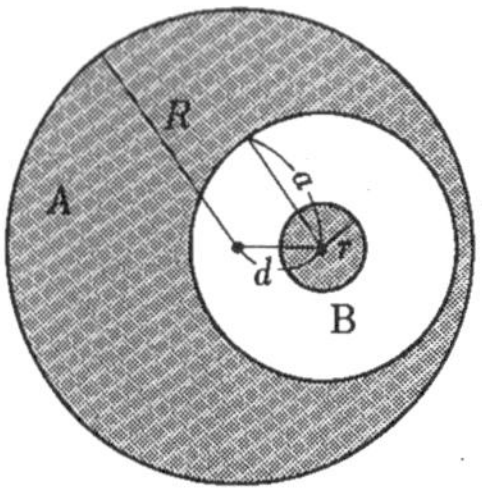

図 3.18

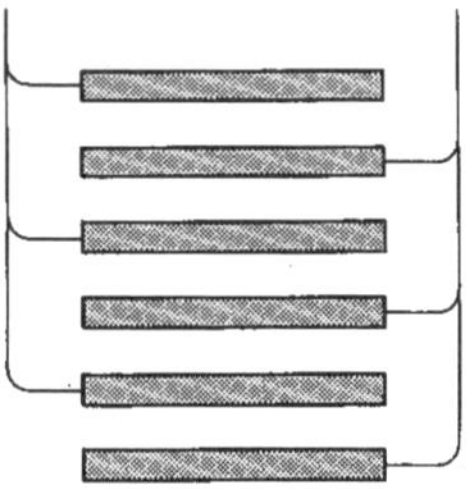

図 3.19 積層コンデンサ

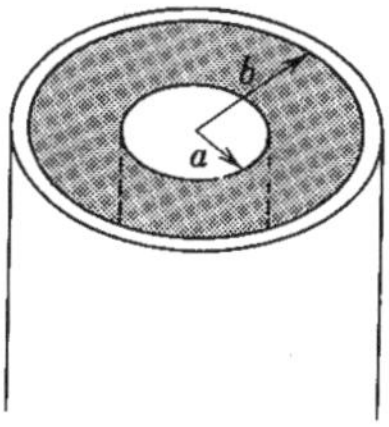

図 3.20 同軸ケーブル

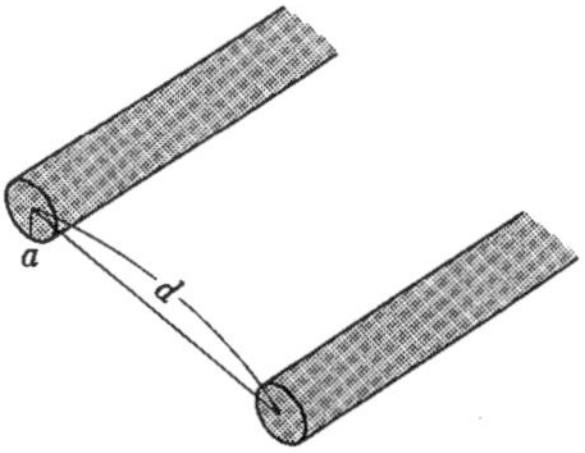

図 3.21 平行ケーブル

3.7 (**積層コンデンサ**) 図 3.19 のような積層コンデンサ (極板面積 S, 極板間隔 d, 極板数 n) の電気容量を求めよ.

3.8 (**同軸ケーブル**) 図 3.20 のような内導体の半径 a, 外導体の内径 b の同軸ケーブルの単位長さ当たりの電気容量を求めよ.

3.9 (**平行ケーブル**) 半径 a の円形断面をもつ導線が, 図 3.21 のように中心軸間の距離 d で平行に張られている. このケーブルの単位長さ当たりの電気容量を求めよ.

3.10 図 3.7 の同心球コンデンサについて

(1) 容量係数, 誘導係数を求めよ. (**ヒント**: 逆行列を計算する.)

(2) 外導体および内導体の電位をそれぞれ ϕ_1, ϕ_2 としたとき, それぞれの導体に蓄えられる電気量を求めよ.

3.11 誘導係数が常に負であることを簡単に説明せよ.

3.12 図 3.22 のように接続された, 電気容量 C_0, C_1, C_2 がある. 端子 1, 2 の間の容量・誘導係数 c_{ij} $(i, j = 1, 2)$ を求めよ.

3.13 図 3.23 のように接続された, 3 つのコンデンサの合成容量を求めよ.

3.14 図 3.24 のように接続された, 5 つのコンデンサの合成容量を求めよ. (**ヒント**: 電荷を仮定せよ.)

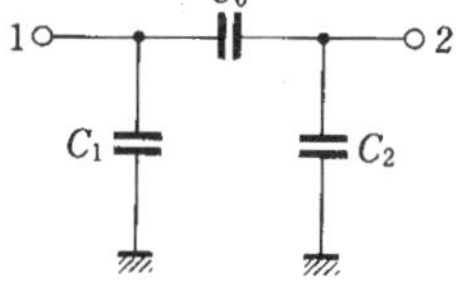

図 3.22

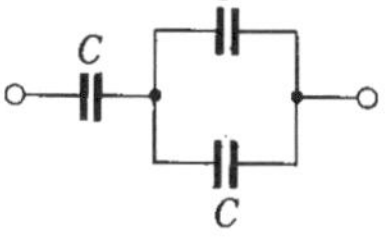

図 3.23

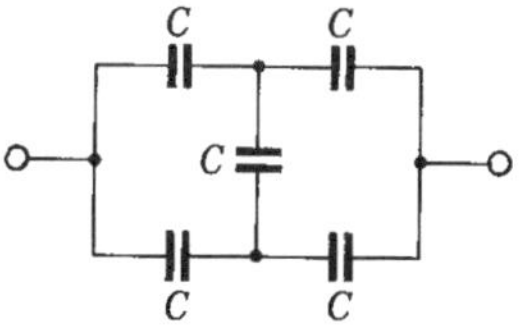

図 3.24

3.15 図 3.7の同心球コンデンサに蓄えられる静電エネルギーを求めよ．またこれを，電場に蓄えられるエネルギー密度 $u = \frac{1}{2}\varepsilon_0 E^2$ から導け．

3.16 電気量 Q で帯電した半径 R の導体球の静電エネルギーを，電場に蓄えられたエネルギーから求めよ．

3.17 電荷分布による静電エネルギー (式 (1.44)) から，電場のエネルギー密度の式を導け．(**ヒント**: ガウスの法則より $\rho = \varepsilon_0 \mathrm{div}\, \boldsymbol{E}$ である．)

3.18 接地された導体内部に，半径 R の球状の空洞があり，その中心 O から距離 a $(a < R)$ の点 A に，点電荷 q がある．この電荷に働く力を求めよ．

3.19 図 3.25のように，接地された半径 R の円柱導体に平行に，距離 a を隔てて線密度 λ の線電荷がある．単位長さ当たりに働く力を求めよ．

3.20 無限に広い導体平板を直角に折り曲げて接地してある．図 3.26のように，面から距離 a, b の点にある点電荷 q に働く力を求めよ．

3.21 一様電場 E_0 中にある半径 a の導体球を，図 3.27のように電場に垂直に真中で切断し，微小間隔 d だけ離して固定する．電場を切ったあとの間隙の電場を求めよ．

3.22 一様電場 E_0 に垂直に置かれた半径 R の無限に長い円柱導体に誘導される電荷の分布を求めよ．ただし導体は接地されている．

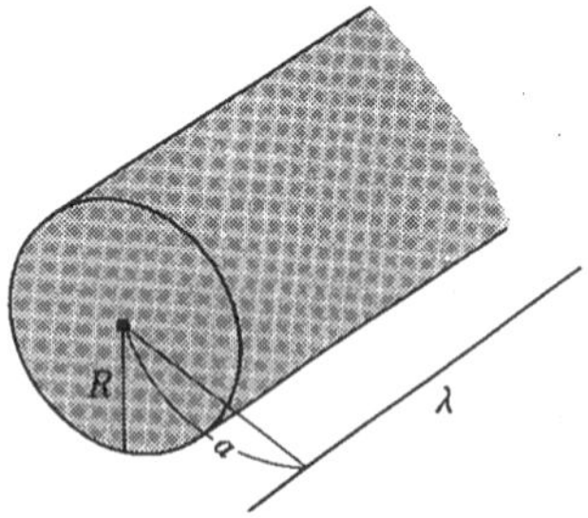

図 3.25

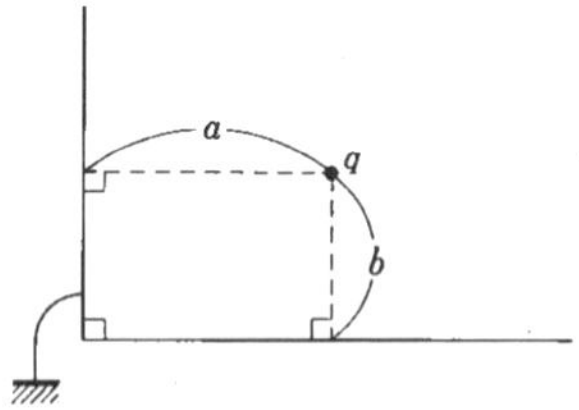

図 3.26

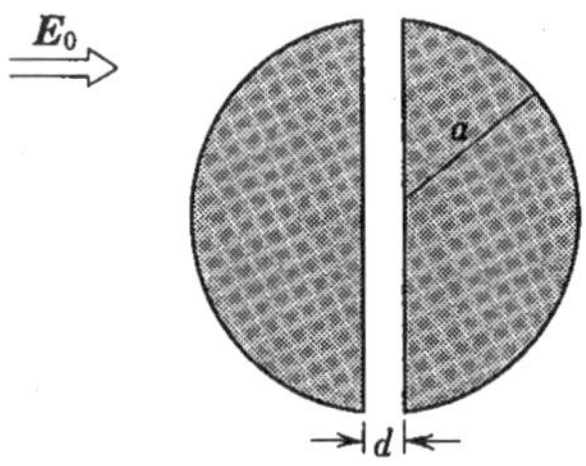

図 3.27

4

誘 電 体

この章では，絶縁体の静電的性質について述べ，**分極**という量を導入する．さらに**電束密度**を定義し，真空中で考えた静電場の基礎方程式を，物質中の方程式に拡張する．

4.1 誘 電 分 極

前章で，物質は導体と絶縁体に分類されることを述べたが，絶縁体にも電気的性質がある．それに着目するとき，その絶縁体を**誘電体** (dielectric substance) と呼ぶ．誘電体を構成する電荷は，導体と違い，巨視的には移動しないが，電場をかけると，正負の電荷が互いに逆向きにわずかに移動し，内部に双極子モーメントを生じる．これを**誘電分極** (dielectric polarization) という．誘電分極には大きく分けて，**電子分極** (electric polarization)，**イオン分極** (ionic polarization)，**配向分極** (orientation polarization) の 3 つの機構がある．

物質を構成する原子は，正電荷の原子核を負電荷の電子雲がとり巻いており，両者の中心は一致している．ここに電場が加わると，図 4.1 (a) のように，両者の中心がわずかにずれて，原子が双極子モーメントを持つ．これが電子分極である．電子分極は，すべての物質に存在する．さらに，誘電体がイオン結晶である場合，電場をかけると，図 4.1 (b) のように，陽イオンと陰イオンは逆向きにわずかに平行移動する．これがイオン分極である．また，誘電体が極性分子

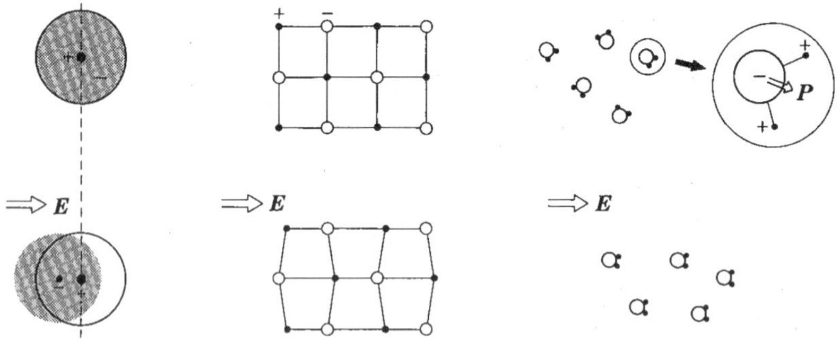

（a） 電子分極　　（b） イオン分極　　（c） 配向分極

図 4.1

を含む場合，極性分子は**永久双極子モーメント** (parmanent dipole moment) を持っているので，電場をかけると，図 4.1 (c) のように，極性分子が向きを変えて，永久双極子モーメントの向きが揃う．これが配向分極である (4.6 節)．

4.2　分極と分極電荷

誘電体は，誘電体内の各点 $\boldsymbol{r}_i$ に，双極子モーメント $\boldsymbol{p}_i$ が分布したものと考えられるが，いま，位置 $\boldsymbol{r}$ の近傍に微小体積 ΔV をとると，次の極限，

$$\boldsymbol{P}(\boldsymbol{r}) = \lim_{\Delta V \to 0} \frac{1}{\Delta V} \sum_{i \in \Delta V} \boldsymbol{p}_i \tag{4.1}$$

は，位置 $\boldsymbol{r}$ における，単位体積当たりの平均双極子モーメントを表わす．この量を**分極** (polarization) という．分極の単位は $\mathrm{C/m^2}$ である．分極は，誘電体内の各点で定義されるベクトル場であり，図 4.2 のように，$\boldsymbol{P}(\boldsymbol{r})$ に沿った曲線群を考えることができる．これを**分極指力線** (line of polarization)，またそれに沿った管を**分極指力管** (tube of polarization) という．

もし $\boldsymbol{p}_i = q_i \delta \boldsymbol{l}$ と書ければ，電荷密度は $\rho = \lim_{\Delta V \to 0} \dfrac{1}{\Delta V} \sum q_i$ であるから，

$$\boldsymbol{P} = \rho \delta \boldsymbol{l} \tag{4.2}$$

と書くことができる．よって分極は，図 4.2 の拡大図のように，体積電荷密度 ρ の正負の電荷が，相対的に微小距離 dl だけずれて重なったものと考えられる．

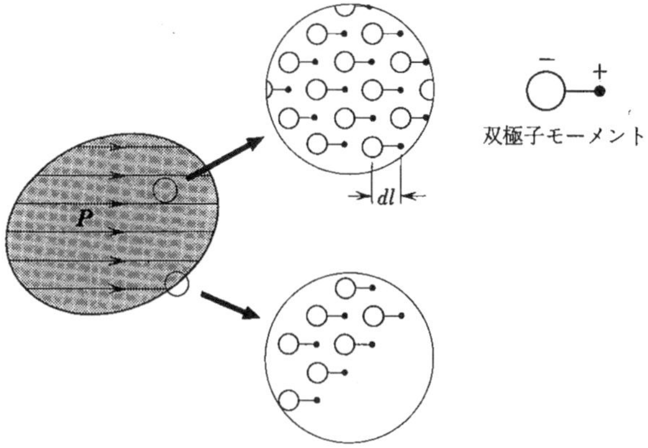

図 4.2 分極のモデル

分極が一様な場合，誘電体内部の電荷は，図 4.2 の拡大図のように正負が打ち消し合って，巨視的には現れない．しかし表面には，打ち消し合えなかった電荷が残る．これを**分極電荷** (polarized charge) という (図 4.3 (a))．このとき，面積 $\boldsymbol{\Delta S}$ の表面に現れる分極電荷量は，図 4.3 (a) の微小体積 $\delta\boldsymbol{l}\cdot\boldsymbol{\Delta S}$ に含まれる電気量であるから，面 $\boldsymbol{\Delta S}$ の単位法線ベクトルを $\boldsymbol{n}$ とすると，

$$\Delta Q = \rho\delta\boldsymbol{l}\cdot\boldsymbol{\Delta S} = \boldsymbol{P}\cdot\boldsymbol{\Delta S} = \boldsymbol{P}\cdot\boldsymbol{n}\Delta S \tag{4.3}$$

となる．よって誘電体表面に現われる，分極電荷の表面密度 $\sigma_P = \dfrac{\Delta Q}{\Delta S}$ は，

$$\boxed{\sigma_P = \boldsymbol{P}\cdot\boldsymbol{n} = P_{\mathrm{n}}} \tag{4.4}$$

となり，分極 $\boldsymbol{P}$ の法線成分 P_{n} に等しい．

分極が一様でない場合，誘電体内部にも分極電荷 ρ_P が現れる．いま図 4.3 (b) のように，誘電体内に閉曲面 S を考え，その表面ににじみ出た正味の分極電荷を求めると，式 (4.3) を閉曲面 S について積分して

$$Q = \oint_S \boldsymbol{P}\cdot d\boldsymbol{S} \tag{4.5}$$

である．一方，電荷保存則から，閉曲面内部の分極電荷は，にじみ出た分だけマイナスになるはずであるから

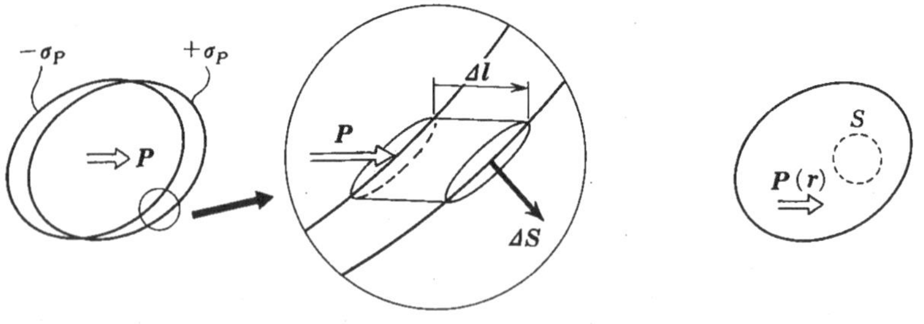

(a) 一様な分極　　(b) 一様でない分極

図 4.3 分極電荷

$$\int_V \rho_P dV = -Q \tag{4.6}$$

である．したがって

$$\oint_S \boldsymbol{P} \cdot d\boldsymbol{S} = -\int_V \rho_P dV \tag{4.7}$$

である．左辺を，ガウスの定理によって体積積分に直せば，次の微分形を得る．

$$\boxed{\rho_P = -\mathrm{div}\, \boldsymbol{P}} \tag{4.8}$$

これが誘電体内部に現われる分極電荷である．またこれは，分極指力線は負の分極電荷から始まり，正の分極電荷で終わることを意味する．

分極電荷は，導体において現れた自由に動ける電荷ではなく，**束縛された電荷**である．自由に動ける電荷は，特に**真電荷** (true charge) と呼ばれる．誘電分極は，導体の静電誘導と似ているが，現れる電荷が分極電荷と真電荷の違いのほか，誘電分極では，導体の静電誘導と違って，誘電体内部の電場を完全に零にすることができずに，平衡状態でも誘電体内部に電場が残る．それが最終的な誘電体内部の分極の原因である．すなわち，分極した誘電体を凍結して真中で切ると，断面には，やはり分極電荷が現われるが，静電誘導された導体を凍結して真中で切っても，断面に電荷は現われない (図 4.4)．

分極電荷と分極は，同じ現象を見方を変えて表わしたものであるから，分極電荷を考えてしまえば，分極，すなわち誘電体を考える必要はない．すなわち，

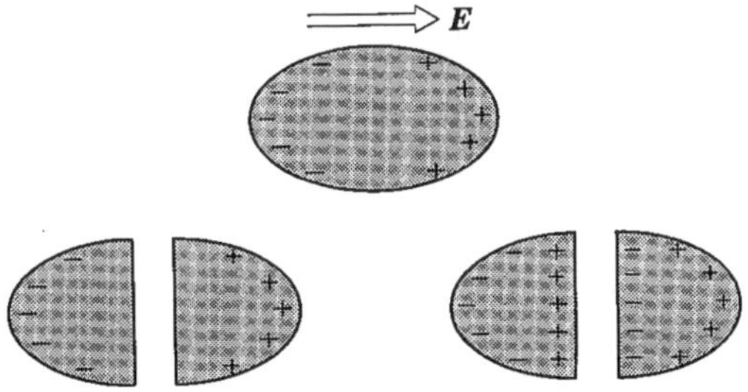

（a） 導体の場合　　（b） 誘電体の場合

図 4.4　凍結して切断した場合の違い

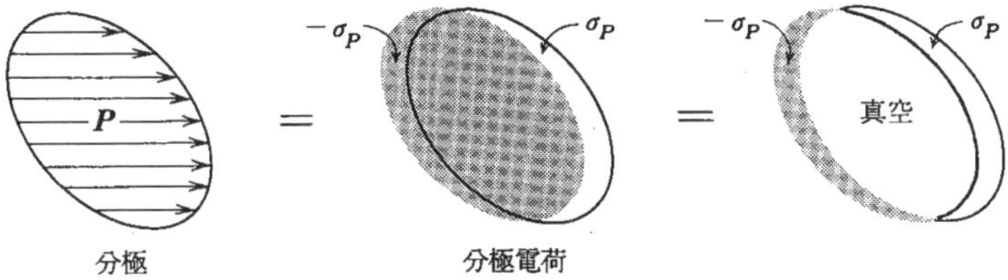

図 4.5　誘電体を含む静電場

電荷密度として，真電荷に分極電荷を含めた $\rho+\rho_P$ を考えてしまえば，誘電体を取り去って考えて良く，誘電体を含む電場の問題は，図 4.5 のように，真空中の電場の問題に帰着することができる[1]．すなわち，2 章で得た静電場の基礎方程式 (式 (2.38)，式 (2.75)) がそのまま使える．

$$\mathrm{div}\,\boldsymbol{E}=\frac{1}{\varepsilon_0}(\rho+\rho_P)\quad(\text{ガウスの法則})\tag{4.9}$$

$$\mathrm{rot}\,\boldsymbol{E}=\boldsymbol{0},\quad \boldsymbol{E}=-\mathrm{grad}\,\phi\quad(\text{渦なし})\tag{4.10}$$

なおこれらを積分形で表わせば，

$$\oint_S \boldsymbol{E}\cdot d\boldsymbol{S}=\frac{1}{\varepsilon_0}\int_V(\rho+\rho_P)dV,\quad \oint_C \boldsymbol{E}\cdot d\boldsymbol{l}=0\tag{4.11}$$

のようになる．

1　これは，誘電体外部だけでなく誘電体内部に適用できるが，その場合の誘電体内部の電場は，平均化された巨視的な電場である．物質中の本当の電場は，微視的に見れば非常に複雑である．

【例題 4.1】 一様に分極した球の作る電場

分極 $\boldsymbol{P}$ で一様に分極した，半径 R の誘電体球内外の電場を求めよ．

［解］ 分極を $\boldsymbol{P} = \rho\delta\boldsymbol{l}$ とすると，これは図 4.6 (a) のように，それぞれ一様な電荷密度 $\pm\rho$ を持つ球を，距離 $\delta\boldsymbol{l}$ だけずらして重ね合わせたものと考えられる．まず球外の電場は，ガウスの法則より，正負の各電荷が，それぞれその中心 O_+，O_- に集まった場合と等しいから，電荷 $Q = (4/3)\pi R^3\rho$ が距離 $\delta\boldsymbol{l}$ だけ離れた双極子モーメント

$$\boldsymbol{p} = Q\delta\boldsymbol{l} = \frac{4}{3}\pi R^3\rho\delta\boldsymbol{l} = \frac{4}{3}\pi R^3\boldsymbol{P} \tag{4.12}$$

が作る電場と同じである．すなわち球外部は双極子場である．一方，球内部は，正電荷球がその中心 O_+ から距離 $\boldsymbol{r}_+$ の点に作る電場は，ガウスの法則より

$$\boldsymbol{E}_+ = \frac{1}{4\pi\varepsilon_0}\frac{\frac{4}{3}\pi r_+^3\rho}{r_+^3}\boldsymbol{r}_+ = \frac{\rho}{3\varepsilon_0}\boldsymbol{r}_+ \quad (r_+ < R) \tag{4.13}$$

であり，負電荷がその中心 O_- から距離 $\boldsymbol{r}_- = \boldsymbol{r}_+ + \delta\boldsymbol{l}$ の点に作る電場は

$$\boldsymbol{E}_- = -\frac{1}{4\pi\varepsilon_0}\frac{\frac{4}{3}\pi r_-^3\rho}{r_-^3}\boldsymbol{r}_- = -\frac{\rho}{3\varepsilon_0}(\boldsymbol{r}_+ + \delta\boldsymbol{l}) \quad (r_- < R) \tag{4.14}$$

であるから (図 4.6 (b))，その合成は

$$\boldsymbol{E} = \boldsymbol{E}_+ + \boldsymbol{E}_- = -\frac{\rho}{3\varepsilon_0}\delta\boldsymbol{l} = -\frac{\boldsymbol{P}}{3\varepsilon_0} \tag{4.15}$$

となる．これは，必ず分極の向きに逆向きに現れるので，**反電場** (depolarization field) と呼ばれている．以上より球内外の電場は，図 4.6 (c) のようになることが分かる．

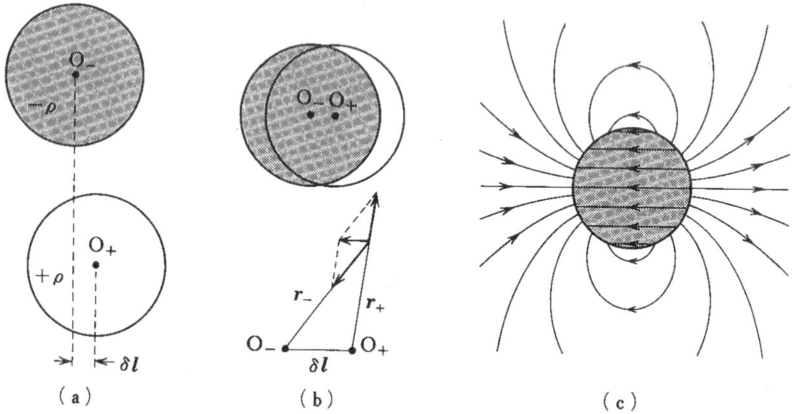

図 4.6　一様に分極した誘電体球

4.3 電 束 密 度

誘電体を含む場合，電場は真電荷と分極電荷によって決められるが，式 (4.8) と式 (4.9) より ρ_P を消去して整理すると，

$$\mathrm{div}\,\boldsymbol{D} = \rho \tag{4.16}$$

となる．ここで $\boldsymbol{D}$ は**電束密度** (electric flux density) と呼ばれ，

$$\boldsymbol{D} = \varepsilon_0 \boldsymbol{E} + \boldsymbol{P} \tag{4.17}$$

で定義される．式 (4.16) より，**電束密度は真電荷のみから湧き出す**ことが分かる．単位は，分極と同じであるから $\mathrm{C/m^2}$ である．また式 (4.7) と式 (4.11)，またはガウスの定理より，式 (4.16) は積分形で次のように書くこともできる．

$$\Phi_\mathrm{e} = \oint_S \boldsymbol{D} \cdot d\boldsymbol{S} = \int_V \rho dV \tag{4.18}$$

この電束密度のフラックス Φ_e を，**電束** (electric flux) という．式 (4.16) および式 (4.18) は，**電束密度に関するガウスの法則**と呼ばれ，マクスウェル方程式の 1 つである．すなわち閉曲面 S の全電束は，その内部の真電荷量に等しい．

電場があまり大きくないとき，分極 $\boldsymbol{P}$ は電場 $\boldsymbol{E}$ に比例し，

$$\boldsymbol{P} = \varepsilon_0 \chi_\mathrm{e} \boldsymbol{E} \tag{4.19}$$

のように書ける．ここで比例定数 χ_e を**電気感受率** (electric susceptibility) という．これは無次元量である．式 (4.19) を式 (4.17) に代入すれば

$$\boldsymbol{D} = \varepsilon \boldsymbol{E}, \quad \text{ただし } \varepsilon = \varepsilon_0 \varepsilon_\mathrm{r}, \quad \varepsilon_\mathrm{r} = 1 + \chi_\mathrm{e} \tag{4.20}$$

となる．ε を**誘電率** (dielectric constant, permittivity)，ε_r を**比誘電率** (relative permittivity) という．ε の単位は 式 (4.20) より $(\mathrm{C/m^2})/(\mathrm{V/m}) = (\mathrm{C/V})/\mathrm{m} = \mathrm{F/m}$ である．ε_r は無次元である．一般に $\chi_\mathrm{r} \geqq 0$ であり，ε_rは 1 より大きい．すなわち $\varepsilon \geqq \varepsilon_0$ である．表 4.1 に主な物質の比誘電率を示す．

なお，**異方的** (anisotropic) な物質中では，電場 $\boldsymbol{E}$ と分極 $\boldsymbol{P}$ の方向は一致しない．よって電場と電束密度 $\boldsymbol{D}$ の方向も一致しない．この場合，誘電率は

表 4.1 代表的な物質の比誘電率 (常圧)

物質	比誘電率 (ε_r)	物質	比誘電率 (ε_r)
真空	1	液体ヘリウム (4.19K)	1.048
空気 (20℃)	1.000536	シリコンゴム (20℃)	8.5
水蒸気 (100℃)	1.0060	ダイヤモンド (20℃)	5.68
変圧器油	2.2	塩化ナトリウム (20℃)	5.9
水 (20℃)	80.36	チタン酸バリウム	～5000

$$\tilde{\varepsilon} = \begin{pmatrix} \varepsilon_{11} & \varepsilon_{12} & \varepsilon_{13} \\ \varepsilon_{21} & \varepsilon_{22} & \varepsilon_{23} \\ \varepsilon_{31} & \varepsilon_{32} & \varepsilon_{33} \end{pmatrix} \tag{4.21}$$

のような 2 階のテンソルである．しかし**等方的** (isotropic) な場合は，$\varepsilon_{11} = \varepsilon_{22} = \varepsilon_{33} = \varepsilon$，$\varepsilon_{ij} = 0 \ \ (i \neq j)$ であり，1 つのスカラー ε で表わされる[2]．特に真空中ではそれは ε_0 である．

【例題 4.2】 平行板コンデンサ

図 4.7 のような，極板の面積が S，極板の間隔が d の平行板コンデンサに，誘電率 ε の誘電体が満たされている．電気容量を求めよ．

［**解**］ 極板に電荷 $\pm Q$ を与えたとき，極板間の電束密度は，ガウスの法則より

$$D = \frac{Q}{S} \tag{4.22}$$

であるから，極板間の電場は

$$E = \frac{Q}{\varepsilon S} \tag{4.23}$$

である．極板間の電位差は $V = Ed$ であるから，電気容量は $C = Q/V$ より

$$C = \varepsilon \frac{S}{d} = \varepsilon_r \varepsilon_0 \frac{S}{d} \quad (\text{ただし}\varepsilon_r\text{は比誘電率}) \tag{4.24}$$

である．すなわち電気容量は，真空の場合の ε_r 倍になる．なお，分極電荷は

2 **クロネッカのデルタ** (Kronecker's δ)，$\delta_{ij} = \begin{cases} 1 & (i = j) \\ 0 & (i \neq j) \end{cases}$ を用いれば，$\varepsilon_{ij} = \varepsilon \delta_{ij}$ と書ける．

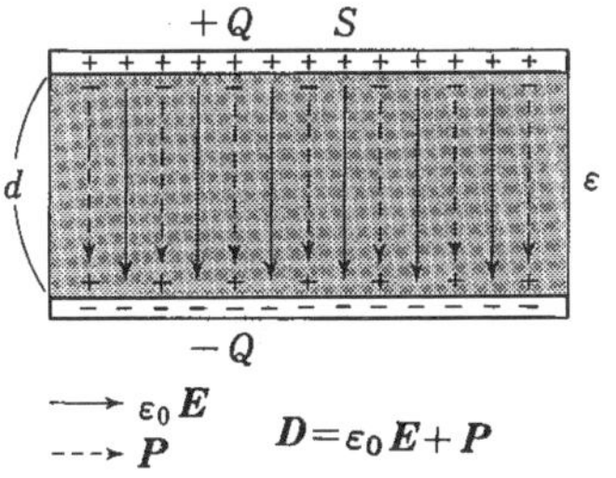

図 4.7 平行板コンデンサ

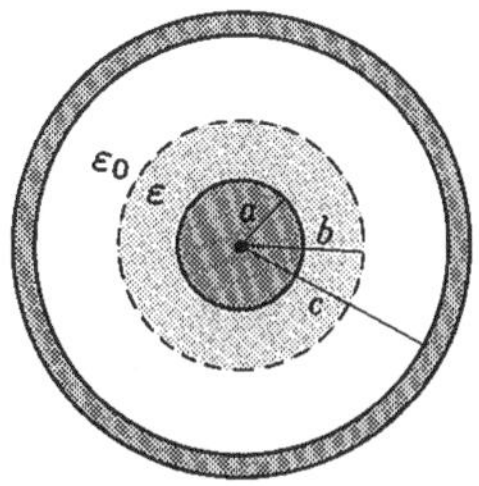

図 4.8 同心球コンデンサ

$$\sigma_P = P = D - \varepsilon_0 E = (1 - \frac{1}{\varepsilon_r})\frac{Q}{S} \tag{4.25}$$

であるから，与えられた真電荷密度$\sigma = \dfrac{Q}{S}$ のうち，σ_P の分は打ち消されて，残った

$$\sigma_f = \sigma - \sigma_P = \frac{Q}{\varepsilon_r S} \tag{4.26}$$

の真電荷が誘電体内部に電場をつくる．実際，式 (4.23) は，σ_f のつくる電場 $E = \sigma_f/\varepsilon_0$ に一致する．このように，分極電荷に打ち消されずに残った真電荷 σ_f を，**自由電荷** (free electric charge) と呼ぶことがある．

【例題 4.3】 同心球コンデンサ

図 4.8 のように，半径 a の導体球 A と，内径 b の導体球殻 B からなる同心球コンデンサに，半径 c まで誘電率 ε の一様な誘電体を満たした．電気容量を求めよ．

［**解**］ 導体 A，B にそれぞれ電荷 Q，$-Q$ を与えると，対称性より，電場 $\boldsymbol{E}$ および電束密度 $\boldsymbol{D}$ は半径方向であり，半径 r の同心球面 S 上で大きさは等しいから，S について電束密度に関するガウスの法則を用いると

$$D = \frac{Q}{4\pi r^2} \quad (a < r < b) \tag{4.27}$$

となる．よって電場は

$$E = \frac{Q}{4\pi\varepsilon r^2} \quad (a < r < c), \quad E = \frac{Q}{4\pi\varepsilon_0 r^2} \quad (c < r < b) \tag{4.28}$$

となる．したがって導体 A，B の電位差は

$$V = \int_a^b E dr = \frac{Q}{4\pi\varepsilon}\left(\frac{1}{a} - \frac{1}{c}\right) + \frac{Q}{4\pi\varepsilon_0}\left(\frac{1}{c} - \frac{1}{b}\right) \tag{4.29}$$

となる．よって求める電気容量は

$$C = \frac{Q}{V} = \frac{4\pi\varepsilon_0 c}{\left(\dfrac{c-a}{\varepsilon_r a} + \dfrac{b-c}{b}\right)} \tag{4.30}$$

である．ただし ε_r は誘電体の比誘電率である．これは 2 つの同心球コンデンサの直列接続に等しい．ついでに誘電体表面の分極電荷密度を求めよう．誘電体内の分極は

$$\begin{aligned} P &= D - \varepsilon_0 E = \frac{Q}{4\pi r^2} - \varepsilon_0 \frac{Q}{4\pi\varepsilon r^2} \\ &= \frac{Q}{4\pi r^2}\left(1 - \frac{1}{\varepsilon_r}\right) \quad (a < r < b). \end{aligned} \tag{4.31}$$

よって求める分極電荷は，誘電体表面 $r = c$ における分極の法線成分であるから，

$$\sigma = P_{r=c} = \frac{Q}{4\pi c^2}\left(1 - \frac{1}{\varepsilon_r}\right). \tag{4.32}$$

4.4 電束線の屈折

電場において電気力線を考えたように，電束密度 $\boldsymbol{D}$ に沿った曲線群を考えることができる．これを**電束線** (line of electric flux density) という．またそれを束ねたものを**電束管** (tube of electric flux density) という．電束線は，正の真電荷から湧き出し，負の真電荷に吸い込まれるが，それ以外で交わったり，生成消滅したりしない．したがって真電荷のない誘電体表面では，本数の変化はない．一方，電気力線は，真電荷以外に，分極電荷によっても生成消滅する．

ここで誘電体表面での $\boldsymbol{E}$，$\boldsymbol{D}$ の条件を求めよう．そのために，図 4.9 のような底面積 S，厚さ h の薄い領域について，電束密度に関するガウスの法則を適用すると，h は十分小さく，側面を通過する電束密度を無視すれば

$$\begin{aligned} &-D_1 \cos\theta_1 \Delta S + D_2 \cos\theta_2 \Delta S = \sigma \Delta S \\ &\therefore\ D_2 \cos\theta_2 - D_1 \cos\theta_1 = \sigma \\ &\therefore\ (\boldsymbol{D}_2 - \boldsymbol{D}_1) \cdot \boldsymbol{n} = \sigma \end{aligned} \tag{4.33}$$

となる．ただし σ は境界面での真電荷密度，$\boldsymbol{n}$ は面の法線ベクトルである．したがって境界面に真電荷がなければ，次のように電束密度の法線成分は等しい．

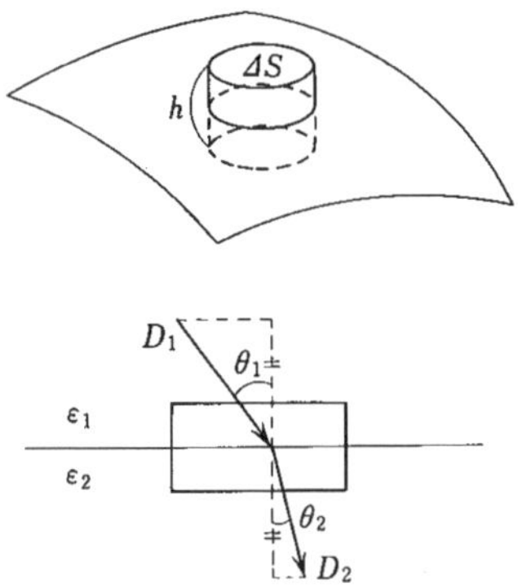

図 4.9 ***D*** の境界条件

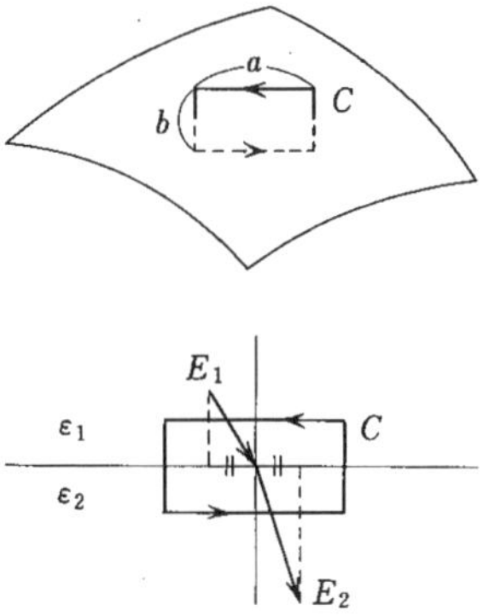

図 4.10 ***E*** の境界条件

$$D_1 \cos\theta_1 = D_2 \cos\theta_2 \quad \text{すなわち} \quad D_{1\mathrm{n}} = D_{2\mathrm{n}} \tag{4.34}$$

ここで添字 n は法線成分を表わす．ところで式 (4.34) は，$\varepsilon_1 E_{1\mathrm{n}} = \varepsilon_2 E_{2\mathrm{n}}$ とも書けるので，$\varepsilon_1 > \varepsilon_2$ とすると $E_{1\mathrm{n}} < E_{2\mathrm{n}}$ である．すなわち誘電体の境界において，**そこに真電荷がなければ，電束密度 $\boldsymbol{D}$ の法線成分は連続であるが，電場 $\boldsymbol{E}$ の法線成分は一般に連続ではない．**

次に図 4.10 のような周回積分を考え，b は十分小さく，b に沿った線積分を無視すれば，$-E_1 a \sin\theta_1 + E_2 a \sin\theta_2 = 0$ であるから，

$$E_1 \sin\theta_1 = E_2 \sin\theta_2 \quad \text{すなわち} \quad E_{1\mathrm{t}} = E_{2\mathrm{t}} \tag{4.35}$$

であることがわかる．ただし添字の t は接線成分を表わす．ところで式 (4.35) は，$D_{1\mathrm{t}}/\varepsilon_1 = D_{2\mathrm{t}}/\varepsilon_2$ と書けるので，$\varepsilon_1 > \varepsilon_2$ とすれば $D_{1\mathrm{t}} > D_{2\mathrm{t}}$ である．よって誘電体の境界において，**電場 $\boldsymbol{E}$ の接線成分は連続であるが，電束密度 $\boldsymbol{D}$ の接線成分は一般に連続ではない．**

式 (4.34)，式 (4.35) および，$D_1 = \varepsilon_1 E_1$，$D_2 = \varepsilon_2 E_2$ を用いると，

$$\frac{\tan\theta_1}{\tan\theta_2} = \frac{\varepsilon_1}{\varepsilon_2} \tag{4.36}$$

を得る．これが誘電体表面の電束線の屈折の法則である．

【例題 4.4】 一様な電場中の誘電体球

一様電場 $\boldsymbol{E}_0$ の真空中に，誘電率 ε，半径 a の誘電体球を置いた．球内外の電場を求めよ．またこれが境界条件 (式 (4.34) および式 (4.35)) を満たすことを示せ．

［解］電気感受率 χ_e の誘電体に一様な電場 $\boldsymbol{E}_0$ をかけると，まずその一様な電場によって，分極 $\boldsymbol{P}_0 = \varepsilon_0\chi_e\boldsymbol{E}_0$ を生じるが，それによる反電場は，式 (4.15) によって一様だから，誘電体内の新しい電場は，やはり一様である．このような過程を繰り返しながら最終的な状態になると考えられるから，最終的な誘電体内の電場も一様であると考えられる．それを $\boldsymbol{E}_{内}$ とおくと，これが分極の原因であり，最終的な分極は

$$\boldsymbol{P} = \varepsilon_0\chi_e\boldsymbol{E}_{内} \tag{4.37}$$

となる．このとき反電場は，式 (4.15) より

$$\boldsymbol{E}_{反} = -\frac{\boldsymbol{P}}{3\varepsilon_0} \tag{4.38}$$

であるから，誘電体内の電場は，かけた電場と反電場を合成して

$$\boldsymbol{E}_{内} = \boldsymbol{E}_0 + \boldsymbol{E}_{反} \tag{4.39}$$

である．以上より $\boldsymbol{E}_{内}$，$\boldsymbol{E}_{反}$ を消去して

$$\boldsymbol{P} = \frac{3\chi_e}{3+\chi_e}\varepsilon_0\boldsymbol{E}_0 = \frac{3(\varepsilon-\varepsilon_0)}{2\varepsilon_0+\varepsilon}\varepsilon_0\boldsymbol{E}_0 \tag{4.40}$$

を得る．これが最終的な分極である．よって反電場および内部電場は

$$\boldsymbol{E}_{反} = -\frac{\varepsilon-\varepsilon_0}{2\varepsilon_0+\varepsilon}\boldsymbol{E}_0 \tag{4.41}$$

$$\boldsymbol{E}_{内} = \frac{3\varepsilon_0}{2\varepsilon_0+\varepsilon}\boldsymbol{E}_0 \tag{4.42}$$

となる．したがって，$\boldsymbol{D}_0 = \varepsilon_0\boldsymbol{E}_0$ とおくと，内部の電束密度は，

$$\boldsymbol{D}_{内} = \varepsilon\boldsymbol{E}_{内} = \frac{3\varepsilon}{2\varepsilon_0+\varepsilon}\boldsymbol{D}_0 \tag{4.43}$$

となる．一般に $\varepsilon > \varepsilon_0$ であるから，$E_{内} < E_0$，$D_{内} > D_0$ であり，電束密度は，球内の方が大きい．一方，球外部の電場は，誘発された双極子モーメント

$$\boldsymbol{p} = \frac{4}{3}\pi a^3\boldsymbol{P} = \frac{\varepsilon-\varepsilon_0}{2\varepsilon_0+\varepsilon}4\pi\varepsilon_0 a^3\boldsymbol{E}_0 \tag{4.44}$$

の作る双極子場 (式 (2.18)) と，かけた電場 $\boldsymbol{E}_0$ との重ね合わせであり，次式となる．

$$E_r = \frac{2p}{4\pi\varepsilon_0 r^3}\cos\theta + E_0\cos\theta = \left(\frac{2(\varepsilon-\varepsilon_0)}{2\varepsilon_0+\varepsilon}\frac{a^3}{r^3}+1\right)E_0\cos\theta \tag{4.45}$$

$$E_\theta = \frac{p}{4\pi\varepsilon_0 r^3}\sin\theta - E_0\sin\theta = \left(\frac{\varepsilon-\varepsilon_0}{2\varepsilon_0+\varepsilon}\frac{a^3}{r^3}-1\right)E_0\sin\theta \tag{4.46}$$

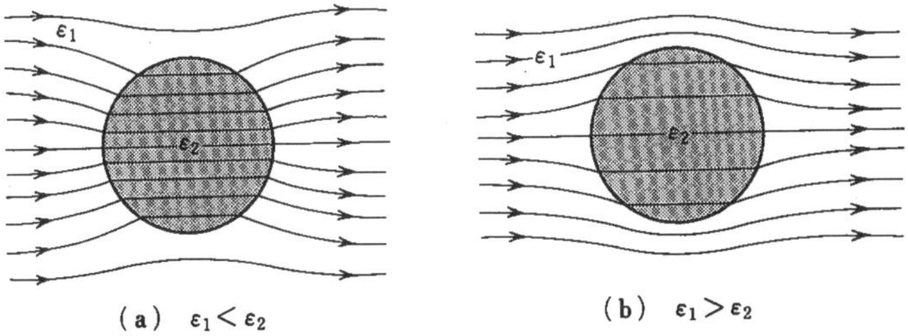

図 4.11 一様な電場中に置かれた誘電体球

次に境界面 $r = a$ において，境界条件 (式 (4.34) および式 (4.35)) を満たすことを確かめよう．球外部の境界面の電場は，式 (4.45)，式 (4.46) より，

$$E_r = \frac{3\varepsilon}{2\varepsilon_0 + \varepsilon} E_0 \cos\theta, \quad E_\theta = -\frac{3\varepsilon_0}{2\varepsilon_0 + \varepsilon} E_0 \sin\theta \tag{4.47}$$

であり，球内部の電場は，式 (4.42) より，次のように求まる．

$$E_r = \frac{3\varepsilon_0}{2\varepsilon_0 + \varepsilon} E_0 \cos\theta, \quad E_\theta = -\frac{3\varepsilon_0}{2\varepsilon_0 + \varepsilon} E_0 \sin\theta \tag{4.48}$$

よって電場の接線成分 E_θ は連続である．一方，電束密度の法線成分は，ともに

$$D_r = \frac{3\varepsilon}{2\varepsilon_0 + \varepsilon} \varepsilon_0 E_0 \cos\theta \tag{4.49}$$

であり，やはり連続であることがわかる．よって確かに境界条件を満たす．

図 4.11 は，一様電場がかかった，誘電率 ε_1 の空間に置かれた，誘電率 ε_2 の誘電体球内外の電束密度 $\boldsymbol{D}$ の様子を示したものである．本問は $\varepsilon_1 = \varepsilon_0$，$\varepsilon_2 = \varepsilon > \varepsilon_0$ に相当するから，電束密度は図 4.11 (a) のようになる．図 4.11 (b) は，たとえば $\varepsilon_1 = \varepsilon$，$\varepsilon_2 = \varepsilon_0$，すなわち，誘電体に球状の空洞が存在する場合などに相当する．

問 4.1 例題 4.4 で $(\varepsilon/\varepsilon_0) \to \infty$ とすると，内部電場は零となることを示せ．(これは導体の場合と一致するが，いまは分極電荷なので，導体と異なり，電束密度は誘電体内部にも存在し，それは式 (4.43) より，$3\varepsilon_0 \boldsymbol{E}_0$ である．)

4.5 静電エネルギー

誘電体に電場をかけると，誘電体内には双極子 $\boldsymbol{p} = q\delta\boldsymbol{l}$ が生じるので，そこに静電エネルギーが蓄えられる．いま，誘電体にかける電場を $\boldsymbol{E}$ から微小に増加させたときに，双極子に蓄えられる静電エネルギーの増加量を考えると，それは，$\pm q$ の電荷を，電場 $\boldsymbol{E}$ によってさらに微小距離 $d\boldsymbol{l}$ だけ引き離す仕事，

$dW = q\boldsymbol{E}\cdot d\boldsymbol{l} = \boldsymbol{E}\cdot d\boldsymbol{p}$ に等しいから，誘電体中に，単位体積当たり N 個の双極子があるとすれば，単位体積当たりに双極子に蓄えられる静電エネルギーの増加分は，$du = N\boldsymbol{E}\cdot d\boldsymbol{p} = \boldsymbol{E}\cdot d\boldsymbol{P}$ となる．ここで，$\boldsymbol{P} = N\boldsymbol{p}$ は分極である．よってこれは，分極に蓄えられる静電エネルギーの増加量と言ってもよい．したがって，電場を 0 から $\boldsymbol{E}$ まで増加させたときに，誘電体の単位体積当たりに，分極によって蓄えられる静電エネルギー u は，du を積分すれば求まり，$\boldsymbol{P} = \boldsymbol{D} - \varepsilon_0\boldsymbol{E}$ であることに注意すれば，次のように書くことができる．

$$u = \int \boldsymbol{E}\cdot d\boldsymbol{P} = \int \boldsymbol{E}\cdot d\boldsymbol{D} - \varepsilon_0 \int \boldsymbol{E}\cdot d\boldsymbol{E} = \int \boldsymbol{E}\cdot d\boldsymbol{D} - \frac{1}{2}\varepsilon_0 E^2 \tag{4.50}$$

ここで右辺第 2 項は，真空中に単位体積当たり蓄えられる静電エネルギーであるから (式 (3.46))，分極および真空，すなわち誘電体が占める空間に，単位体積当たりに蓄えられる静電エネルギーは

$$u = \int \boldsymbol{E}\cdot d\boldsymbol{D} \tag{4.51}$$

で与えられることが分かる．ここで $\boldsymbol{D} = \varepsilon\boldsymbol{E}$ であるから，これを代入し，ε を定数として，電場について 0 から E まで積分すると，

$$\boxed{u = \frac{1}{2}\varepsilon E^2} \tag{4.52}$$

となる．なお，異方性がある場合など，一般には，次式のようになる．

$$u = \frac{1}{2}\boldsymbol{E}\cdot\boldsymbol{D} \tag{4.53}$$

【例題 4.5】 平行板コンデンサが蓄えるエネルギー

誘電率 ε の誘電体が詰まった，極板面積 S，極板間隔 d の平行板コンデンサに蓄えられるエネルギーを求めよ．

［**解**］ 極板に $\pm Q$ の電荷を与えたときの電場 E は，式 (4.23) で与えられるが，これを Q について解き，さらに極板間の電位差は $V = Ed$ であるから，静電エネルギーは

$$U = \frac{1}{2}QV = \frac{1}{2}\varepsilon E^2 Sd = \frac{1}{2}EDSd \tag{4.54}$$

である．これはコンデンサ内の空間に，単位体積当たり $\frac{1}{2}ED = \frac{1}{2}\varepsilon E^2$ のエネルギーが蓄えられると解釈することができる．

4.6 電場中の双極子

4.6.1 電気双極子に働く力

この章のはじめの配向分極の説明で，電場中の電気双極子 $\boldsymbol{p} = q\boldsymbol{l}$ は，電場の方向に向くことを述べたが，それは，双極子には図 4.12 (a) のような偶力のモーメント，すなわち**トルク** (torque),

$$\boldsymbol{N} = \boldsymbol{l} \times \boldsymbol{F} = \boldsymbol{l} \times (q\boldsymbol{E}) = q\boldsymbol{l} \times \boldsymbol{E} = \boldsymbol{p} \times \boldsymbol{E} \tag{4.55}$$

が働くためである．ところで，図 4.12 (b) のように電場が一様でない場合，双極子には並進力も働く．いま，電荷 q および $-q$ の位置での電場をそれぞれ $\boldsymbol{E}_+$，$\boldsymbol{E}_-$ とすると，合力は

$$\boldsymbol{F} = q\boldsymbol{E}_+ - q\boldsymbol{E}_- = q(\boldsymbol{E}_+ - \boldsymbol{E}_-) \tag{4.56}$$

である．まず x 成分を考えると，$(E_+)_x - (E_-)_x$ は E_x の $\boldsymbol{l}$ 方向の変化であり，それは，E_x の $\boldsymbol{l}$ 方向の傾きに距離 l を掛けたものである．ところで $\hat{\boldsymbol{l}} = \boldsymbol{l}/l$ とすれば，下記《**参考**》より，$\boldsymbol{l}$ 方向の傾きは $\hat{\boldsymbol{l}} \cdot \mathrm{grad}\, E_x$ であるから，

$$F_x = q\{(E_+)_x - (E_-)_x\} = ql\hat{\boldsymbol{l}} \cdot \mathrm{grad}\, E_x = \boldsymbol{p} \cdot \mathrm{grad}\, E_x \tag{4.57}$$

と書ける．y，z 成分も同様である．これらは，grad を ∇ で書き換え，下記《**参考**》で説明する演算子を導入すれば，次のようにまとめて書くことができる．

$$\boxed{\boldsymbol{F} = (\boldsymbol{p} \cdot \nabla)\boldsymbol{E}} \tag{4.58}$$

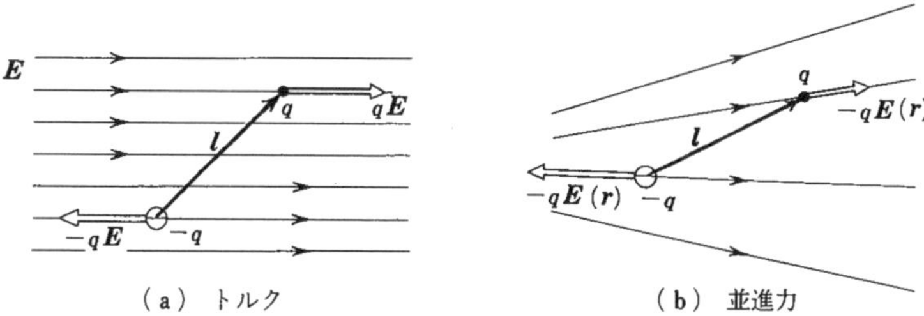

図 4.12 双極子に働く力

下敷など帯電したものに軽い物体が引き寄せられるのは，軽い物体は，帯電物の作る電場による静電誘導のために双極子になっており，また，帯電物の作る電場には勾配があるので，ここで説明した並進力が働くためである．

《参考》 方向微係数と演算子 $\boldsymbol{B}\cdot\nabla$

スカラー場 ϕ の，方向余弦 $\hat{\boldsymbol{l}}=(l_x,l_y,l_z)$ 方向の傾きは，式 (2.8) より，

$$\frac{d\phi}{dl}=\hat{\boldsymbol{l}}\cdot\mathrm{grad}\,\phi=\left(l_x\frac{\partial\phi}{\partial x}+l_y\frac{\partial\phi}{\partial y}+l_z\frac{\partial\phi}{\partial z}\right) \tag{4.59}$$

である．これを**方向微係数**という．これは，スカラーに作用する演算子

$$(\boldsymbol{B}\cdot\nabla)\phi=\left(B_x\frac{\partial}{\partial x}+B_y\frac{\partial}{\partial y}+B_z\frac{\partial}{\partial z}\right)\phi \tag{4.60}$$

の一種と考えることができる．なお，この演算子の定義を拡張して，次のように，ベクトル $\boldsymbol{A}=A_x\boldsymbol{i}+A_y\boldsymbol{j}+A_z\boldsymbol{k}$ に作用する演算子も定義することができる．

$$\begin{aligned}(\boldsymbol{B}\cdot\nabla)\boldsymbol{A}&=\left(B_x\frac{\partial}{\partial x}+B_y\frac{\partial}{\partial y}+B_z\frac{\partial}{\partial z}\right)\boldsymbol{A}\\&=(\boldsymbol{B}\cdot\nabla A_x)\boldsymbol{i}+(\boldsymbol{B}\cdot\nabla A_y)\boldsymbol{j}+(\boldsymbol{B}\cdot\nabla A_z)\boldsymbol{k}\end{aligned} \tag{4.61}$$

すなわちデカルト座標では，$\boldsymbol{A}$ の各成分について演算子$\boldsymbol{B}\cdot\nabla$ を施したものを成分とするベクトルである．しかし一般の座標では，このように簡単な形にはならない．

4.6.2 電気双極子の位置エネルギー

ベクトル解析の公式および，$\boldsymbol{p}$ が定ベクトルであることを用いると，静電場(渦なしの場)の場合 $(\boldsymbol{p}\cdot\nabla)\boldsymbol{E}=\nabla(\boldsymbol{p}\cdot\boldsymbol{E})$ であるから，これを用いて式 (4.58) は

$$U=-\boldsymbol{p}\cdot\boldsymbol{E} \tag{4.62}$$

$$\boldsymbol{F}=-\mathrm{grad}\,U \tag{4.63}$$

のように書くことができる．すなわち，電場 $\boldsymbol{E}$ 中におかれた電気双極子$\boldsymbol{p}$ の位置エネルギーは，$U=-\boldsymbol{p}\cdot\boldsymbol{E}$ であり，働く並進力は，その勾配で与えられる．

ところで $\boldsymbol{p}$ が $\boldsymbol{E}$ となす角を θ とすると，$\boldsymbol{p}$ を$\boldsymbol{p}\perp\boldsymbol{E}$ $(\theta=\pi/2)$ の向きから θ まで回転させるのに必要な仕事は，

$$W=\int_{\frac{\pi}{2}}^{\theta}Nd\theta=\int_{\frac{\pi}{2}}^{\theta}pE\sin\theta d\theta=-pE\cos\theta=-\boldsymbol{p}\cdot\boldsymbol{E} \tag{4.64}$$

であり，式 (4.62) に等しい．よって双極子の位置エネルギーは，トルクによる位置エネルギーにほかならない．この理由は，無限遠から点 P まで双極子 $\boldsymbol{p}$ を持ってくる際，常に $\boldsymbol{p} \perp \boldsymbol{E}$ を保てば，並進力は働かず，移動中の仕事は 0 だからである．式 (4.64) より，角度 θ 方向のトルクは，位置エネルギーを θ で偏微分することにより，求めることができる．

問 4.2 2 つの電気双極子 $\boldsymbol{p}_1$，$\boldsymbol{p}_2$ によるエネルギーは，次式となることを示せ．

$$U = -\frac{3(\boldsymbol{p}_1 \cdot \hat{\boldsymbol{r}})(\boldsymbol{p}_2 \cdot \hat{\boldsymbol{r}}) - \boldsymbol{p}_1 \cdot \boldsymbol{p}_2}{4\pi\varepsilon_0 r^3} \tag{4.65}$$

ただし r は $\boldsymbol{p}_1$ と $\boldsymbol{p}_2$ との距離，$\hat{\boldsymbol{r}}$ はその単位ベクトルである．

演習問題 4

4.1 厚さ d の無限に広い誘電体板 (比誘電率 ε_{r}) に，垂直に一様な電場 $\boldsymbol{E}_0$ をかける．

(1) 分極を $\boldsymbol{P}$ とおくとき，反電場を求めよ．

(2) 誘電体内外の電場および電束密度を求めよ．

4.2 平面を境界にして，誘電率 ε_1，ε_2 の 2 つの誘電体 1，2 で満たされた空間がある．誘電体 1 内で，境界面から距離 r の点に電荷 q を置くとき，電場を求めよ．

4.3 断面積 S，長さ l の誘電体棒があり，一端から距離 x での分極は $P(x) = kx$ $(k > 0)$ である．棒の表面および内部に現れる分極電荷および，その総量を求めよ．

4.4 半径 a の誘電体が，中心からの距離 r の関数として $P(r) = kr$ $(k > 0)$ に従って分極している．球の表面および内部に現われる分極電荷および，その総量を求めよ．

4.5 標準状態 (0 ℃，1 気圧) の He ガスに，100 V/m の電場をかけた．比誘電率を $\varepsilon_{\mathrm{r}} = 1.000074$ とすると，He 原子 1 個に誘発される双極子モーメントの大きさはどの位か．ただし He は理想気体とする．

4.6 HCl 分子を，球対称な電荷分布を持つ水素イオン H^+ と，塩素イオン Cl^- が，中心間距離 1.28 Å で結合したものと考えると，永久双極子モーメントはいくらか．

4.7 半径 $a = 1$ mm の内導体と，内径 $b = 3$ mm の外導体に，比誘電率 $\varepsilon_{\mathrm{r}} = 50$ の誘電体がはさまれた同軸ケーブルがある．誘電体の最大許容電場を 5×10^6 V/m とするとき，この同軸ケーブルの許容電圧 (耐圧) を求めよ．

4.8 同軸円筒コンデンサの内部の電場の大きさを，どこでも等しくするためには，どのような誘電体をつめればよいか．

4.9　極板面積 S，極板間距離 d の平行板コンデンサがある．つぎの場合の電気容量を求めよ．ただし誘電体の誘電率を ε とする．

(1) 図 4.13 (a) のように右半分を誘電体で満たす．

(2) 図 4.13 (b) のように下半分を誘電体で満たす．

4.10　極板面積 S，間隔 d の平板コンデンサに，一方の極板からの距離 x に従って

$$\varepsilon = \varepsilon_1 + \frac{\varepsilon_2 - \varepsilon_1}{d} x$$

のように誘電率が変化する誘電体をつめた．このコンデンサの電気容量を求めよ．

4.11　内導体の半径 a，外導体の内径 b，絶縁体の誘電率 ε の同軸ケーブルの単位長さ当たりの電気容量を求めよ．

4.12　図 4.14のように，極板の縦横がそれぞれ a，b，極板間距離 d の平行板コンデンサがある．いま，a 方向の x まで誘電率 ε，厚さ d の誘電体板を挿入し，電圧 V をかけた．誘電体板に働く力を求めよ．

4.13　誘電率 ε_1，ε_2 の 2 つの誘電体が，平面を境界に接している．境界面に，(1) 垂直および，(2) 平行に電場をかけたときに，境界面に働く力を求めよ．

4.14　誘電率 ε の誘電体で満たされた，内導体の半径 a，外導体の内径 b の同心球コンデンサに，電圧 V をかける．蓄えられるエネルギーを求めよ．

4.15　x 軸上の原点 O および点 A に，それぞれ双極子 $\boldsymbol{p}_0$，$\boldsymbol{p}_1$ がある．$\boldsymbol{p}_0$ が x 軸に平行な場合，エネルギーが最低になるような $\boldsymbol{p}_1$ の向きを求めよ．また $\boldsymbol{p}_0$ が x 軸に垂直な場合はどうか．

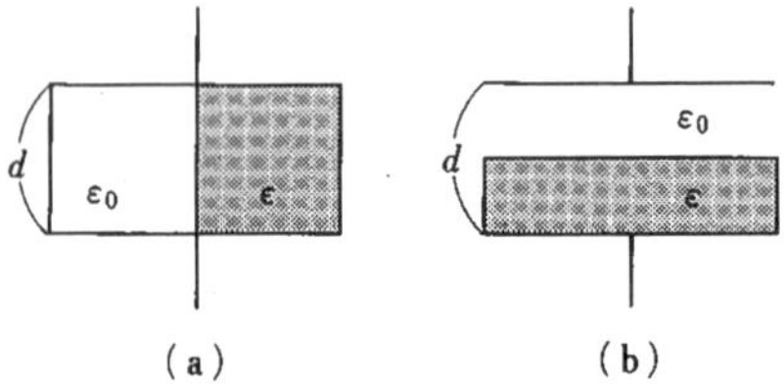

図 4.13

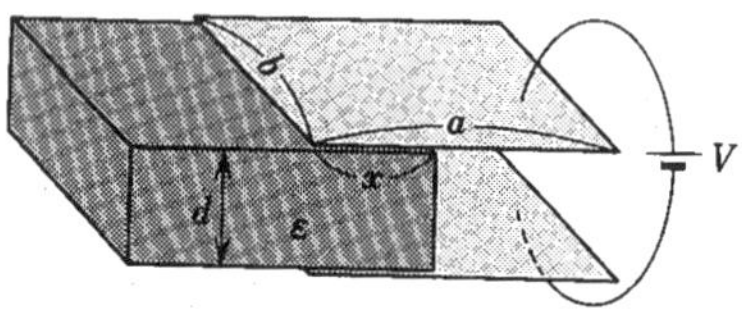

図 4.14

5

定常電流

この章では，導体中を電荷が移動する場合，すなわち**電流**をとりあげ，電気抵抗について考える．また，電気回路について簡単に述べる．なおこの章では，電流が時間的に変化しない場合のみを扱うが，8章で述べるように，この章の結果は，ゆっくりと変化する電流についても適用できる．

5.1 電　流

5.1.1 電流密度

1780年頃，イタリアのガルバーニ (Galvani) は，蛙の筋肉が電気で収縮することや，電極をさすと電気が生じることを発見したが，これをヒントに，1800年頃，イタリアのボルタ (Volta) は，**ボルタの電池** (voltaic cell) を発明し，長時間にわたって導体に電荷を流し続けることに成功した．そしてこのような電荷の流れを**電流** (electric current) と呼んだ．電流は通常，導体中を流れる．この場合，電流を担う荷電粒子を**担体**または**キャリア** (carrier) という．普通の金属におけるキャリアは自由電子であり，これを**伝導電子**という．電流を流すための導体の線を**導線** (lead) という．電流は定量的には，ある断面を単位時間当たりに通過する電気量として定義される．電流の向きは**正電荷の流れる向きを正**とする．したがって負電荷が流れる場合，電流は電荷の流れと逆向きである．

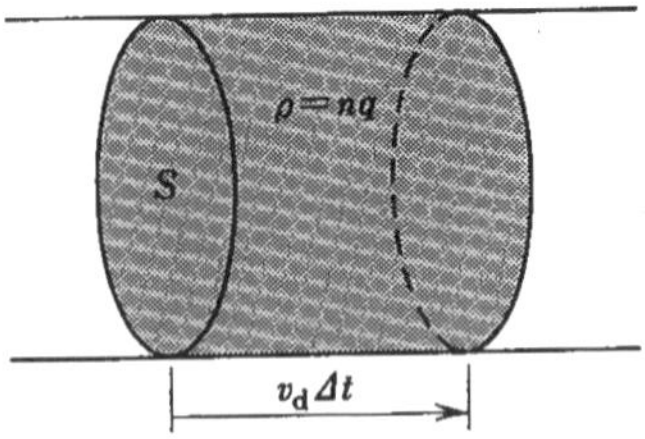

(a) 電流

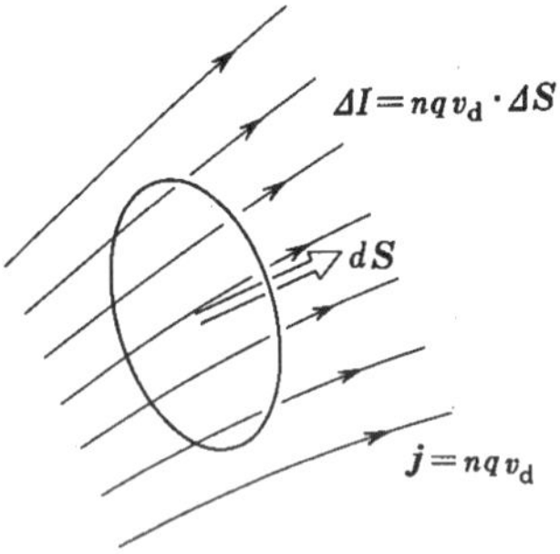

(b) 電流密度

図 5.1

図 5.1 (a) のように，断面積 S の導線を時刻 t から $t+\Delta t$ の間に通過した電気量を ΔQ とすると，単位時間当たりの電荷の流量は $I=\dfrac{\Delta Q}{\Delta t}$ である．このとき $\Delta t\to 0$ の極限を，時刻 t における**電流**と定義する．すなわち

$$I=\frac{dQ}{dt} \tag{5.1}$$

である．電流の単位は，定義より C/s (クーロン/秒) であり，これを特に A (アンペア) と定める．SI 単位系では A が電磁気の基本単位である．

電流は一般に，時間的にも変化するが，この章では，電流が時間的に変化しない**定常状態** (stationary state) を考える．このような電流を**定常電流** (stationary electric current) という．

いま，導線中をキャリア (電荷 q，数密度 n) が平均移動速度 v_d で流れるとすると，断面積 S の導線を時間 Δt の間に通過する電気量は，図 5.1 (a) の体積 $v_d\Delta tS$ に含まれる電気量，$\Delta Q=nqv_dS\Delta t$ であるから，この導線の電流は

$$I=nqv_dS \tag{5.2}$$

である．v_d は**ドリフト速度** (drift velocity) と呼ばれる．なお，キャリアが 2 種類以上のとき，電流は，それぞれのキャリアによる電流の和になる．

ところで，ドリフト速度をベクトルで $\boldsymbol{v}_d$ と書くと，図 5.1 (b) のように，ある微小断面 $\Delta\boldsymbol{S}$ を通過する電流は，$\Delta I=nq\boldsymbol{v}_d\cdot\Delta\boldsymbol{S}$ と書くことができる．す

なわち，この $\Delta\boldsymbol{S}$ を通過する電流の，単位断面積当たりの量は，

$$\boldsymbol{j} = nq\boldsymbol{v}_{\mathrm{d}} \tag{5.3}$$

である．これを**電流密度** (electric current density) という．電流密度の単位は $\mathrm{A/m^2}$ である．このとき電流は，電流密度のフラックスで与えられる．

$$\boxed{I = \int_S \boldsymbol{j} \cdot d\boldsymbol{S}} \tag{5.4}$$

電荷において点電荷を考えたように，導線の太さを無視した電流を**線電流**という．また，表面電荷を考えたように，**表面電流**を考えることもできる．線電流の電流密度は無限大である．表面電流の体積的な電流密度も無限大であるが，電流に垂直な単位長さを横切る電流から，表面電流密度 $\boldsymbol{K}$ [A/m] が定義できる．線電流 I，表面電流密度 $\boldsymbol{K}$ と (体積) 電流密度 $\boldsymbol{j}$ には，次の関係がある．

$$\boldsymbol{j}dV = \boldsymbol{K}dS = Id\boldsymbol{l} \tag{5.5}$$

5.1.2　電荷保存の式

電荷は保存するので，ある閉領域 V から微小時間 dt 当たりに出た電荷の量 (すなわち電流) は，dt 当たりの閉領域内の電荷の減少量に等しい．したがって

$$\oint_S \boldsymbol{j} \cdot d\boldsymbol{S} = -\frac{d}{dt}\int_V \rho dV = -\int_V \frac{\partial \rho}{\partial t} dV \tag{5.6}$$

が成り立つ．ただし最後の変形は，領域 V が時間的に不変で，領域 V 内で電荷密度 ρ が微分可能ならば，積分と微分の順序を入れ換えてもよいことを用いた．また ρ は，時間以外に位置の関数でもあるから，微分は偏微分になる．ここでガウスの定理によって，式 (5.6) の左辺を体積積分にすると，

$$\int_V \mathrm{div}\ \boldsymbol{j} dV = -\int_V \frac{\partial \rho}{\partial t} dV \tag{5.7}$$

であるから，

$$\boxed{\mathrm{div}\ \boldsymbol{j} + \frac{\partial \rho}{\partial t} = 0} \tag{5.8}$$

を得る．これを一般に**連続の式** (equation of continuity) といい，電流と電荷の関係式の場合は，電荷保存則を表わす．

5.2 電気抵抗

5.2.1 オームの法則

一般にキャリアが導体中を移動するときには，ある抵抗を伴う．これを**電気抵抗** (electric resistance) という．電気抵抗の原因は複雑であり，詳しくは物性物理学で扱われるが，金属の場合は，格子振動などによる伝導電子の散乱が主な原因である．電気抵抗の大きさは，物質によって様々で，金属でも，銅のように電気抵抗の小さなものから，ニクロム線のように電気抵抗の大きなものまであり，さらに絶対零度でない限り，絶縁体にも微量ながら移動できる電荷はあるので，絶縁体の電気抵抗も無限大ではない．**半導体** (semiconductor) は，導体と絶縁体との境界にある物質である．なお，電気抵抗が全くない理想的な導体を**完全導体** (perfect conductor) といい，**超伝導体** (superconductor) はこの性質を持つ．一方，放電を考えなければ，真空は完全な絶縁体である．

3章で，導体中には静電場は存在しないことを述べたが，電気抵抗が存在すると，静電誘導に有限の時間を必要とするから，導体に電荷が次々に供給されているような定常状態の場合，導体中の電場は零にならずに，ある値に落ち着く．すなわち，導体中に電位差が生じる．いま導線に電流 I を流したところ，導線の 2 点 A，B の電位差が V になったとすると，その比 V/I を，2 点 A，B 間の**抵抗** (resistance) と定義する[1]．それを R とすると

$$\boxed{V = RI} \tag{5.9}$$

である．R が電流によらないとき，V は I に比例する．これを**オームの法則** (Ohm's law) という．抵抗の単位は V/A であるが，これを特に Ω (オーム) という．なお，抵抗の逆数を**コンダクタンス** (conductance) といい，その単位は S (ジーメンス) である．すなわち S = 1/Ω = ℧ (モー，mho) である．

いま抵抗 R の導体中に，電流に沿った断面積 ΔS，長さ Δl の微小な流管を考え，その電流を ΔI，両端の電圧を ΔV とすると，この流管の電流密度は

1 抵抗という言葉は，抵抗器 (resistor) の意味にも用いられる．

表 **5.1**　代表的な物質の抵抗率 (20℃)

物質	抵抗率 [Ω·m]	物質	抵抗率 [Ω·m]
銀	1.62×10^{-8}	ゲルマニウム	0.6
銅	1.72×10^{-8}	超純水 (25 ℃)	1.82×10^{5}
アルミニウム	2.75×10^{-8}	ガラス	$10^{9} \sim 10^{15}$
ニクロム	1.09×10^{-6}	雲母	$10^{12} \sim 10^{15}$

$j = \Delta I/\Delta S$，電場は $E = \Delta V/\Delta l$ であり，また $\boldsymbol{j}$，$\boldsymbol{E}$ の方向は一致する．したがってこの微小な流管についてのオームの法則 $R = \Delta V/\Delta I$ は，$\boldsymbol{j}$ と $\boldsymbol{E}$ との関係式に書き直すことができ，その比例定数を$\sigma \equiv \dfrac{1}{R}\dfrac{\Delta l}{\Delta S}$ と置くと，

$$\boxed{\boldsymbol{j} = \sigma \boldsymbol{E}} \tag{5.10}$$

となる．この式を**一般化されたオームの法則**といい，比例係数 σ を**電気伝導度** (electric conductivity) と呼ぶ．単位は S/m である．また，電気伝導度の逆数

$$\rho = \frac{1}{\sigma} \tag{5.11}$$

は**抵抗率** (resistivity) と呼ばれる．単位は Ω·m である．抵抗 R は，同じ材質でも，一般に導体の太さや長さによって変わるが，抵抗率は，導体の単位面積，単位長さ当たりの抵抗であり，形状によらない物質固有の量である．定義より，抵抗率 ρ の一様な物質からなる断面積 S，長さ l の導線の抵抗は

$$\boxed{R = \rho\frac{l}{S}} \tag{5.12}$$

で与えられる．表 5.1 に，代表的な物質の抵抗率を示す．なお，異方的な導体では，$\boldsymbol{j}$ と $\boldsymbol{E}$ の方向は一致せず，σ は (したがって ρ も) テンソルになる．

問 5.1　1 kΩの抵抗器の両端の電圧を測ったら 10 V であった．この抵抗器を流れている電流はいくらか．(10 mA)

問 5.2　表 5.1 より，銀の電気伝導度を求めよ．($\sigma = \dfrac{1}{\rho} = 6.17 \times 10^{7}$ S/m)

問 5.3　直径 1 mm の銀線 100 m の抵抗はいくらか．(2 Ω)

問 5.4　直径 1 mm のニクロム線は，何 m で 1 Ωとなるか．(0.7 m)

【例題 5.1】 抵抗の計算 (1)

図 5.2 のような，半径 a 内導体 A と，内径 b の外導体 B の間に，抵抗率 ρ の一様な抵抗体がつまった同心球状の抵抗を考える．導体 A，B 間の電気抵抗 R を求めよ．

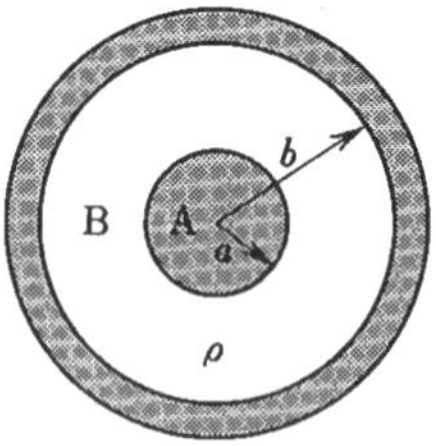

図 5.2 同心球状の抵抗

［**解**］半径 r の位置に，厚さ dr の球殻を考えると，電流は球殻に垂直であり，これは，長さ dr，断面積 $4\pi r^2$ の抵抗体であるから，その抵抗 dR は，式 (5.12) より

$$dR = \rho \frac{dr}{4\pi r^2} \tag{5.13}$$

である．よって全抵抗 R は，これを半径 a から b まで積分して，次のように求まる．

$$R = \int_a^b \rho \frac{dr}{4\pi r^2} = \frac{\rho}{4\pi} \left(\frac{1}{a} - \frac{1}{b} \right) \tag{5.14}$$

［**別解**］電流 I を流したとすると，点対称性により，半径 r の位置おける電流密度は

$$j = \frac{I}{4\pi r^2} \tag{5.15}$$

である．電場は $E = \rho j$ であるから，A，B 間の電位差は

$$V = \int_a^b E dr = \int_a^b \frac{\rho I}{4\pi r^2} dr = \frac{\rho I}{4\pi} \left(\frac{1}{a} - \frac{1}{b} \right) \tag{5.16}$$

である．抵抗は $R = \dfrac{V}{I}$ であるから，ただちに式 (5.14) を得る．

《参考》 電気抵抗の簡単なモデル

金属の電気抵抗の原因は，格子振動などによる伝導電子の散乱である．一般に伝導電子は金属中を**ブラウン運動** (Brown motion) しており，1 個の電子の速度の平均 $< \boldsymbol{v} >$ は零であるが，電場をかけると，$< \boldsymbol{v} >$ は運動方程式

$$m \frac{d < \boldsymbol{v} >}{dt} = e\boldsymbol{E} \tag{5.17}$$

に従って直線的に増加し，結晶格子に散乱されるたびに $\mathbf{0}$ に戻る．したがって散乱までの平均時間を 2τ とすると[2]，$<\boldsymbol{v}>$ は $\mathbf{0}$ から $2\tau e\boldsymbol{E}/m$ までを直線的に増加し，再び $\mathbf{0}$ になるという過程を繰り返すから，$<\boldsymbol{v}>$ の平均値，すなわちドリフト速度は，

$$\boldsymbol{v}_{\mathrm{d}} = \mu \boldsymbol{E}, \quad \text{ただし } \mu = \frac{e\tau}{m} \tag{5.18}$$

となる．μ を**移動度 (易動度)**(mobility) という．よって電流密度は，伝導電子数密度を n_{e}，電子の電荷を e とすると，式 (5.3) より，

$$\boldsymbol{j} = n_{\mathrm{e}} e \boldsymbol{v}_{\mathrm{d}} = n_{\mathrm{e}} e \mu \boldsymbol{E} = \frac{n_{\mathrm{e}} e^2 \tau}{m} \boldsymbol{E} \tag{5.19}$$

となる．したがってこのモデルでは，電気伝導度は次式のように与えられる．

$$\sigma = n_{\mathrm{e}} e \mu = \frac{n_{\mathrm{e}} e^2 \tau}{m} \tag{5.20}$$

5.2.2 ジュール熱

上述のように，伝導電子は，電場で加速されては，格子に衝突してエネルギーを失う．そしてそのエネルギーは，一般に熱エネルギーに変換される．これを**ジュール熱** (Joule heat) という．電荷 e をもつ電子が，電位差 V を移動する間に得るエネルギーは eV であり，単位時間に導線の断面 S を通過する自由電子数は $n_{\mathrm{e}} v_{\mathrm{d}} S$ だから，これらが得るエネルギーは

$$P = n_{\mathrm{e}} v_{\mathrm{d}} S e V = IV \tag{5.21}$$

である．ただし I は導線の電流であり，式 (5.2) を用いた．定常電流では，これがすべて熱エネルギーに変換される．オームの法則が成り立つ場合，抵抗を R とすると，発生するジュール熱は

$$\boxed{P = IV = I^2 R = \frac{V^2}{R}} \tag{5.22}$$

となる．P は仕事率の次元 (J/s) をもっており，これを**電力** (electric power) という．電力の単位を特に W (ワット) という．すなわち，W = J/s である．

問 5.5 100 V で 500 W のヒータには何 A の電流が流れているか．またそのヒータの抵抗は何 Ωか．(5 A，20 Ω)

---

2 これを**平均自由時間** (mean free time)，τ を**緩和時間** (relaxation time) という．

表 5.2 静電場と定常電流場との対応

静電場		定常電流場	
電束密度	$\boldsymbol{D} = \varepsilon \boldsymbol{E}$	電流密度	$\boldsymbol{j} = \sigma \boldsymbol{E}$
電束	$\Phi_{\mathrm{e}} = \int_S \boldsymbol{D} \cdot d\boldsymbol{S}$	電流	$I = \int_S \boldsymbol{j} \cdot d\boldsymbol{S}$
連続性	$\mathrm{div}\ \boldsymbol{D} = 0$	連続性	$\mathrm{div}\ \boldsymbol{j} = 0$
渦なし	$\mathrm{rot}\ \boldsymbol{E} = \boldsymbol{0}$	渦なし	$\mathrm{rot}\ \boldsymbol{E} = \boldsymbol{0}$

5.3 定常電流場

定常電流では $\partial\rho/\partial t = 0$ であり，また電場は時間変化せず渦なしであるから，

$$\mathrm{div}\ \boldsymbol{j} = 0 \quad (\text{電荷保存則}), \qquad \mathrm{rot}\ \boldsymbol{E} = 0 \quad (\text{渦なし}) \tag{5.23}$$

である．これが定常電流場の基本式である．なお $\boldsymbol{j} = \sigma \boldsymbol{E}$ であるから，定常電流場では $\mathrm{div}\ \boldsymbol{E} = 0$ であり，電荷は存在しないことがわかる．

以上より，静電場と定常電流場には，表 5.2 のような対応関係があることが分かる．いま図 5.3 のように，電極間に誘電率 ε の誘電体を満たした場合の電気容量 C と，電気伝導度 σ の抵抗体を満たした場合の抵抗 R を考える．なお後者の電極は，電気伝導度が無限大の完全導体と考える．まず誘電体を満たした場合，電極に $\pm Q$ の電荷を与えると，Q を囲む任意の閉曲面 S について，電束 Φ_{e} は，S が囲んだ真電荷量 Q に等しいから，次式が成り立つ．

$$\Phi_{\mathrm{e}} = \oint_S \boldsymbol{D} \cdot d\boldsymbol{S} = \varepsilon \oint_S \boldsymbol{E} \cdot d\boldsymbol{S} = Q \tag{5.24}$$

一方，抵抗体を満たした場合，電流 I を流すと，同じ閉曲面 S について

$$I = \oint_S \boldsymbol{j} \cdot d\boldsymbol{S} = \sigma \oint_S \boldsymbol{E} \cdot d\boldsymbol{S} \tag{5.25}$$

である．また電位差はどちらも

$$V = -\int_C \boldsymbol{E} \cdot d\boldsymbol{l} \tag{5.26}$$

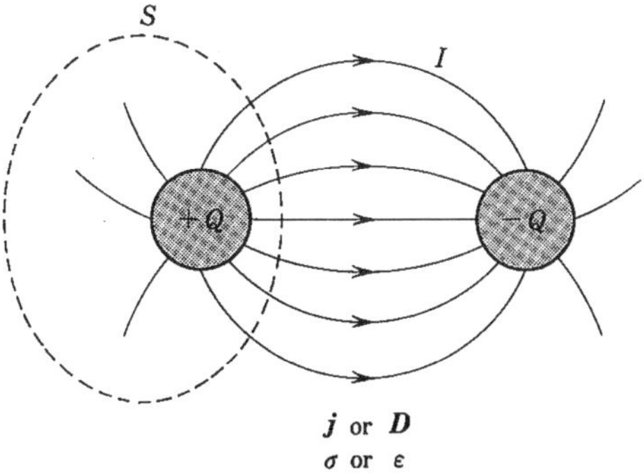

図 5.3 定常電流場と静電場

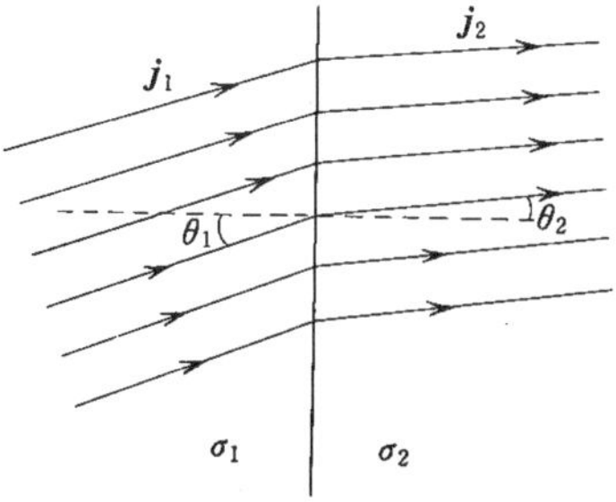

図 5.4 電流線の屈折

で共通である．これらを $C = \dfrac{Q}{V}$，$R = \dfrac{V}{I}$ に代入すると，

$$\boxed{R\sigma = \frac{\varepsilon}{C}} \tag{5.27}$$

が得られる．これが定常電流場と静電場の変換式である．

【例題 5.2】 抵抗の計算 (2)

例題 5.1 を，静電場との対応から求めよ．

［**解**］誘電率 ε の誘電体を詰めたときの電気容量は，例題 4.3 と同様に求めて，

$$C = 4\pi\varepsilon \Big/ \left(\frac{1}{a} - \frac{1}{b}\right) \tag{5.28}$$

となる．これに式 (5.27) を用いると，ただちに式 (5.14) を得る．

電流線の屈折

異なる電気伝導度 σ_1，σ_2 をもつ抵抗体の境界面での，定常電流の条件を考えよう．これは静電場における電束密度と電場の境界条件との類推から，

(1) 電流密度の法線成分は連続 $(j_{1\mathrm{n}} = j_{2\mathrm{n}})$

(2) 電場の接線成分は連続 $(E_{1\mathrm{t}} = E_{2\mathrm{t}})$

である．(2) より $j_{1\mathrm{t}}/\sigma_1 = j_{2\mathrm{t}}/\sigma_2$ であるから，図 5.4 のように角度をとると，$\tan\theta_1 = j_{1\mathrm{t}}/j_{1\mathrm{n}}$，$\tan\theta_2 = j_{2\mathrm{t}}/j_{2\mathrm{n}}$ より，次の関係を得る．

$$\frac{\tan\theta_1}{\tan\theta_2} = \frac{\sigma_1}{\sigma_2} \tag{5.29}$$

5.4　電気回路

5.4.1　起電力と電圧降下

電圧を発生させるものを一般に**起電力** (electromotive force, **emf**) という．起電力の機構には，後に述べる電磁誘導 (誘導発電機) や化学的なもの (電池) などがある[3]．電池の機構については，電磁気学の対象外である．電磁気学では，電池は，導線の中に電場 $\boldsymbol{E}_{\mathrm{e}}$ を発生させるブラックボックスと考えてよい．

起電力や抵抗を導線でつないだものを**電気回路** (electric circuit) という．電気回路には，起電力によって電圧が生じ，電圧が低い方へと電流が流れる．抵抗に電流が流れると，抵抗の両端に電位差が生じ，電流の方向に進むにつれて電圧が下がる．これを抵抗による**電圧降下**という．オームの法則に従う抵抗 R の場合，電流 I による電圧降下は IR である．なお導線に抵抗があれば，電圧降下は導線でも起こる．また，電池も電流 I を流すと起電力が少し減少する．その減少量を Ir と置くとき，r を電池の**内部抵抗** (internal resistance) という．

5.4.2　キルヒホッフの法則

電気回路では，次の**キルヒホッフの法則** (Kirchhoff's law) が成り立つ．

(1) 回路中の任意の分岐点に流れ込む電流の総和は 0.

(2) 回路中の任意の閉回路に沿った電圧降下と，起電力の総和は 0.

これは定常電流場の基本式 (5.23) から導くことができる．

まず第一法則は，電荷保存則から導かれる．すなわち式 (5.6) の右辺は，定常電流では 0 であるから，ある領域から流れ出す電流の合計は 0 である．すなわち，図 5.5 (a) のように，ある点に電流 $I_i (i = 1, 2, \ldots)$ が流れ込むとき，

$$\boxed{\sum_i I_i = 0} \tag{5.30}$$

である．すなわち第一法則を得る．

次に第二法則は，渦なしの条件 $\oint_C \boldsymbol{E} \cdot d\boldsymbol{l} = 0$ から導かれる．図 5.5 (b) のような回路に電流 I が流れているとき，回路中には，渦なしの電場 $\boldsymbol{E}$ のほかに，

---

3 これ以外にも，**熱電効果**や**光電効果**などによっても起電力が生じる．

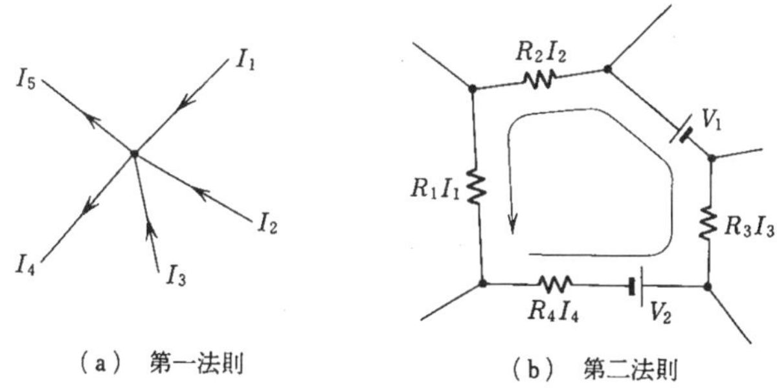

図 5.5　キルヒホッフの法則

起電力による電場 $\boldsymbol{E}_{\mathrm{e}}$ が存在するので，電流密度は $\boldsymbol{j} = \sigma(\boldsymbol{E} + \boldsymbol{E}_{\mathrm{e}})$ である．したがって，$\boldsymbol{E}$ について解いて，周回積分に代入すると，

$$\oint_C \left(\frac{\boldsymbol{j}}{\sigma} - \boldsymbol{E}_{\mathrm{e}}\right) \cdot d\boldsymbol{l} = 0 \tag{5.31}$$

となる．ここで第 1 項は電気抵抗による電圧降下であり，$j = I_i/S_i$ より

$$\oint_C \frac{\boldsymbol{j}}{\sigma} \cdot d\boldsymbol{l} = \sum_i \frac{1}{\sigma_i}\frac{I_i}{S_i} l_i = \sum_i R_i I_i \tag{5.32}$$

となる．ただし，$\sigma = l_i/(R_i S_i)$ の関係を用いた．一方，第 2 項は

$$\oint_C \boldsymbol{E}_{\mathrm{e}} \cdot d\boldsymbol{l} = \sum_i V_i \tag{5.33}$$

であり，これは起電力の総和である．すなわち次の第二法則を得る．

$$\boxed{\sum_i V_i - \sum_i R_i I_i = 0} \tag{5.34}$$

【例題 5.3】　キルヒホッフの法則

図 5.6 のような回路の電流を求めよ．

［解］ まずキルヒホッフの第一法則を点 B に適用すると，

$$I_1 + I_2 + I_3 = 0 \tag{5.35}$$

次に閉回路 C_1，C_2 について第二法則を適用すると

$$V_1 - R_1 I_1 + R_3 I_3 = 0 \tag{5.36}$$

$$-V_2 - R_2 I_2 + R_3 I_3 = 0 \tag{5.37}$$

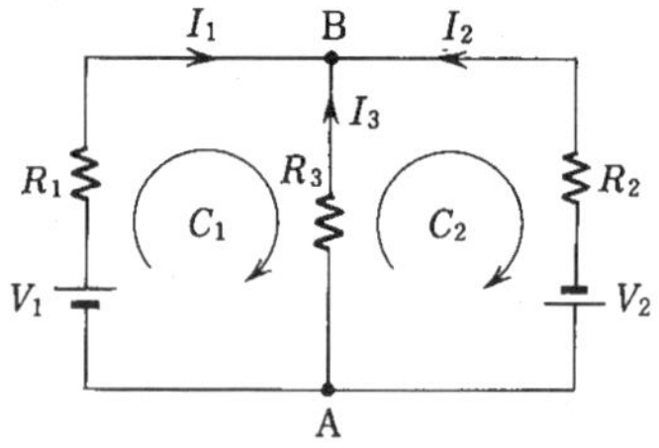

図 5.6

である．この I_1，I_2，I_3 についての連立方程式を解いて，求める電流は，以下となる．

$$I_1 = \frac{(R_2 + R_3)V_1 + R_3 V_2}{R_1 R_2 + R_2 R_3 + R_3 R_1} \tag{5.38}$$

$$I_2 = -\frac{R_3 V_1 + (R_1 + R_3)V_2}{R_1 R_2 + R_2 R_3 + R_3 R_1} \tag{5.39}$$

$$I_3 = \frac{R_1 V_2 - R_2 V_1}{R_1 R_2 + R_2 R_3 + R_3 R_1} \tag{5.40}$$

5.4.3　抵抗の接続

図 5.7 (a) のように，抵抗 R_1，R_2 を直列接続した場合の合成抵抗 R を考える．この回路に電流 I を流すと，電流は抵抗 1，2 に共通に流れる．またそれぞれの電圧を V_1，V_2 とすると，合成の電圧は $V = V_1 + V_2$ である．よって，

$$R = \frac{V}{I} = \frac{V_1}{I} + \frac{V_2}{I} = R_1 + R_2 \tag{5.41}$$

である．一般に，n 個の抵抗を直列接続した場合，合成抵抗 R は次式となる．

$$\boxed{R = \sum_{i=1}^{n} R_i} \tag{5.42}$$

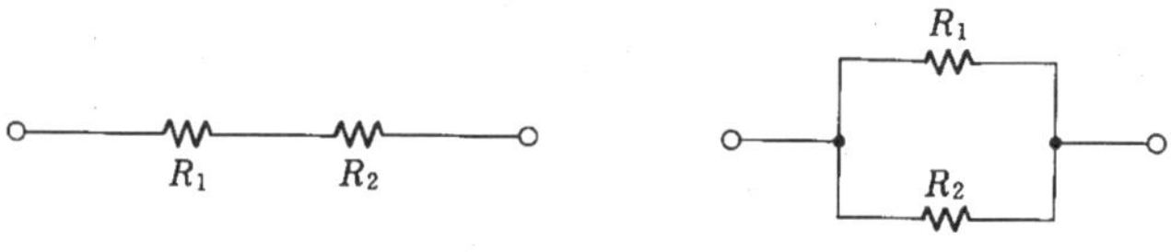

（a）　直列接続　　　　（b）　並列接続

図 5.7　抵抗の接続

一方，図 5.7 (b) のように，抵抗 R_1，R_2 を並列接続した場合の合成抵抗 R は，この回路に電圧 V をかけると，電圧は抵抗 1，2 に共通にかかり，またそれぞれの電流を，I_1，I_2 とすると，合成の電流は $I = I_1 + I_2$ であるから，

$$\frac{1}{R} = \frac{I}{V} = \frac{I_1}{V} + \frac{I_2}{V} = \frac{1}{R_1} + \frac{1}{R_2} \tag{5.43}$$

となる．一般に，n 個の抵抗を並列接続した場合，合成抵抗 R は次式となる．

$$\boxed{\frac{1}{R} = \sum_{i=1}^{n} \frac{1}{R_i}} \tag{5.44}$$

演習問題 5

5.1 電気抵抗を，キャリアのドリフト速度に比例する摩擦抵抗と考えたとき，摩擦係数は $k = \dfrac{m}{\tau}$ であることを示せ．

5.2 銀の導線の抵抗率は常温で $\rho = 1.62 \times 10^{-8}$ Ωm である．

(1) 銀原子 1 個当たり 1 個の伝導電子を放出しているとすると，銀のキャリア数密度 n を求めよ．ただし，原子量は 108，密度は 10.5 g/cm^3 である．

(2) 式 (5.20) が成り立つとして，易動度 μ を求めよ．

(3) 伝導電子の衝突の緩和時間 τ を求めよ．

(4) 断面積 1 mm^2 の銀線に 1 A の電流を流した．ドリフト速度 v_d を求めよ．

5.3 起電力 V の電池に抵抗 R をつないだら，電流 I が流れた．電池の内部抵抗 r を求めよ．

5.4 起電力 V，内部抵抗 r の電池にヒータをつなぐ．ヒータの発熱を最大にするためにはヒータの抵抗 R をいくらにすればよいか．またその最大値 P_max を求めよ．

5.5 100 V で 400 W のヒータがある．(1) 抵抗はいくらか．(2) このヒータを切って長さを $\dfrac{4}{5}$ にした．100 V で何ワットのヒータになるか．

5.6 700 W のヒータで 20 ℃の水 1 kg の温度を 40 ℃にしたい．何分かかるか．ただしヒータの熱は，すべて水に与えられ，外部への熱の逃げはないとする．なお，水の比熱を 1 cal/(g·K)，熱の仕事等量を 4.2 J/cal とする．

5.7 半径 a の一様な円柱導線に定常電流が流れている．内部の電流分布を調べよ．

5.8 電気伝導度 σ_1 の抵抗体に，電気伝導度 σ_2 で半径 a の導体球が埋まっている．抵抗体に電流を一様な電流密度 $\boldsymbol{j}_0$ で流すとき，導体球内を流れる電流の電流密度を求めよ．またそれが完全導体球および絶縁体球の場合には，それぞれどうなるか．

5.9 (**接地抵抗**) 半径 a の球状電極を半分だけ地面に埋めて接地する．接地抵抗を求めよ．ただし地面の抵抗率を ρ とし，地面と電極との接触抵抗は無視する．

5.10 図 5.8 の回路の合成抵抗を求めよ．

5.11 図 5.9 の回路の合成抵抗を求めよ．

5.12 図 5.10 の回路の合成抵抗を求めよ．

5.13 図 5.11 のような回路を**ホイートストンブリッジ** (Wheatstone bridge) という．検流計 G に電流が流れないための R_1，R_2，R_3，R_4 の条件を求めよ．

5.14 (**電位差計**) 図 5.12 のような回路で，AB には均質な抵抗線が張られている．いま，既知の電池 V_s をつないで検流計 G が振れない点を C とするとき，それを未知の電池 V_x につなぎ変えたときの検流計の振れない位置が C′ ならば，$V_x = \dfrac{\mathrm{AC'}}{\mathrm{AC}} V_s$ であることを示せ．

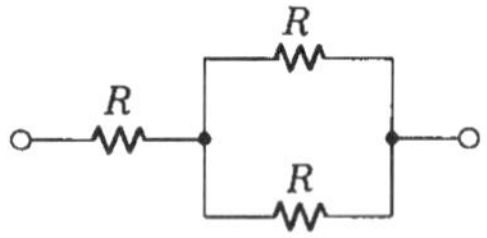

図 5.8

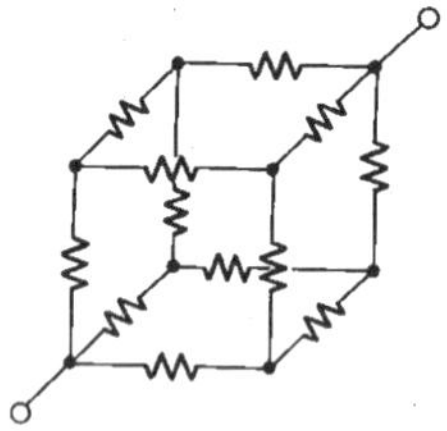

図 5.9

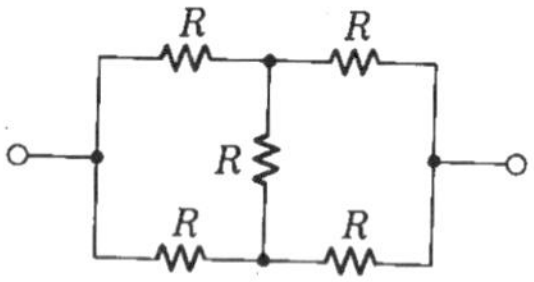

図 5.10

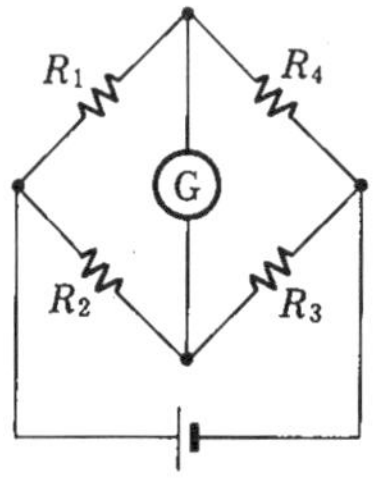

図 5.11

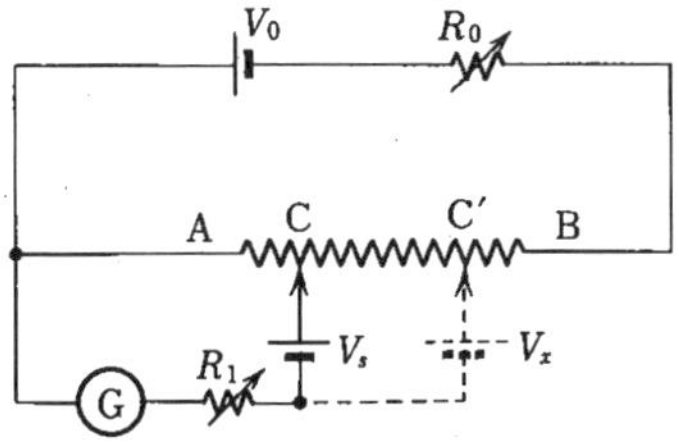

図 5.12

6

真空中の静磁場

この章では，静電気力とならび称される**磁力**をとりあげ，そこから**磁場**という空間を導入する．そして，磁場の場としての性質を考え，静磁場の基礎方程式を導き出す．さらに磁場に対して，**ベクトルポテンシャル**という量を導入する．

6.1 磁　　力

6.1.1 磁　　石

磁石 (magnet) は互いに引き合ったり，反発したりする．これはよく知られているように**磁力** (magnetic force) のためである．この不思議な力についてもギリシャのタレスはすでに知っていたといわれている．また西暦 1200 年頃の書物には，小アジアのマグネシアで産出する鉄鉱石の不思議な力について書かれている．magnet という言葉はこれに由来する．この当時すでに，棒状の鉄鉱石は，中央部でほとんど磁気がなく，両端で磁気が強いことが知られており，その端部は**磁極**と呼ばれた．また磁極は地球の南北を指すことも知られており，北を指す方を **N 極** (N pole)，南を指す方を **S 極** (S pole) と呼ぶようになった[1]．16 世紀後半になると，磁気学の父と称されるイギリスのギルバート (Gilbert) は，電気と磁気は異なることを指摘し，数多くの実験を行なって，

1 磁石は異極同士が引き合うので，地球は南極が N 極，北極が S 極の磁石である．

図 6.1 磁気におけるクーロンの法則

磁気の性質を系統的にまとめた (1600 年)，そして 1785 年，クーロンは，**磁気についてのクーロンの法則**を発表した．すなわち磁極 Q_m から距離 r 離れた磁極 q_m には，k_m を定数として[2]，次のような力が働く (図 6.1)．

$$\boldsymbol{F} = k_m \frac{Q_m q_m}{r^2} \hat{\boldsymbol{r}}, \quad (\hat{\boldsymbol{r}}\text{は}\,Q_m\text{から}\,q_m\text{へ向かう単位ベクトル}) \tag{6.1}$$

これにより，磁気を定量的に扱う**磁気学** (magnetism) が成立した．

しかし，電気と磁気が関係していることを知るには，それから約 200 年が必要であった．ボルタの電池の発明は，ファラデー の電気分解の実験へと発展するが，一方で，電流の磁気作用の発見へとつながった．

6.1.2 電流の磁気作用

1820 年，デンマークのエルステッド (Ørsted) は，電流の磁気作用を示そうと，方位磁石の上に導線を東西に張り，ボルタの電池で定常電流を流した．すなわち電流の作用で磁針が電流の方向に向くと考えた．しかし磁針は振れなかった．そこでたまたま，図 6.2 のように導線を南北に張ったところ，磁針が大きく振れることを発見した．エルステッド自身の現象の解釈は正確ではなかったが，この現象は，電流の磁気作用の研究の大きなきっかけとなった．

エルステッドの実験を知ったフランスのアンペール (Ampère) は，電流の間にも同種の力が働くと考えた．彼は 1820 年から 1825 年にかけて実験を行ない，図 6.3 のように，距離 r を隔てて平行に張られた 2 本の導線に，それぞれ電流 I_1，I_2 を流すと，電流間には次のような力が働くことを示した．

---

2 k_m は単位系の選び方で異なり，$k_m = 1$ とする場合を，電磁単位系 (electromagnetic system of units, **emu**) という (付録 F)．また，本書で用いる SI 単位系では，式 (6.4) で定義される μ_0 を用いて，$k_m = \mu_0/(4\pi)$ となる．なおこれは，E-B対応の場合であり，E-H対応では，$k_m = 1/(4\pi\mu_0)$ となる (次節)．

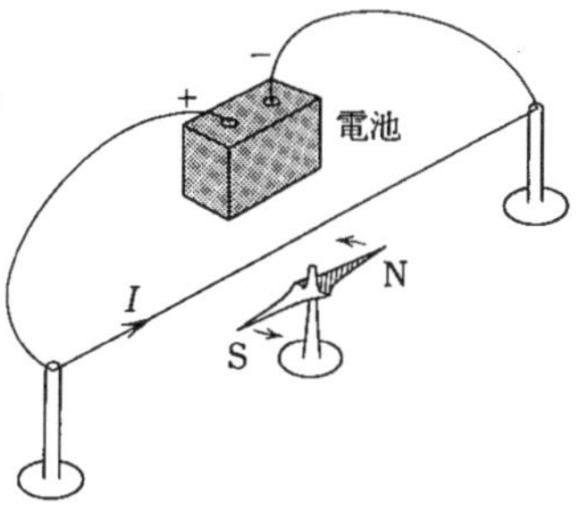

図 6.2 エルステッドの実験

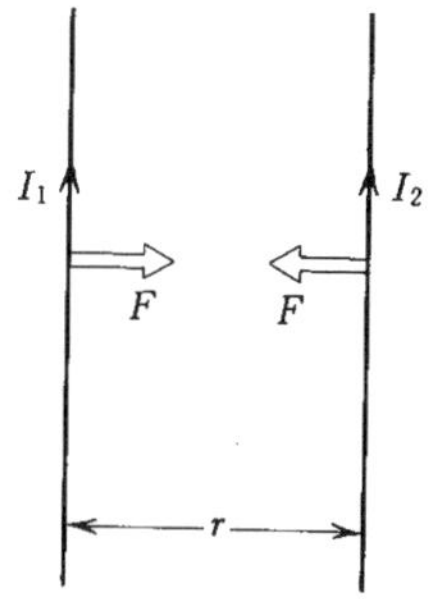

図 6.3 平行電流間に働く力

(1) その向きは同一作用線上逆向きで，大きさは互いに等しい．

(2) その大きさは電流間の距離 r に反比例する．

(3) その大きさは電流の長さ l に比例する．

(4) その大きさは 2 つの電流の積 $I_1 I_2$ に比例し，電流が同方向のとき引力となり，逆方向のとき斥力となる．

この結果は，次のように式で表わすことができる．

$$\boxed{F = 2k_\mathrm{m}\frac{I_1 I_2}{r}l} \tag{6.2}$$

ただし，k_m は単位系で決まる比例定数である．

電流の単位

本書で用いる SI 単位系では，電磁気の基本単位は電流の単位 A (アンペア) であることを，5 章で述べたが (MKSA 単位系)，この A の定義は，式 (6.2) によって行なわれている．すなわち，真空中で 1 m を隔てた十分長い平行導線に，等量の電流を流したとき，導線 1 m 当たりに働く力が 2×10^{-7} N であるとき，その電流の大きさを 1 A と定める．よって k_m は次のように定義される．

$$k_\mathrm{m} = 1 \times 10^7 \ \ \mathrm{N/A^2} \tag{6.3}$$

なお，SI 単位系は有理単位系であるので，$k_\mathrm{m} = \dfrac{\mu_0}{4\pi}$ と置かれる．ここで，

$$\mu_0 = 4\pi \times 10^{-7} \ \ \mathrm{H/m} \tag{6.4}$$

である．μ_0 の単位は，k_{m} と同じく $\mathrm{N/A^2}$ であるが，8章で導入されるインダクタンスの単位 H を用いて H/m と書かれる．これは7章で説明する透磁率の単位に等しいので，μ_0 を**真空の透磁率** (magnetic permeability) という．

6.2 磁 場

6.2.1 磁場の導入

エルステッドの実験から，電流のそばにある磁石は，電流と直角方向を向き，磁石の N 極は，電流の向きに対して右まわりの方向を指すが，この力の方向は，クーロンの法則などの遠隔作用論と違って，同一作用線上ではない．そこでファラデー は，これは遠隔相互作用ではなく，電流のまわりの空間には，図 6.4のように，同心円状に『張力のようなもの』が生じ，磁石の極は，近接相互作用として，それに引っ張られていると解釈した．そしてこの磁極に作用する空間を**磁場** (magnetic field) と呼んだ．すなわち，磁極 q_{m} は，磁場 $\boldsymbol{H}$ から，

$$\boldsymbol{F} = q_{\mathrm{m}}\boldsymbol{H} \tag{6.5}$$

という力を受けると考えた．さて，磁場の向きを，N 極の指す向きと定義すると，磁場は電流の向きに対して**右まわり**にとり囲むように生じることになる．これを**アンペールの右ねじの法則** という[3]．なお，磁場の方向を連ねると 1 つの曲線ができる．これを**磁力線**という．実際，電流や磁石のまわりに砂鉄を置くと，流線のような模様を描き，磁力線を想像させる．

このように磁場を定義すると，電流 I_2 が電流 I_1 から受ける力は，電流 I_1 がまわりに作る磁場から受ける力と解釈され，それは電流にも磁場にも垂直であるから，外積で表現でき，式 (6.2) は，次のように書くことができる．

$$\boldsymbol{B} = \frac{\mu_0}{2\pi}\frac{I_1}{r}\boldsymbol{e}_\theta \tag{6.6}$$

$$\boldsymbol{F} = I_2\boldsymbol{l} \times \boldsymbol{B} \tag{6.7}$$

ただし $\boldsymbol{e}_\theta$ は角度方向の単位ベクトル，$\boldsymbol{l}$は電流方向のベクトルである．なおこ

3 右手で親指を電流の向きにしたときに手を握る方向と覚えるとよい (図 6.4右).

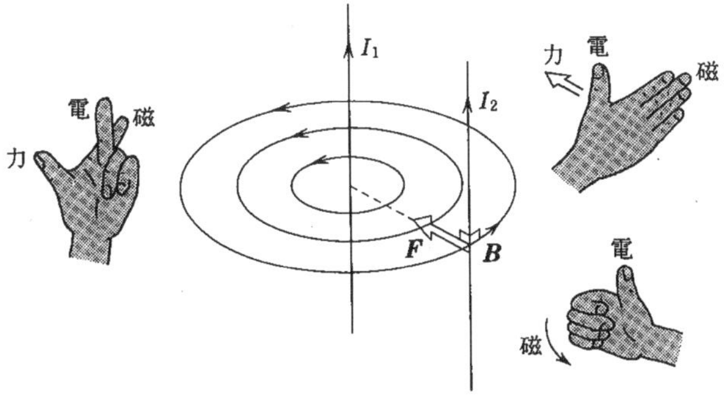

図 **6.4**　アンペールの右ねじの法則とフレミングの左手の法則

こでは，磁場は電流に働く場として $\boldsymbol{B}$ で表わされている．$\boldsymbol{B}$ は磁場と呼んでもよいが，伝統的には，**磁束密度** (magnetic flux density) と呼ばれている．

磁束密度の単位は，SI 単位系では T (テスラ) であるが，これは式 (6.7) より N/Am に等しい．また，後で述べる磁束の単位 Wb (ウェーバー) を用いれば $\mathrm{Wb/m^2}$ とも書ける．なお，G (ガウス) は，電磁単位系での磁束密度の単位であり，SI 単位ではない．$1\ \mathrm{T} = 10^4\ \mathrm{G}$ である．

《参考》　磁場 $\boldsymbol{H}$ と磁束密度 $\boldsymbol{B}$ ($\boldsymbol{E}$-$\boldsymbol{H}$対応と $\boldsymbol{E}$-$\boldsymbol{B}$対応)

上述のように，磁場の原因には，磁極と電流の 2 つがあり，それぞれに作用する力から，$\boldsymbol{H}$，$\boldsymbol{B}$ という 2 種類の磁場の表現を導入したが，7 章で述べるように，実は真の意味の**磁荷** (magnetic charge)，すなわち**磁気単極**(magnetic monopole) は今だに発見されておらず，磁石の磁場の原因も，ミクロな電流と考えられている．そこで，磁束密度 $\boldsymbol{B}$ が本質的な磁場の表現であり，$\boldsymbol{H}$ は便宜的なものと考えることができる．これを**$\boldsymbol{E}$-$\boldsymbol{B}$対応**という．しかし磁荷を仮定すると，電場と磁場には非常に美しい対応関係が生まれる．この理由から，$\boldsymbol{H}$ を磁場の表現として採用したものを，**$\boldsymbol{E}$-$\boldsymbol{H}$ 対応**という．最近では，E-B 対応を用いるのが一般的であり，本書もそれに従っている．E-H 対応は，従来の CGS 非有理化単位系でよく用いられたものである．

6.2.2　磁場中の電流が受ける力

磁束密度 $\boldsymbol{B}$ 中の長さ l の電流素片が受ける力は，式 (6.7) で与えられるので，微小電流素片 Idl が受ける力は

$$d\boldsymbol{F} = Id\boldsymbol{l} \times \boldsymbol{B} \tag{6.8}$$

と考えられる．したがって，任意の電流 I 全体が受ける力は，これを電流に沿って積分したものである．受ける力の向きは，外積で与えられているように，電流と磁場の両方に垂直で，電流の向きから磁場の向きに，劣角を通って回転したときの右ねじの方向である．すなわち，図 6.4 左のように，電流，磁場を左手の中指，人さし指としたとき，働く力は親指の方向になる．これを**フレミングの左手の法則** (Fleming's left-hand rule) と呼ぶ．なお，図 6.4 右上のように，右手を広げ，親指を電流，残りの指を磁場としたとき，手の平の方向が力の方向であると覚えるとよい．

【例題 6.1】 矩形コイルの受ける力

図 6.5 (a) のように，一様な磁束密度 $\boldsymbol{B}$ に置かれた矩形のコイルに，電流 I を流したときに，コイルが受ける力を求めよ．ただし，磁束密度は辺 CD と EF に垂直で，辺 CF と DE とは角 θ をなすとする．また，コイルは変型しないものとする．

［**解**］ 辺 CF と DE には，ともに大きさ $F = IbB$ の力が働くが，向きは，フレミングの左手の法則から逆向きであり，さらにこれらの力は同一作用線上であるから，これはコイルを変形させようとする内力であり，合力は零である．一方，辺 CD と EF には，ともに大きさ $F = IaB$ の力が働き，向きは，フレミングの左手の法則から，図 6.5 (b) のように逆向きとなるが，作用線は一致しない．すなわち，コイルが受ける力の合力は，偶力であって，腕の長さは b であるから，大きさは

$$N = Fb\cos\theta = IBab\cos\theta = ISB\cos\theta \tag{6.9}$$

である．ただし，$S = ab$ はコイルの面積である．面積ベクトルを $\boldsymbol{S}$ とすると

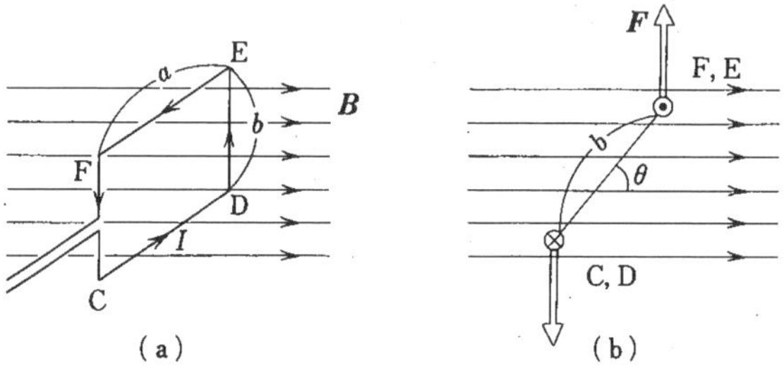

図 6.5 矩形コイルが受ける力

$$\boldsymbol{N} = I\boldsymbol{S} \times \boldsymbol{B} \tag{6.10}$$

と書ける．なおこの関係は，矩形コイルに限らず，任意の形の平面コイルについて成り立つことが証明できる (演習問題 6.1).

6.2.3　ローレンツ力

直線状の陰極線 (すなわち電子線) に，一様な磁場を加えると，陰極線は螺旋または円を描く．これは図 6.6 のように，磁束密度 $\boldsymbol{B}$ のもとで，電荷 q を持つ荷電粒子が速度 $\boldsymbol{v}$ で運動すると，進行方向にも磁束密度にも垂直な力

$$\boldsymbol{F} = q\boldsymbol{v} \times \boldsymbol{B} \tag{6.11}$$

が働くと考えれば説明することができる．これを**ローレンツ力** (Lorentz force) という．すなわち，荷電粒子の運動方程式は，荷電粒子の質量を m として

$$m\frac{d\boldsymbol{v}}{dt} = q\boldsymbol{v} \times \boldsymbol{B} \tag{6.12}$$

で与えられる．いまこれを，磁場の方向を z 軸として成分表示すると

$$m\frac{dv_x}{dt} = qv_yB \tag{6.13}$$

$$m\frac{dv_y}{dt} = -qv_xB \tag{6.14}$$

$$m\frac{dv_z}{dt} = 0 \tag{6.15}$$

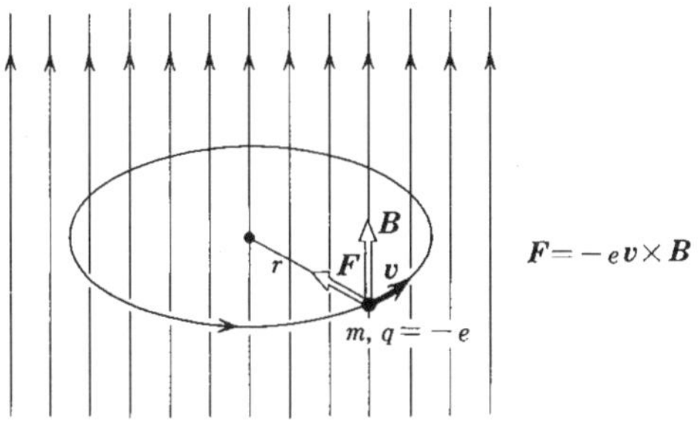

図 6.6　サイクロトロン運動

となる．まず式(6.15)より，v_z は一定であるが，いま $v_z = 0$ として xy 面内の速さを v_0 とおくと，式(6.13)，式(6.14)の解は，$v_x = v_0 \sin \omega t$，$v_y = v_0 \cos \omega t$ となる．ただし，

$$\boxed{\omega = \frac{qB}{m}} \tag{6.16}$$

である．これは，磁場に垂直な面内では，電子は角速度 ω の等速円運動することを示している．これを**サイクロトロン運動** (cyclotron motion) といい，この ω を**サイクロトロン周波数** (cyclotron frequency) という．サイクロトロン周波数は，粒子の初速度に依存しない．なお，$v_z \neq 0$ なら螺旋運動となる．これで陰極線の軌道をうまく説明できたことになる．

問 6.1　サイクロトロン運動の半径は，

$$r = \frac{mv_0}{qB} \tag{6.17}$$

であることを示せ．これを**ラーモア半径** (Larmor radius) という．

なお一般に，電場 $\boldsymbol{E}$，磁束密度 $\boldsymbol{B}$ のもとで，荷電粒子 (電荷 q，質量 m) に働く力は，以下のように考えることができる．

$$\boxed{\boldsymbol{F} = q(\boldsymbol{E} + \boldsymbol{v} \times \boldsymbol{B})} \tag{6.18}$$

【例題 6.2】　フレミングの左手の法則とローレンツ力

フレミングの左手の法則をローレンツ力によって説明せよ．

［**解**］図 6.7 のように，導体中の伝導電子数密度を n，電子を電荷 $-e$ とし，それが一様に速度 $\boldsymbol{v}$ で運動しているモデルで考えると，断面積 S，長さ l の導線に含まれる伝導電子数は nlS 個であるから，それらに働くローレンツ力の合計は

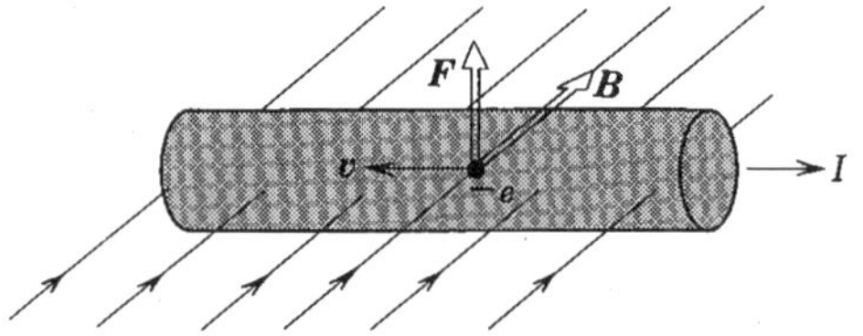

図 6.7　導線中の電子に働くローレンツ力

$$\boldsymbol{F} = -e\boldsymbol{v} \times \boldsymbol{B}nlS \tag{6.19}$$

である．ここで $\boldsymbol{l}$ と $\boldsymbol{v}$ は平行であるから，$l\boldsymbol{v} = \boldsymbol{l}v$ と書き換えることができ，また $I = nevS$ であるから，上式は

$$\boldsymbol{F} = -nevS\boldsymbol{l} \times \boldsymbol{B} = I\boldsymbol{l} \times \boldsymbol{B} \tag{6.20}$$

となる．これで導線に働く力が説明される．

《参考》　ホール効果

図 6.8 のように，半導体の板に電流 I を流し，板に垂直に磁束密度 $\boldsymbol{B}$ をかけると，ローレンツ力により，I にも $\boldsymbol{B}$ にも垂直に起電力が生じる．この効果を**ホール効果** (Hall effect)，生じた起電力を**ホール起電力** (Hall electromotive force) という．

いま図のように座標をとり，キャリアの電荷を q，ドリフト速度を v とすると，ローレンツ力は x 方向であり，その大きさは $F = qvB$ である．よって x 方向に誘導電場 $E = vB$ が生じ，x 方向の幅を l とおくと，起電力は $V = lvB$ となる．ところでキャリア数密度を n とすると，電流密度は $j = nqv$ であるから，

$$V = \frac{ljB}{nq} \equiv R_{\mathrm{H}}ljB \tag{6.21}$$

と書ける．ただし

$$R_{\mathrm{H}} = \frac{1}{nq} \tag{6.22}$$

であり，これを**ホール定数** (Hall constant) という．この式から分かるように，ホール定数の符号は，キャリアの電荷の正負によって変わるから，ホール起電力の向きも逆となる (下図)．これによりキャリアの符号を知ることができる．これは特に半導体の **n 型** (キャリアは**電子**)，**p 型** (キャリアは**正孔** (**ホール**)(hole)) の判定に用いられる．

問 6.2　上記で x 方向に正の起電力が生じた．キャリアは電子かホールか．

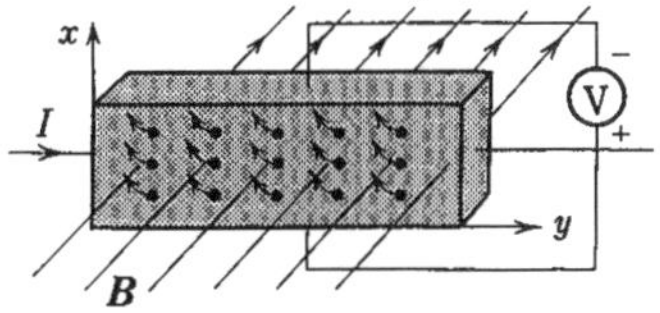

(a)　n 型半導体

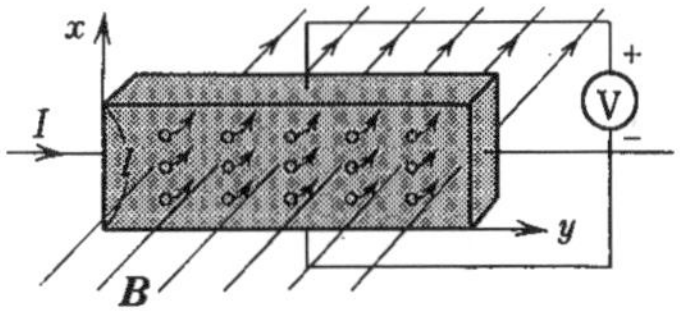

(b)　p 型半導体

図 6.8　ホール効果

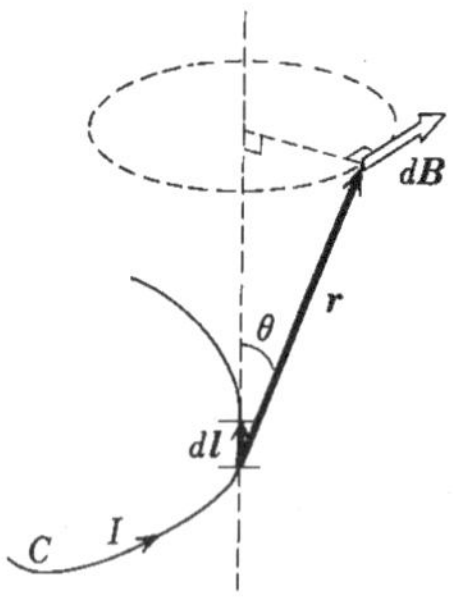

図 6.9 ビオ-サバールの法則

6.2.4 電流素片が作る磁場 (ビオ-サバールの法則)

電流素片が作る磁場を観察しようとするとき，それに電流を供給するための導線をつなぐ必要があるので，観察される磁場にはその影響が大きく現れる．ビオ (Biot) とサバール (Savart) はそれをうまく回避して，電流素片 $I\boldsymbol{dl}$ が，そこから $\boldsymbol{r}$ の点に作る磁場が，次式で与えられることを見出した (図 6.9).

$$d\boldsymbol{B} = \frac{\mu_0}{4\pi}\frac{I\boldsymbol{dl}\times\hat{\boldsymbol{r}}}{r^2}, \quad ただし, r = |\boldsymbol{r}|, \quad \hat{\boldsymbol{r}} = \frac{\boldsymbol{r}}{r} \tag{6.23}$$

これを**ビオ-サバールの法則** (Biot-Savart's law) という．これは静電場におけるクーロンの法則に匹敵する静磁場における経験則である．

電流全体が作る磁場は，式 (6.23) を電流に沿って積分すれば求まる．電流素片から点 P までのベクトルを $\boldsymbol{r}$ とすると，点 P での磁場は，次式となる．

$$\boldsymbol{B} = \frac{\mu_0 I}{4\pi}\int_C \frac{\boldsymbol{dl}\times\hat{\boldsymbol{r}}}{r^2} \tag{6.24}$$

【例題 6.3】 直線電流による磁束密度

図 6.10のような，点 A から点 B までの直線電流 I による磁束密度を求めよ．

［**解**］ビオ-サバールの法則より，電流素片 Idz が点 P に作る磁束密度の大きさは，

$$dB = \frac{\mu_0}{4\pi}\frac{I\sin\theta dz}{R^2} \tag{6.25}$$

であり，その向きは紙面に垂直で，表から裏に向いている．したがって，線分 AB が点 P に作る磁束密度の大きさは，

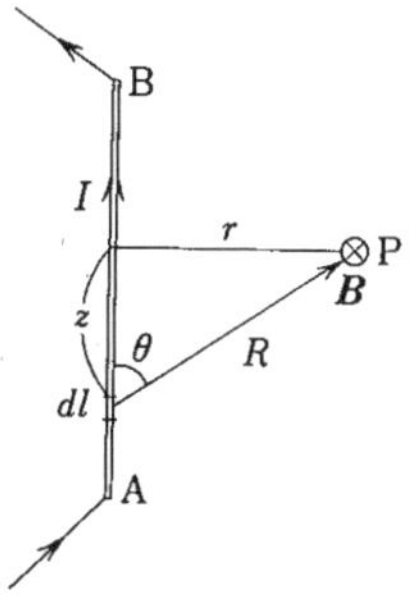

図 6.10 直線電流

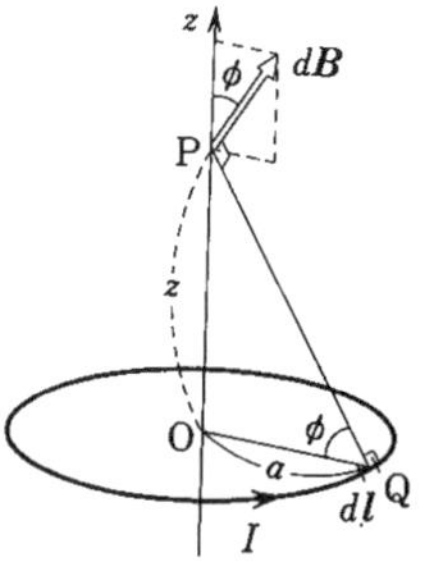

図 6.11 円電流

$$B = \frac{\mu_0 I}{4\pi} \int_A^B \frac{\sin\theta}{R^2} dz \tag{6.26}$$

となる．ここで簡単のために，z の積分を θ の積分に置き換えると，

$$R = \frac{r}{\sin\theta}, \quad dz = \frac{r d\theta}{\sin^2\theta} \quad \left(\because \ z = -\frac{r}{\tan\theta} \right) \tag{6.27}$$

であるから，点 A，B に対する θ をそれぞれ θ_A，θ_B とすると，

$$B = \frac{\mu_0 I}{4\pi r} \int_A^B \sin\theta d\theta = \frac{\mu_0 I}{4\pi r}(\cos\theta_A - \cos\theta_B) \tag{6.28}$$

となる．ちなみに，無限に長い直線電流が点 P に作る磁束密度の大きさは，

$$B = \frac{\mu_0 I}{2\pi r} \tag{6.29}$$

となる．これは式 (6.6) に一致する．

【例題 6.4】 円電流の中心軸上の磁束密度

図 6.11 のような半径 a の円電流の中心軸 (z 軸) 上の磁束密度を求めよ．

［**解**］円周上の点 Q における電流素片 Idl が，z 軸上の点 P に作る磁束密度 $\boldsymbol{B}$ は，ビオ-サバールの法則より，3 点 O，P，Q を含む面内を向く．また，∠OQP を ϕ とすると，$\boldsymbol{B}$ と z 軸がなす角も ϕ であるから，z 成分の大きさは

$$dB_z = \frac{\mu_0 I dl}{4\pi(a^2 + z^2)} \cos\phi \tag{6.30}$$

である．$d\boldsymbol{B}$ のうち z 軸に垂直な成分は，対称性から，$d\boldsymbol{B}$ をすべて加えると打ち消し合い，結局，z 軸方向の成分のみが残るので，円全体が作る磁場の大きさは

$$B(z) = \frac{\mu_0 I \cos\phi}{4\pi(a^2+z^2)} \oint_C dl = \frac{\mu_0 I a \cos\phi}{2(a^2+z^2)} = \frac{\mu_0 I a^2}{2(a^2+z^2)^{3/2}} \tag{6.31}$$

となる．なお，円の中心の磁束密度は，$z=0$ より，次式で与えられる．

$$B(0) = \frac{\mu_0 I}{2a} \tag{6.32}$$

【例題 6.5】　ソレノイド

図6.12のように，導線を円筒状に一様に長く密に巻いたコイルを**ソレノイド** (solenoid) という．いま半径 a，巻線密度 n のソレノイドに，電流 I が流れているとき，中心軸上の磁束密度を求めよ．

［**解**］図6.12において，ソレノイド上の位置 x にある，幅 dx の輪までの距離を r，角度を θ とすると，$x = a\cot\theta$，$\sin\theta = \dfrac{a}{\sqrt{a^2+x^2}}$，$dx = -\dfrac{a d\theta}{\sin^2\theta} = -\dfrac{r}{\sin\theta}d\theta$ であり，幅 dx の部分の電流は $nIdx$ であるから，この輪が作る磁場は，式(6.31)より，

$$dB = \frac{\mu_0 n I a^2 dx}{2(a^2+x^2)^{3/2}} = -\frac{\mu_0 n I}{2}\sin\theta d\theta \tag{6.33}$$

となる．よってソレノイドの両端の θ を θ_1，θ_2 とすると，求める磁場は次式となる．

$$B = \frac{\mu_0 n I}{2}(\cos\theta_2 - \cos\theta_1) \tag{6.34}$$

【例題 6.6】　ヘルムホルツコイル

図6.13のように，半径 a の円形コイルを，軸が一致するように，間隔 a で置き，同一方向に電流を流したものを**ヘルムホルツコイル** (Helmholtz coil) と呼ぶ．このコイルの中心 O 近傍における磁場を求めよ．

［**解**］軸上で点 O から距離 x の点 P での磁場は，式(6.31)より

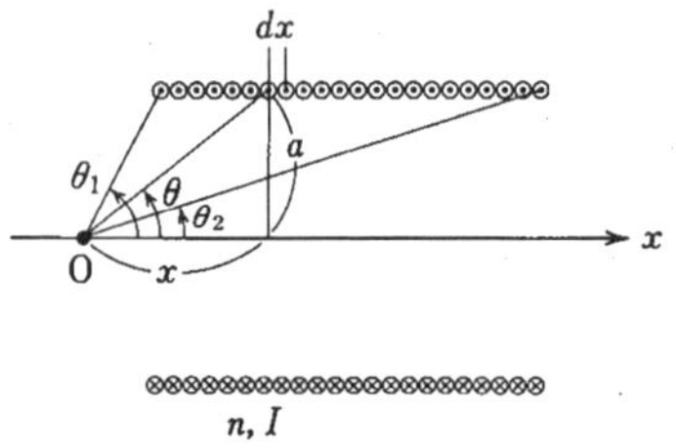

図 6.12　ソレノイド

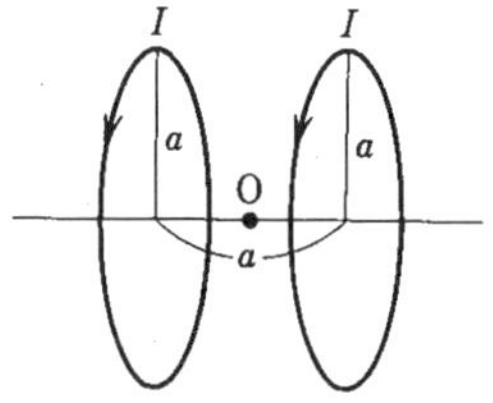

図 6.13　ヘルムホルツコイル

$$B(x) = \frac{\mu_0 I a^2}{2\{a^2 + (a/2 + x)^2\}^{3/2}} + \frac{\mu_0 I a^2}{2\{a^2 + (a/2 - x)^2\}^{3/2}} \tag{6.35}$$

であるが，いま中心 O 近傍の磁場の変化を調べるために，$x \ll a$ として式 (6.35) を，次のように $x = 0$ のまわりで**テーラー展開** (Taylor expansion) してみる．

$$B(x) = B(0) + B'(0)x + \frac{1}{2}B''(0)x^2 + \cdots + \frac{1}{n!}B^{(n)}(0)x^n + \cdots \tag{6.36}$$

ここで，まず $B(x)$ は遇関数であるから，展開の奇数次の項はすべて 0 であり，また，

$$\begin{aligned} \left.\frac{d^2 B(x)}{dx^2}\right|_{x=0} &= -\frac{3}{2}\mu_0 I a^2 \left[\frac{a^2 - 4(a/2 + x)^2}{\{a^2 + (a/2 + x)^2\}^{7/2}} + \frac{a^2 - 4(a/2 - x)^2}{\{a^2 + (a/2 - x)^2\}^{7/2}}\right]_{x=0} \\ &= 0 \end{aligned} \tag{6.37}$$

であり，展開の 2 次の項も 0 である．よって展開は

$$B(x) = B(0) + (x^4\text{以上の項}) = \left(\frac{4}{5}\right)^{\frac{3}{2}} \frac{\mu_0 I}{a} + (x^4\text{以上の項}) \tag{6.38}$$

となり，現れるのは 4 次の微小量である．すなわち，原点付近では一様性のよい磁場ができていることが分かる．したがってヘルムホルツコイルは，近似的に一様な磁場を作る方法としてよく用いられている．

6.3 磁場の性質

6.3.1 磁束密度に関するガウスの法則

電場と同様に，磁束密度 $\boldsymbol{B}$ もまた，それに沿った曲線群を描くことができる．これを**磁束線** (lines of magnetic flux density) という．また，それを束ねたものを**磁束管** (tubes of magnetic flux density) という．ある曲面 S を貫く磁束線の本数，すなわちフラックス

$$\Phi_{\mathrm{m}} = \int_S \boldsymbol{B} \cdot d\boldsymbol{S} \tag{6.39}$$

を**磁束** (magnetic flux) という．磁束の単位は，式 (6.39) より $\mathrm{T \cdot m^2}$ であるが，8 章で Wb(ウェーバー) を定義する．

ところで，磁束密度の原因は電流のみであって，磁荷 (磁気単極) のような湧き出しはないから，電気力線と違って，磁束線は途切れない．実際，ビオ-サバールの法則より，電流 $Id\boldsymbol{l}$ が作る磁場は，すべて $d\boldsymbol{l}$ を軸とする円周方向を

向くので，磁束線は**閉じた**円を描く．よって，ある閉曲面 S を貫く磁束線の本数は，入る量と出る量がちょうど等しく，その合計は 0 である．すなわち，

$$\oint_S \boldsymbol{B} \cdot d\boldsymbol{S} = 0 \tag{6.40}$$

である．これを**磁束密度に関するガウスの法則**という．なおこのように湧き出しのない場を，一般に**ソレノイド場** (solenoidal field) という．すなわち**磁束密度はソレノイド場である．**

なお，ガウスの定理を用いれば，式 (6.40) は微分形で，次のようにも書ける．

$$\mathrm{div}\ \boldsymbol{B} = 0 \tag{6.41}$$

式 (6.40)，式 (6.41) は，静磁場の基礎方程式の 1 つである．

問 6.3 磁気単極が存在したら，式 (6.41) はどのように修正されるか？

6.3.2 アンペールの法則

電位は，電場の線積分で与えられるので，同様に磁場の線積分

$$\phi_{\mathrm{m}} = -\int_{\mathrm{P}_0\ (C)}^{\mathrm{P}} \boldsymbol{B} \cdot d\boldsymbol{l} \tag{6.42}$$

を定義してみよう．ただし磁束密度の源は電流であるから，図 6.14 のような，電流 I のループ Γ について，ϕ_{m} を計算する．

ビオ-サバールの法則より，電流ループ Γ が曲線 C 上の点 P に作る磁場は

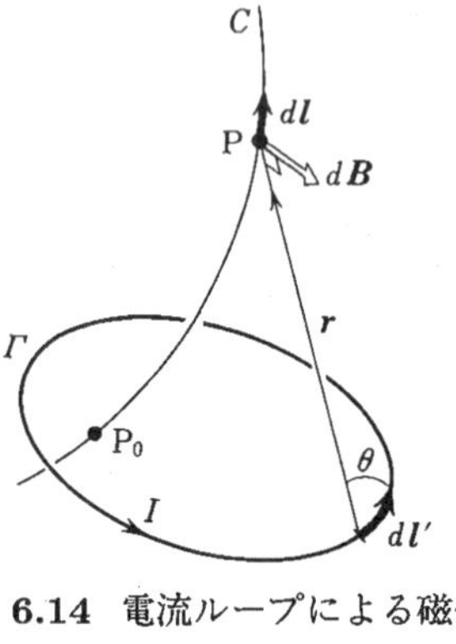

図 6.14 電流ループによる磁位

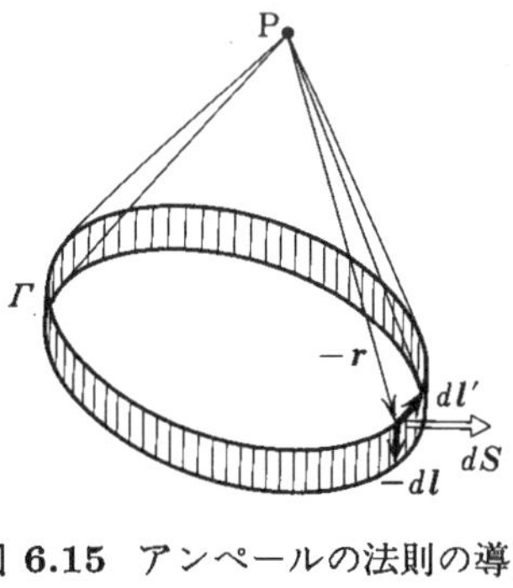

図 6.15 アンペールの法則の導出

$$\boldsymbol{B} = \frac{\mu_0 I}{4\pi} \oint_{\Gamma} \frac{d\boldsymbol{l}' \times \hat{\boldsymbol{r}}}{r^2} \tag{6.43}$$

であるが，これを式 (6.42) に代入し，スカラー三重積の公式より，$(d\boldsymbol{l}' \times \hat{\boldsymbol{r}}) \cdot d\boldsymbol{l} = -(d\boldsymbol{l}' \times (-d\boldsymbol{l})) \cdot (-\hat{\boldsymbol{r}})$ であることを用いると，

$$\phi_{\mathrm{m}} = \frac{\mu_0 I}{4\pi} \int_{\mathrm{P}_0\ (C)}^{\mathrm{P}} \oint_{\Gamma} \frac{(d\boldsymbol{l}' \times (-d\boldsymbol{l})) \cdot (-\hat{\boldsymbol{r}})}{r^2} \tag{6.44}$$

となる．ここで図 6.15 のように，$-d\boldsymbol{l}$ を $d\boldsymbol{l}'$ まで持ってくると，$d\boldsymbol{S} \equiv d\boldsymbol{l}' \times (-d\boldsymbol{l})$ は，この 2 つの線素が作る面積ベクトルであるから，式 (6.43) の積分の中身は $\dfrac{d\boldsymbol{S} \cdot (-\hat{\boldsymbol{r}})}{r^2}$ となる．ところで付録 E より，これは，点 P から微小面積 $d\boldsymbol{S}$ を見込む立体角となる．したがってこれを Γ について積分したものは，図 6.15 のような Γ に沿った幅 dl の帯を見込む立体角になるが，これは，Γ を dl の終点から見込んだ立体角から，始点から見込んだ立体角を差し引いたものである．したがってそれを $d\Omega$ とおくと，式 (6.44) は，次のように与えられる．

$$\phi_{\mathrm{m}} = \frac{\mu_0 I}{4\pi} \int_{\mathrm{P}_0\ (C)}^{\mathrm{P}} d\Omega = \frac{\mu_0 I}{4\pi} \{\Omega(\mathrm{P}) - \Omega(\mathrm{P}_0)\} \tag{6.45}$$

ところで普通の角度にも 2π の不定性があるように，立体角にも 4π の不定性がある．たとえば図 6.16 のように，ある点 P が閉ループ C を 1 周したとき，

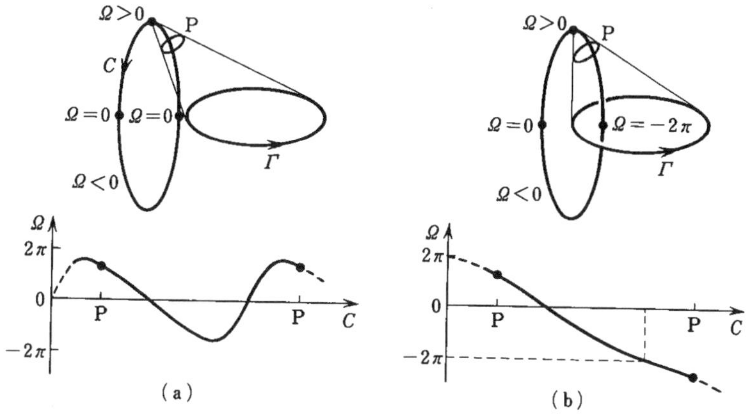

図 6.16　角の不定性

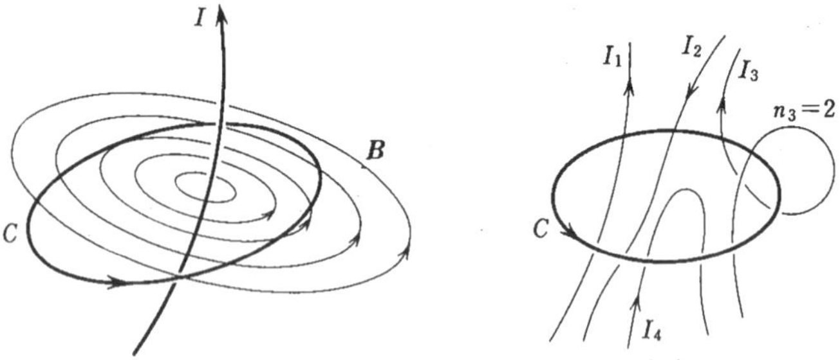

図 6.17 アンペールの法則

点 P からループ Γ を見込む立体角 Ω の変化を追ってみよう．ただし立体角の符号を，ループが反時計まわりに見えるときを正とする．このときもし，図 6.16 (a)のように，C が Γ と交差しなければ，立体角 Ω は，ループを 1 周すると同じ値に連続的に戻るが，図 6.16 (b)のように，C が Γ と交差する場合，たとえば右まわりにループ C を 1 周すると，立体角 Ω は，同じ値に戻らず，連続的にもとの値より 4π だけ減る．この鎖のように連結した状態を**鎖交**というが，一般に，ループ C が Γ と右まわりに n 回鎖交すれば，立体角はもとの値より $4n\pi$ だけ減る．すなわち，点 P_0 が，電流ループ Γ と右まわりに n 回鎖交する閉ループ C を通って，同じ点 P_n に戻る場合，$\Omega(P_n)-\Omega(P_0)=-4\pi n$ となる．よって，式 (6.45) を用いて，式 (6.42) は次のように書くことができる．

$$\oint_C \boldsymbol{B}\cdot d\boldsymbol{l}=n\mu_0 I \qquad (6.46)$$

これを**アンペールの法則** (Ampère's law) という (図 6.17 (a))．たとえば，図 6.17 (b)のように，電流がループ C を貫く場合は，重ね合わせの原理が成り立ち，$\oint_C \boldsymbol{B}\cdot d\boldsymbol{l}=\mu_0(I_1-I_2+2I_3)$ となる．I_4 は鎖交していないので勘定されない．一般に電流 I_i $(i=1,2,\ldots,n)$ があり，それぞれの鎖交数が n_i の場合には，重ね合わせの原理から

$$\oint_C \boldsymbol{B}\cdot d\boldsymbol{l}=\mu_0\sum_{i=1}^{n} n_i I_i \qquad (6.47)$$

となる．さらに電流密度を用いれば，次のように書くことができる．

$$\oint_C \boldsymbol{B} \cdot d\boldsymbol{l} = \mu_0 \int_S \boldsymbol{j} \cdot d\boldsymbol{S} \tag{6.48}$$

また，ストークスの定理を用いると，次のような微分形で書くこともできる．

$$\mathrm{rot}\ \boldsymbol{B} = \mu_0 \boldsymbol{j} \tag{6.49}$$

アンペールの法則は，ビオ-サバールの法則のベクトル解析的な表現である．この関係は，電場に関するガウスの法則と，クーロンの法則との関係に相当する．これらは，式 (6.40)，式 (6.41) とともに静磁場の基礎方程式である．

電流による磁場の計算は，ビオ-サバールの法則で完全に行なうことができるが，計算は一般に厄介である．ただし電流の対称性がよい場合，アンペールの法則を用いると，非常に簡単に磁束密度を求めることができる．これは，電荷分布の対称性がよい場合，電場はクーロンの法則でなく，ガウスの法則によって，非常に簡単に計算できることと似ている．

【例題 6.7】 無限に長い直線電流の作る磁束密度

図 6.18のように，半径 a の円形断面をもつ無限に長い直線導線の内部を，電流 I の定常電流が一様に流れている．導線内外の磁場を求めよ．

［**解**］磁束密度は，電流に対して右ねじの方向を向き，その大きさは，対称性から，導線の軸を中心とする円周上で等しい．よってその円を積分経路 C としてアンペールを適用する．まずループ C が導体内部にある場合，ループの半径を r とすると，

$$\oint_C \boldsymbol{B} \cdot d\boldsymbol{l} = 2\pi r B(r) = \mu_0 \left(\frac{\pi r^2}{\pi a^2} \right) I$$

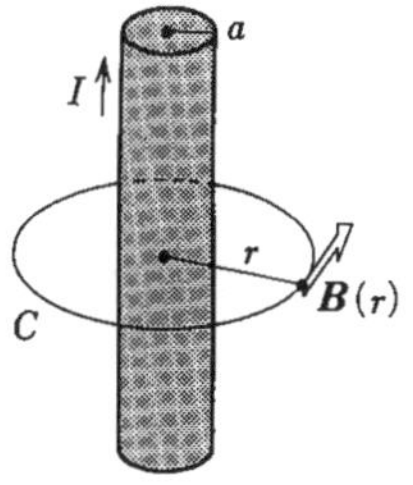

図 6.18 無限に長い直線電流

$$\therefore B(r) = \frac{\mu_0 r I}{2\pi a^2} \quad (r < a) \tag{6.50}$$

となる．一方，ループ C が導体外部にある場合は，次のようになる．

$$\oint_C \boldsymbol{B} \cdot d\boldsymbol{l} = 2\pi r B(r) = \mu_0 I$$

$$\therefore B(r) = \frac{\mu_0 I}{2\pi r} \quad (r > a) \tag{6.51}$$

【例題 6.8】 無限に長いソレノイド

巻線密度 n の無限に長いソレノイドに，電流 I が流れている．コイル内外の磁束密度を求めよ．

［解］対称性から，磁束密度はソレノイドの軸に平行である．そこで図 6.19 のような長方形の経路 CDEF を考え，それについてアンペールの法則を適用する．いま EF を無限遠にもっていくと，そこでは磁束密度は零と考えられるから，線積分に寄与するのは線分 CD だけである．またこの経路が囲む電流は，線分 CD の長さを l とすれば，nlI であるから，アンペールの法則より

$$\oint_{\mathrm{CDEF}} \boldsymbol{B} \cdot d\boldsymbol{l} = B_{\mathrm{in}} l = \mu_0 n l I$$

$$\therefore \ B_{\mathrm{in}} = \mu_0 n I \tag{6.52}$$

となる．よって無限に長いソレノイドの内部の磁束密度は大きさは，いたるところ $\mu_0 n I$ で一定である．向きはソレノイドの軸に平行で，向きは右ねじの方向である．

一方，CD をコイルの外に出すと，経路の囲む電流はないので

$$\oint_{\mathrm{CDEF}} \boldsymbol{B} \cdot d\boldsymbol{l} = B_{\mathrm{out}} l = 0$$

$$\therefore \ B_{\mathrm{out}} = 0 \tag{6.53}$$

である．すなわち，ソレノイドの外側の磁束密度は零である．

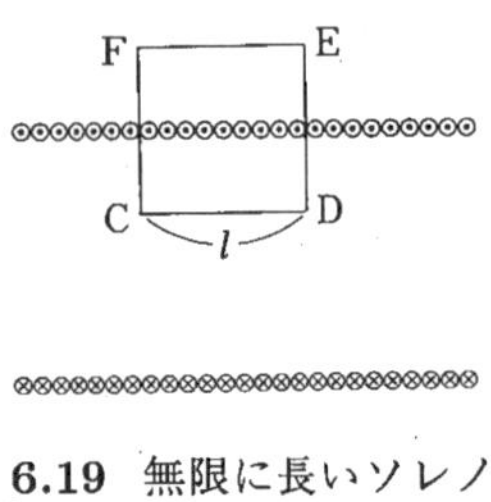

図 6.19 無限に長いソレノイド

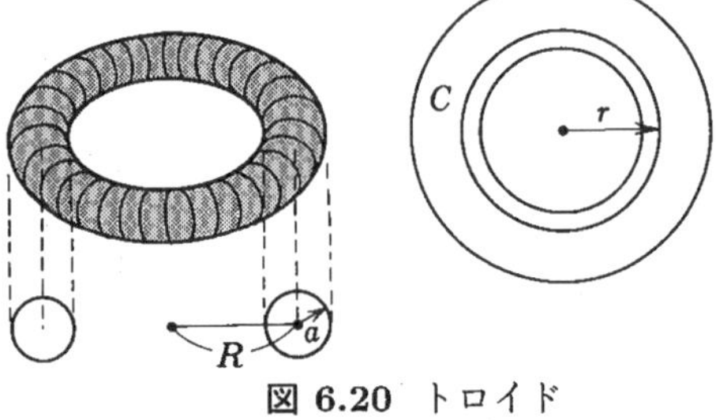

図 6.20 トロイド

【例題 6.9】 トロイド

図 6.20 のように，導線を円環状に一様に密に巻いたコイルを**トロイド** (toroid) という．いま，円環の断面を半径 a の円，円環の中心半径を R とし，巻数を N とするとき，このトロイドに電流 I を流したときの，トロイド内外の磁束密度を求めよ．

［**解**］対称性から，磁束密度は円環に沿った円周方向を向き，大きさはその円周上で等しいから，積分経路 C を，図のような半径 r 円周として，アンペールの法則を適用すると，C が囲む電流は NI だから，

$$\oint_C \boldsymbol{B} \cdot d\boldsymbol{l} = 2\pi r B_{\text{in}}(r) = \mu_0 NI$$

$$\therefore \quad B_{\text{in}}(r) = \frac{\mu_0 NI}{2\pi r} \tag{6.54}$$

となる．なお，$R \gg a$ ならば，コイル内部の磁束密度はほぼ一定で，その大きさは

$$B_{\text{in}}(r) = \frac{\mu_0 NI}{2\pi R} = \mu_0 nI \qquad (\text{ただし}, n = \frac{N}{2\pi R}) \tag{6.55}$$

となる．n は巻線密度であるから，これはソレノイド内部の磁束密度と一致する．

一方，経路 C をコイルの外にとると，C によって囲まれる電流はないから

$$\oint_C \boldsymbol{B} \cdot d\boldsymbol{l} = 2\pi r B_{\text{out}}(r) = 0$$

$$\therefore \quad B_{\text{out}}(r) = 0 \tag{6.56}$$

となり，トロイドの外部の磁束密度は零である．

6.4 磁場のポテンシャル

6.4.1 磁　　位

アンペールの法則より，磁束密度の周回積分は零では**ない**ので，磁束密度の線積分は，一般に経路に依存する．これは静電場との大きな違いである．別の表現をすれば，静電場は渦なしの場であるのに対し，磁場には渦が存在する．そこでいま，周回積分の経路として，電流と鎖交しないもののみを考えると約束しよう．こうすれば周回積分は経路によらず零であるから，式 (6.45) は，経路 C の選び方によらず，位置 P および $\mathrm{P_0}$ のみの関数となる．よってこれを電位に対して**磁位** (magnetic potential) という．いま基準点 $\mathrm{P_0}$ を無限遠にとると，$\Omega(\mathrm{P_0}) \to 0$ であるから，点 P の磁位は

$$\phi_{\mathrm{m}} = \frac{\mu_0 I}{4\pi} \Omega(\mathrm{P}) \tag{6.57}$$

となる．ただし立体角の符号として，見込んだ微小電流ループの方向が反時計まわりのときを正，時計まわりのときを負と定める．式 (6.42) から分かるように，磁束密度 $\boldsymbol{B}$ と磁位 ϕ_{m} の間にも，次の関係が成り立つ．

$$\boldsymbol{B} = -\mathrm{grad}\ \phi_{\mathrm{m}} \tag{6.58}$$

【例題 6.10】 磁気モーメント

図 6.21 (a) のような微小電流ループ (電流 I，面積ベクトル $\Delta\boldsymbol{S}$) よる磁束密度を，磁位から計算せよ．

［解］ ループから十分遠方の距離 r からこのループを見込む立体角は $\Delta\Omega = \dfrac{\Delta\boldsymbol{S}\cdot\hat{\boldsymbol{r}}}{r^2}$ である．よって磁位は

$$\phi_{\mathrm{m}} = \frac{\mu_0 I}{4\pi}\Delta\Omega = \frac{\mu_0 I}{4\pi}\frac{\Delta\boldsymbol{S}\cdot\hat{\boldsymbol{r}}}{r^2} = \frac{\mu_0}{4\pi}\frac{\boldsymbol{m}\cdot\hat{\boldsymbol{r}}}{r^2} \tag{6.59}$$

と書ける．ただし

$$\boldsymbol{m} \equiv I\Delta\boldsymbol{S} \tag{6.60}$$

である．よって求める磁場は，$\boldsymbol{B} = -\mathrm{grad}\ \phi_{\mathrm{m}}$ より，球座標では，

$$B_r = \frac{\mu_0 m}{2\pi r^3}\cos\theta \tag{6.61}$$

$$B_\theta = \frac{\mu_0 m}{4\pi r^3}\sin\theta \tag{6.62}$$

$$B_\varphi = 0 \tag{6.63}$$

となる．ただし $m = |\boldsymbol{m}|$ である．これは図 6.21 (b) のような双極子場である．

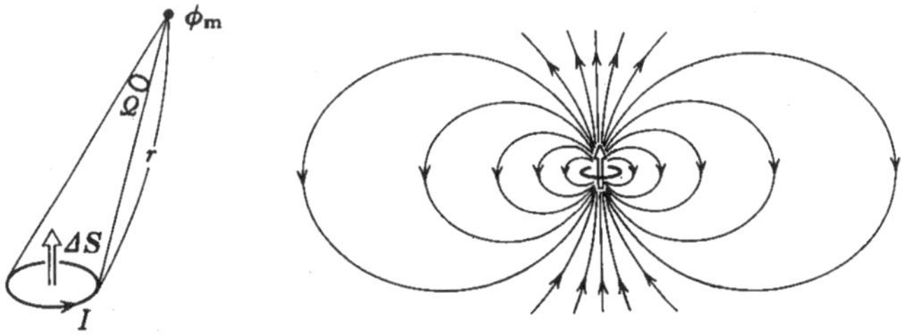

(a) 磁気モーメント　　(b) 磁気モーメントの作る磁束密度

図 6.21

式 (6.59) と式 (1.36) を比較すると，$\boldsymbol{m}$は電気双極子モーメント$\boldsymbol{p}$ に対応するので，$\boldsymbol{m}$ を**磁気モーメント** (magnetic moment) と呼ぶ．磁気モーメントについても電気双極子モーメントと同様の性質があり，磁場 $\boldsymbol{B}$ 中の磁気モーメントには偶力

$$\boldsymbol{N} = \boldsymbol{m} \times \boldsymbol{B} \tag{6.64}$$

が働き，位置エネルギー

$$U = -\boldsymbol{m} \cdot \boldsymbol{B} \tag{6.65}$$

を持つ．また磁場が一様でない場合，次の並進力を受ける．

$$\boldsymbol{F} = (\boldsymbol{m} \cdot \nabla)\boldsymbol{B} \tag{6.66}$$

なお，磁気モーメントの単位は，式 (6.60)，式 (6.65) から，Am^2 または J/T である．

《参考》 等価磁石板

電流ループ Γ を，図 6.22 のように，微小ループに分割して，それぞれ電流 I を流すことを考えると，内部の微小ループは，必ず一辺を隣のループと共有しているから，内部の電流は打ち消しあって，結局隣合うループがない一番外側の電流のみ残る．すなわち，電流ループ Γ は微小電流ループの集合で置き換えられる．さらに，微小電流ループは磁気モーメントと考えられるから，結局電流ループ Γ は，磁気モーメントが板状に並んだもので置き換えることができる．これを**等価磁石板**という．

等価磁石板による磁位は，各磁気モーメントによる磁位 $d\phi_{\mathrm{m}} = \dfrac{\mu_0 I}{4\pi} d\Omega$ を積分すれば求まり，以下のように計算される．

$$\phi_{\mathrm{m}} = \int \frac{\mu_0 I}{4\pi} d\Omega = \frac{\mu_0 I}{4\pi} \Omega \tag{6.67}$$

Ω は点 P から見込んだ等価磁石板の立体角である．これは式 (6.57) に一致する．

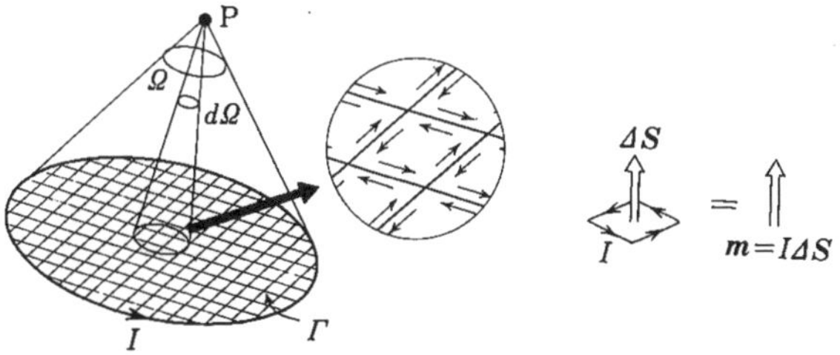

図 6.22 等価磁石板

6.4.2 ベクトルポテンシャル

上述の式 (6.41)，式 (6.49) は，静磁場の基礎方程式であり，改めて書けば，

$$\mathrm{div}\ \boldsymbol{B} = 0\ (\text{ガウスの法則}), \quad \mathrm{rot}\ \boldsymbol{B} = \mu_0 \boldsymbol{j}\ (\text{アンペールの法則}) \tag{6.68}$$

となるが，ベクトル解析の公式，div rot $\boldsymbol{A} = 0$ を考えれば，第 1 式より

$$\boxed{\boldsymbol{B} = \mathrm{rot}\ \boldsymbol{A}} \tag{6.69}$$

と置くことができる．すなわち，**ソレノイド場は，あるベクトル場の rot で表わすことができる**．このときベクトル $\boldsymbol{A}$ を，磁束密度$\boldsymbol{B}$ の**ベクトルポテンシャル** (vector potential) という[4]．ベクトルポテンシャルは，電流密度 $\boldsymbol{j}$ によるポテンシャルであり，以下に説明するクーロンゲージのもとでは，

$$\boxed{\boldsymbol{A} = \frac{\mu_0}{4\pi}\int_V \frac{\boldsymbol{j}}{r}dV} \tag{6.70}$$

と与えられる．また，$\boldsymbol{j}dV = I d\boldsymbol{l}$ の関係を用いると，次のようにも書ける．

$$\boxed{\boldsymbol{A} = \frac{\mu_0 I}{4\pi}\int_C \frac{d\boldsymbol{l}}{r}} \tag{6.71}$$

なお，磁束をベクトルポテンシャルで表わすと，ストークスの定理より

$$\boxed{\Phi_\mathrm{m} = \int_S \boldsymbol{B}\cdot d\boldsymbol{S} = \int_S \mathrm{rot}\ \boldsymbol{A}\cdot d\boldsymbol{S} = \oint_C \boldsymbol{A}\cdot d\boldsymbol{l}} \tag{6.72}$$

と書ける．すなわち $\boldsymbol{A}$ の周回積分は，それの囲む磁束線の本数に等しい．

《参考》 ベクトルポテンシャルの任意性とクーロンゲージ

公式 rot grad $f = \boldsymbol{0}$ より，ベクトルポテンシャル$\boldsymbol{A}' = \boldsymbol{A} + \mathrm{grad}\ f$ は，$\boldsymbol{A}$ と同じ磁束密度 $\boldsymbol{B}$ を与えるので，ベクトルポテンシャルには grad f だけの任意性がある．そこで通常，もう一つの条件を仮定する．定常電流による磁場を求めるようなときは

$$\boxed{\mathrm{div}\ \boldsymbol{A} = 0} \tag{6.73}$$

という条件を選ぶのが便利である．この $\boldsymbol{A}$ の決め方を**クーロンゲージ** (Coulomb gauge) と呼ぶ[5]．ところで，式 (6.69) をアンペールの法則 (式 (6.49)) に代入し，ベクトル解析の公式，rot rot $\boldsymbol{A} = \mathrm{grad}\ (\mathrm{div}\ \boldsymbol{A}) - \nabla^2\boldsymbol{A}$ および，式 (6.73) を用いると，

4 これは，静電場 $\boldsymbol{E}$ が常に rot $\boldsymbol{E} = \boldsymbol{0}$ を満たすことより，公式 rot grad $\phi = \boldsymbol{0}$ を用いて，$\boldsymbol{E} = -\mathrm{grad}\ \phi$ から，スカラーポテンシャル ϕ を導入したことに対応する．

5 電磁波の問題を扱うときは演習問題 9.6 のようにローレンツゲージが用いられる．

$$-\nabla^2 \boldsymbol{A} = \mu_0 \boldsymbol{j} \tag{6.74}$$

となる．ただし，このラプラシアンは**ベクトルラプラシアン**であり，デカルト座標では，

$$\nabla^2 \boldsymbol{A} = (\nabla^2 A_x)\boldsymbol{i} + (\nabla^2 A_y)\boldsymbol{j} + (\nabla^2 A_z)\boldsymbol{k} \tag{6.75}$$

で定義される (付録 B)．すなわち，$\boldsymbol{A}$ の各成分は，それぞれポアソン方程式を満たす．したがって各成分は，クーロンポテンシャル (式 (1.29)) と同じ形に書け，それらをまとめると，式 (6.70) を得る．クーロンゲージの名は，これに由来する．

式 (6.71) を用いると，逆にビオ-サバールの法則を導くことができる．すなわち，

$$\boldsymbol{B} = \mathrm{rot}\ \boldsymbol{A} = \frac{\mu_0 I}{4\pi}\int_C \mathrm{rot}\ \frac{d\boldsymbol{l}}{r} \tag{6.76}$$

となるが，積分の中身は，ベクトル解析の公式より，次のように変形できる．

$$\mathrm{rot}\ \frac{d\boldsymbol{l}}{r} = \mathrm{grad}\ \frac{1}{r} \times d\boldsymbol{l} + \frac{1}{r}\mathrm{rot}\ d\boldsymbol{l} = -\frac{\hat{\boldsymbol{r}}}{r^2} \times d\boldsymbol{l} \tag{6.77}$$

ここで第 2 項が消えたのは，$d\boldsymbol{l}$ は位置ベクトルの差であるが，位置ベクトルの rot は零だからである．これよりただちに，ビオ-サバールの法則が得られる．

【例題 6.11】 直線電流によるベクトルポテンシャル

図 6.23 のように，長さ $2l$ の直線電流 I の中心から，垂直に距離 r 離れた点のベクトルポテンシャルを求めよ．

［**解**］ ベクトルポテンシャル $\boldsymbol{A}$ は電流の方向を向くから，電流を z 軸とすると，$\boldsymbol{A}$ も z 成分のみである．そしてその大きさは，式 (6.71) より，次のように求められる．

$$A = A_z = \frac{\mu_0 I}{4\pi}\int_{-l}^{l}\frac{dz}{\sqrt{z^2+r^2}} = \frac{\mu_0 I}{4\pi}\log\frac{\sqrt{r^2+l^2}+l^2}{\sqrt{r^2+l^2}-l^2} \tag{6.78}$$

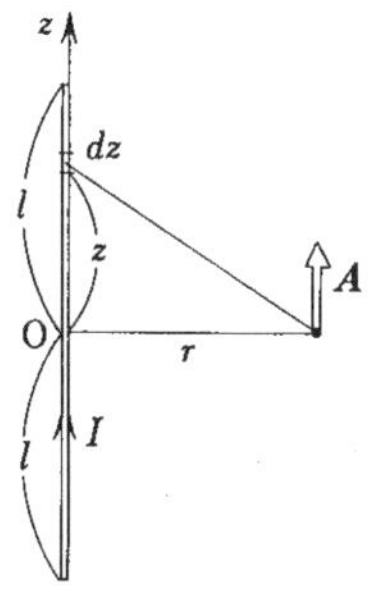

図 6.23 直線電流

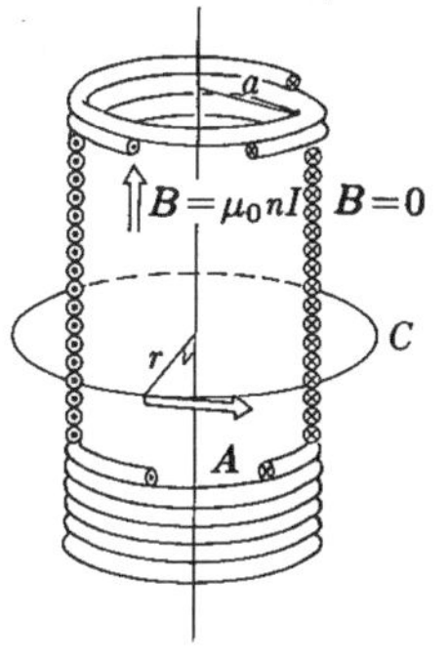

図 6.24 ソレノイド

【例題 6.12】　ソレノイドによるベクトルポテンシャル

電流 I が流れた，半径 a，巻線密度 n の無限に長いソレノイド内外のベクトルポテンシャルを求めよ (図 6.24).

［**解**］ベクトルポテンシャル $\boldsymbol{A}$ は電流の方向を向くから，円筒座標をとると，対称性から，$\boldsymbol{A}$ の方向は θ 方向で，それは r のみの関数となる．経路 C を半径 r の円に選ぶと，C が囲む磁束は，$r > a$ のときはソレノイド内の全磁束 $\pi a^2 \mu_0 nI$，$r < a$ のときは$\pi r^2 \mu_0 nI$ であるから，式 (6.72) より，$r > a$ のとき$\pi a^2 \mu_0 nI = 2\pi r A_\theta$，$r < a$ のとき $\pi r^2 \mu_0 nI = 2\pi r A_\theta$ となる．よって，以下の結果を得る．

$$A_r = 0, \quad A_\theta = \frac{\mu_0 a^2 nI}{2r}, \quad A_z = 0 \quad (r > a) \tag{6.79}$$

$$A_r = 0, \quad A_\theta = \frac{\mu_0 nI}{2} r, \quad A_z = 0 \quad (r < a) \tag{6.80}$$

すなわちソレノイド外部には磁場は存在しないにもかかわらず，ベクトルポテンシャルは存在する．これは後で述べる電磁誘導を近接作用で説明するために重要となる．

演習問題 6

6.1　電流 I が流れている平面電流ループ C (面積 S) があり，その法線と角θ をなすように一様磁束密度 $\boldsymbol{B}$ がかかっている．いま図 6.25 のように座標をとるとき，

(1) 電流素片 $I d\boldsymbol{l}$ に働く力 $d\boldsymbol{F}$ を求めよ．

(2) ループ全体が受ける偶力のモーメントが，式 (6.10) に一致することを示せ．

6.2　一様な磁束密度 $\boldsymbol{B}$ の中に，電流 I が流れた半径 a の円形コイルが置かれている．コイルの法線が $\boldsymbol{B}$ と角 θ をなすとき，コイルが受けるトルクを求めよ．

6.3　図 6.26 のように，点 O で角度 θ で交差した 2 本の直線電流 I_1，I_2 がある．電流 I_2 の，点 O から距離 l 以内にある部分に働く力を求めよ．

6.4　(**電流間相互作用の一般式**) 電流 I_1，I_2 がそれぞれ流れている変形しないループ C_1，C_2 がある．この電流ループ間に働く相互作用は，次式で与えられることを示せ．

$$\boldsymbol{F} = \frac{\mu_0 I_1 I_2}{4\pi} \oint_{C_1} \oint_{C_2} \frac{d\boldsymbol{l}_1 \times (d\boldsymbol{l}_2 \times \hat{\boldsymbol{r}})}{r^2}$$

6.5　図 6.27 のように，イオン源から出たイオンが，加速電圧 V の加速器で加速され，一様な磁束密度 $\boldsymbol{B}$ の中を，サイクロトロン運動によって半円を描きながら，距離 $2r$ だけ離れたイオン検出器へ向かうような装置がある．

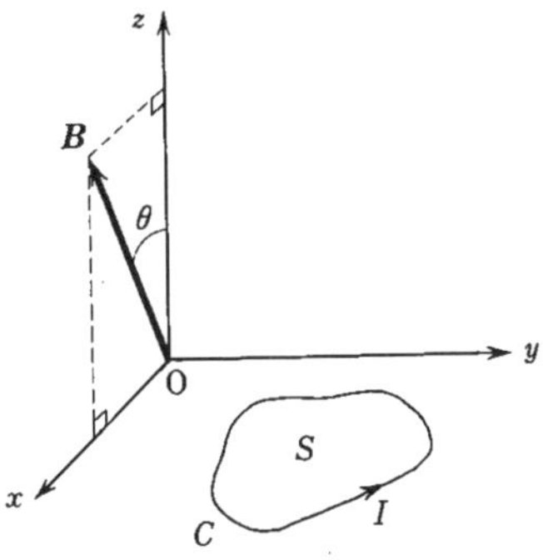

図 6.25

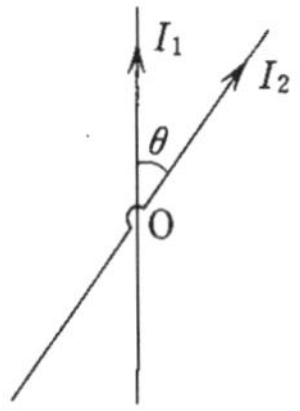

図 6.26

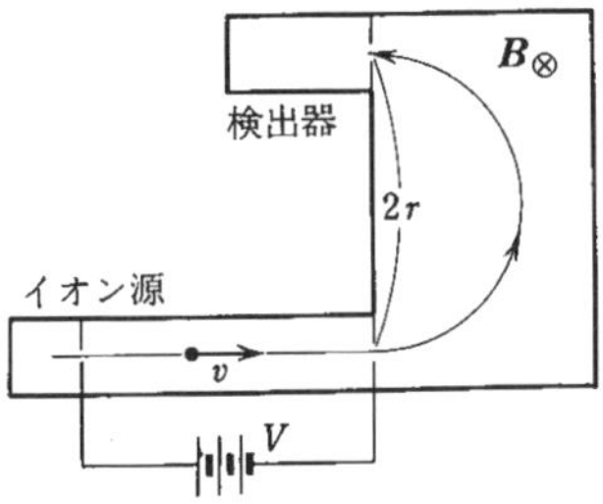

図 6.27

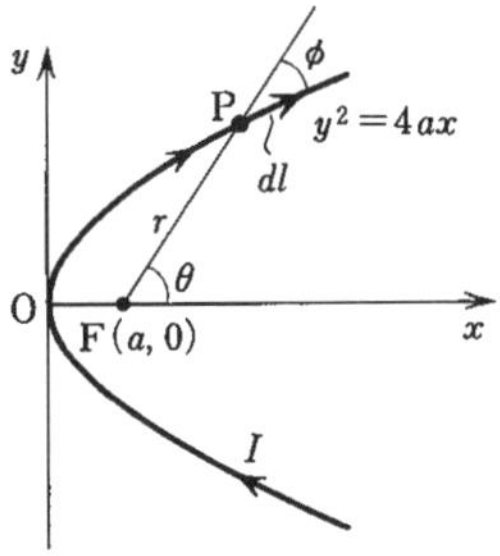

図 6.28

(1) 加速器によって質量 m, 電荷 q のイオンが得る速度 v を求めよ.

(2) 比電荷 q/m のイオンを検出するためには, V をいくらにすればよいか.

6.6 速度 v で運動する電子 (質量 m, 電荷 $-e$) に垂直に磁束密度 $\boldsymbol{B}$ をかける.

(1) サイクロトロン運動を円電流と見たときの, 電流の大きさを求めよ.

(2) この電流は磁場を弱める向きであることを示せ.

6.7 電子 (質量 m, 電荷 $-e$) が半径 a の円軌道を角速度 ω で運動している.

(1) 軌道角運動量 L を求めよ.

(2) 磁気モーメント μ_L を求めよ.

(3) $\mu_L = \gamma L$ と表わすとき, γ を求めよ.

この γ を**磁気角運動量比** (magnetomechanical ratio) という.

6.8 演習問題 6.7 で, 軌道面に垂直に磁束密度 $\boldsymbol{B}$ がかかっている場合, 電子の軌道半径を a に保つための角速度を求めよ. また, このときの軌道角運動量による磁気モーメントを求め, それが磁場と反対向きであることを示せ (**レンツの法則**).

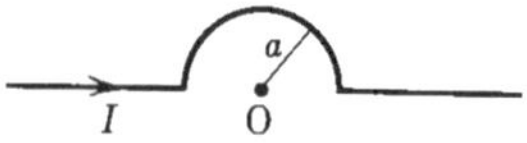

図 6.29

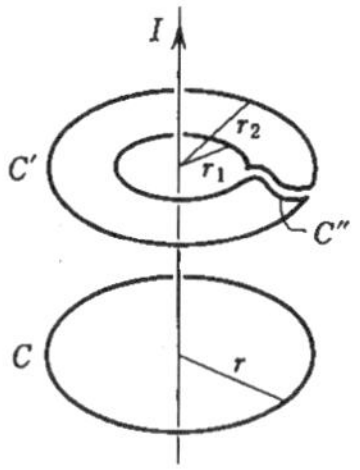

図 6.30

6.9 (**ボーア磁子**) ボーアの原子モデルでは，水素原子は陽子を中心に質量 m，電荷 $-e$ の電子が半径 a の円軌道を描き，その角運動量は $L = n\hbar$ である．ただし n は正の整数，$\hbar = \dfrac{h}{2\pi}$ であり，h はプランク定数 (Planck's constant) である．最低エネルギーの軌道をまわる電子の軌道磁気モーメント μ_{B} を求めよ．これを**ボーア磁子** (Bohr magneton) という．

6.10 水平に置いた半導体の板に電流を流し，鉛直上方に一様な磁束密度をかけたら，ホール起電力は電流の向きに対して左側が正となった．キャリアの符号を求めよ．

6.11 図 6.28 のように，放物線 $y^2 = 4ax$ に沿って電流 I が流れている．焦点 $\mathrm{F}(a, 0)$ における磁束密度を求めよ．

6.12 図 6.29 のように，無限に長い導線の一部が，半径 a の半円になっている回路がある．これに電流 I を流すとき，半円の中心の磁束密度を求めよ．

6.13 半径 a の円に内接する正 n 角形に沿って流れる電流 I が，中心に作る磁束密度を求めよ．(**ヒント**: 例題 6.3 の結果を利用する．)

6.14 直線電流 I から距離 r の点の磁束密度は，電流の方向に対して右まわりで，その大きさは $B = \mu_0 I/(2\pi r)$ である．図 6.30 のような電流を囲むループ C，および電流を囲まないループ C' について磁束密度の線積分を計算し，アンペールの法則が成り立っていることを示せ．

6.15 半径 R のまっすぐな円筒の長さ方向に電流 I が一様に流れている．円筒内外の磁束密度を求めよ．

6.16 半径 R のまっすぐな円筒の中心軸に電流 I が，円筒上には逆向きの電流 $-I$ が一様に流れている．円筒内外の磁束密度を求めよ．

6.17 間隔 d の 2 枚の無限平板に，それぞれ単位幅当たり K の表面電流が一様に互いに逆向きに流れている．面間および外側の磁束密度を求めよ．

7
磁 性 体

この章では，物質の磁気的な性質をとりあげ，**磁化**という量を導入する．そして真空中で導いた静磁場の基礎方程式を，物質中の方程式に拡張する．

7.1　磁 気 分 極

一般に，物質の磁気的性質 (**磁性** (magnetism)) に着目するとき，その物質を**磁性体** (magnetic substance) と呼ぶ．磁性体といえば磁石や鉄などを想像するが，実は，あらゆる物質が磁性体であり，それは絶縁体でも導体でもよい．

磁性体に磁場を加えると，その内部に磁気モーメントが生じる．これを**磁化** (magnetization) または**磁気分極** (magnetic polarization) と呼ぶ．ところで，磁石はいくら細かく切っても，必ず N 極，S 極が対で現れることや，磁石の磁場と電流の磁場とは同じものであると考えられることから，アンペールは，磁石の磁場の原因は，磁石中にある小さな電流ループであると考えた．これをアンペールの**分子電流** (molecular current) という．この考えは現在でも支持されており，実際，以下で述べるように，物質を構成する原子の中には微小電流ループが存在する．さらに電荷に相当する**磁荷** (magnetic charge) すなわち**磁気単極** (magnetic monopole) は，現在も確認されていないので，磁気モーメントの原因は，磁荷による磁気双極子ではなく，微小電流ループによる双極子場

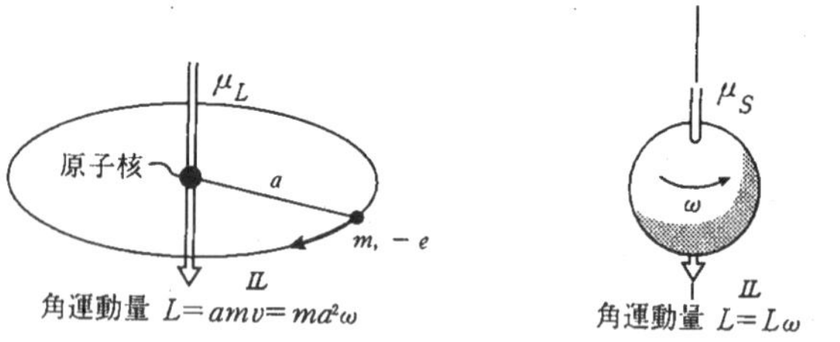

（a） 軌道角運動量　　（b） スピン角運動量

図 7.1 原子の磁気モーメントの原因

であると考えられる．すなわち磁場の起源は運動する『電荷』である．

さて物質を構成している原子は，正電荷の原子核のまわりを負電荷の電子雲が取り巻いているが，電子は軌道角運動量 $\boldsymbol{L}$ をもっており，古典的には，図 7.1 のように，原子核のまわりを回転運動していると理解される．したがって，それに伴ない，**軌道磁気モーメント** $\boldsymbol{\mu}_L$ をもつ (演習問題 6.7)．さらに原子を構成する陽子，中性子，電子はすべて，自転の自由度 (**スピン** (spin)) によるスピン角運動量をもっており，それに伴ない**スピン磁気モーメント** $\boldsymbol{\mu}_S$ ももっている (演習問題 7.5)．しかしスピンは一般に，対を作って打ち消し合う性質をもっており，したがって，ほとんどの物質では，スピンの合計は零である．この場合，磁性の原因は，電子の軌道磁気モーメントのみである．このような物質を**非磁性体**と言う．このような系に磁場をかけると，磁場と逆向きの磁化が生じる (レンツの法則，演習問題 6.8)．これを**反磁性** (diamagnetism) という (図 7.2 (a))．なおこれはすべての物質がもつ磁性である．また導体の場合，内部に磁束があると，内部を熱運動する自由電子がローレンツ力で曲げられ，それは内部の磁束を打ち消す方向に働くので，反磁性を示す (演習問題 6.6)[1]．しかし電気抵抗のため，電子はすぐに散乱され，完全に磁束を打ち消すことはできない．しかし超伝導体では，電子は散乱されずに永久電流ループとなり，磁束を完全に打ち消すことができる (**完全反磁性**)．すなわち超伝導体の内部は常に磁束は存在しない．これを**マイスナー効果** (Meissner effect) という．なおこ

---

1 正確にはこれは量子力学によってはじめて説明される (ランダウ反磁性)．

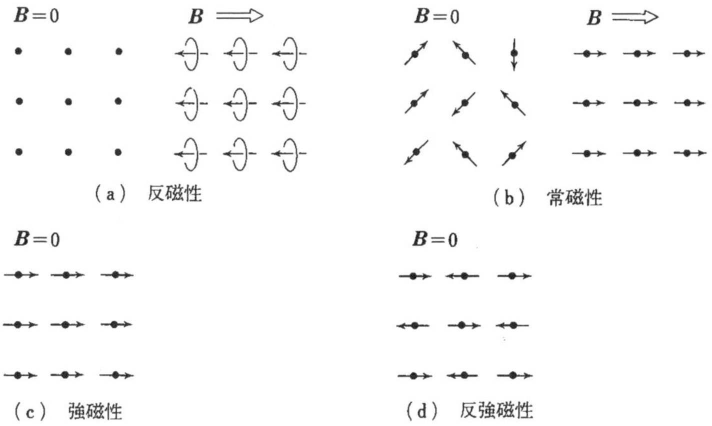

図 7.2 主な磁性の種類

れは，完全導体の性質だけから導くことはできない．

一方，**不対電子**が存在する物質では，電子スピンは打ち消し合わずに残り，図7.2 (b) のように，各原子は磁気モーメントを持つ．これらは一般には熱運動によって無秩序な方向を向き，巨視的な磁化は現われないが，この系に磁場をかけると，磁場の方向に磁気モーメントが少し傾き，巨視的な磁化が現われる．これを**常磁性** (paramagnetism) という．これは誘電体の配向分極に似ている．

また，電子スピンの間には，**交換相互作用** (exchange interaction) という相互作用が働き，常磁性体の温度を下げていくと，ある温度を境に，図 7.2 (c) のようにスピンが**秩序化** (order) する．この温度を**キューリー温度** (Curie temperature) という．スピンが平行に秩序化すると，自発的に巨視的磁化が現われる．これを**自発磁化** (spontaneous magnetization) といい，このような磁性を**強磁性** (ferromagnetism) という．また逆に，温度が上昇すると，磁気モーメントの揺らぎが大きくなり，キューリー温度以上で，自発磁化が消失し，常磁性となる．常磁性や強磁性は，液体や固体のような一種の熱力学的な状態 (state) すなわち**相** (phase) であり，これは，強磁性状態から常磁性状態への**相転移** (phase transition) である．鉄，コバルト，ニッケルや，これらを含む合金や酸化物の一部は，強磁性を示し，外部から磁場を加えなくとも自発磁化を持っている．これが**永久磁石** (parmanent magnet) である．キューリー温度は，物質によって異なり，鉄は 770 ℃，コバルトは 1120 ℃，ニッケルは 358 ℃である．

一方，交換相互作用によっては，図 7.2 (d) のようにスピンが反平行に揃うなど，巨視的磁化を生じない場合もある．これを**反強磁性** (antiferromagnetism) という．反強磁性は，外見上は常磁性に近いが，磁化率などに違いが現われる．なお反強磁性の相転移温度は**ネール温度** (Néel temperature) と呼ばれる．

なおスピンは，古典的には粒子の自転によって理解されるが，正確には量子力学によってはじめて理解できる．しかしスピンを導入してしまえば，巨視的な振舞いは，古典的な電磁気学のイメージで比較的うまく説明できる．

7.2 磁化と磁化電流

磁性体は，その内部の各点 $\boldsymbol{r}_i$ に，磁気モーメント $\boldsymbol{m}_i$ が分布したものと考えることができるから，誘電体において分極 $\boldsymbol{P}$ を定義したように，磁性体においても，点 $\boldsymbol{r}$ における単位体積当たりの平均磁気モーメントが定義できる．これをあらためて**磁化**と呼ぶ．それを $\boldsymbol{M}$ と書くと，式 (4.1) と同様に，

$$\boldsymbol{M}(\boldsymbol{r}) = \lim_{\Delta V \to 0} \frac{1}{\Delta V} \sum_{i \in \Delta V} \boldsymbol{m}_i \tag{7.1}$$

と書ける．磁化の単位は A/m である．磁化は，磁性体中の各点 $\boldsymbol{r}$ で定義されるベクトル場であり，各点での接線の方向が，磁化の方向に等しいような曲線群を考えることができる．これを**磁化線** (line of magnetization)，またこれに沿った管を**磁化管** (tube of magnetization) という．

分極を分極電荷で置き換えたように，磁化を等価な電流で置きかえるとき，それを**磁化電流** (magnetization current) と呼ぶことにする．磁化電流は束縛された電流であり，導体の中を自由に流れる**伝導電流** (conduction current) と区別する必要がある．これは分極電荷と真電荷との関係に対応する．

いま図 7.3 のように，磁化 $\boldsymbol{M}$ で一様に磁化した磁性体を，磁化に垂直に厚さ Δl で薄く切り，さらにこの板を，面積 ΔS の微小片に分けると，各微小片

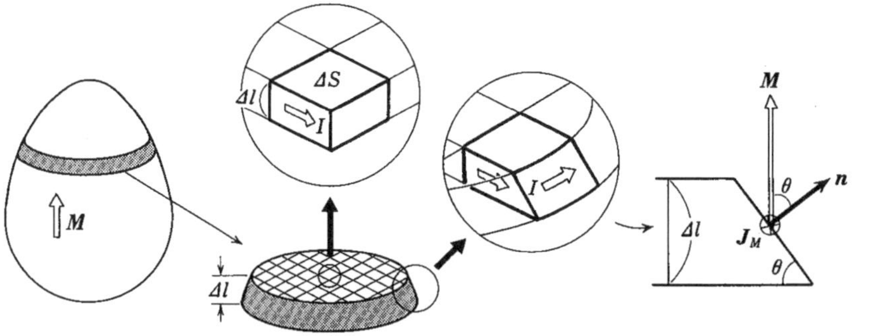

図 7.3 磁化と磁化電流

の磁気モーメントは $\boldsymbol{M}\Delta S\Delta l$ であるが，この磁気モーメントを，微小片の側面を流れる等価な電流ループ I による磁気モーメント $I\Delta S$ に置き換えると，等価な電流 I は，この両者を比較して，次のように与えられる．

$$I = M\Delta l \tag{7.2}$$

ところで，薄板内部では，隣の磁化電流ループ同士は互いに打ち消し合うので，これは結局，薄板の縁に沿った帯状の表面電流 $I = M\Delta l$ と等価である．すなわち，磁化が一様ならば，磁化電流は磁性体の表面のみに存在する．図のように，表面の法線と磁化 $\boldsymbol{M}$ とのなす角を θ とすると，表面電流 I が流れる幅は $\Delta l/\sin\theta$ であるから，表面電流密度は

$$J_M = \frac{I}{\Delta l/\sin\theta} = M\sin\theta \tag{7.3}$$

であることが分かる．向きは $\boldsymbol{M}$ にも表面の法線にも垂直であるから，単位法線ベクトルを $\boldsymbol{n}$ と置くと，磁化電流の表面密度は，次のように書ける．

$$\boxed{\boldsymbol{J}_M = \boldsymbol{M} \times \boldsymbol{n}} \tag{7.4}$$

一方，磁化が一様でない場合，磁性体内の磁化電流は完全に打ち消し合わずに，磁性体内にも磁化電流が流れる．証明は省略するが，この電流の電流密度は

$$\boxed{\boldsymbol{j}_M = \mathrm{rot}\ \boldsymbol{M}} \tag{7.5}$$

で与えられる．磁化電流と磁化は，同じ現象を見方を変えて表わしたものであるから，磁化電流を考えてしまえば，磁化すなわち磁性体を考える必要はない．

すなわち電流として，磁化電流 $\boldsymbol{j}_M$ と伝導電流 $\boldsymbol{j}$ の両方を考えれば，磁性体を考えなくてよいから[2]，磁性体を含む磁場の問題は，真空中の静磁場の問題に帰着し，式 (6.41) および式 (6.49) で与えられた基礎方程式がそのまま使える．

$$\mathrm{div}\ \boldsymbol{B} = 0 \qquad \text{(ガウスの法則)} \tag{7.6}$$

$$\mathrm{rot}\ \boldsymbol{B} = \mu_0(\boldsymbol{j} + \boldsymbol{j}_M) \qquad \text{(アンペールの法則)} \tag{7.7}$$

なおこれらは，積分形で次のように書くこともできる．

$$\oint_S \boldsymbol{B} \cdot d\boldsymbol{S} = 0, \quad \oint_C \boldsymbol{B} \cdot d\boldsymbol{l} = \mu_0 \int_S (\boldsymbol{j} + \boldsymbol{j}_M) \cdot d\boldsymbol{S} \tag{7.8}$$

7.3 磁 場 $\boldsymbol{H}$

誘電体において真電荷に結びついた電束密度 $\boldsymbol{D}$ を導入したように，磁性体においても，伝導電流 $\boldsymbol{j}$ に結びついた量が導入できる．すなわち，式 (7.7) に式 (7.5) を代入すると

$$\boxed{\mathrm{rot}\ \boldsymbol{H} = \boldsymbol{j}} \tag{7.9}$$

となる．ただし $\boldsymbol{H}$ は次のように定義される．

$$\boxed{\boldsymbol{H} = \frac{1}{\mu_0}\boldsymbol{B} - \boldsymbol{M}} \tag{7.10}$$

これを**磁場** (magnetic field) という．なおこれは，6 章 で述べた磁場 $\boldsymbol{H}$ と同じものである．$\boldsymbol{H}$ の単位は $\boldsymbol{M}$ と同じで，A/m である[3]．また，式 (7.9) を積分形で表わせば，次のようになる．

$$\boxed{\oint_C \boldsymbol{H} \cdot d\boldsymbol{l} = \int_S \boldsymbol{j} \cdot d\boldsymbol{S}} \tag{7.11}$$

式 (7.9)，式 (7.11) を**磁場 $\boldsymbol{H}$ に関するアンペールの法則**という．ここで電流は，**伝導電流のみ**であり，磁化電流を考えなくてよいから，これは磁性体を含む問題を考える場合に便利である．

---

2 これは巨視的には正しいが，微視的にみれば，磁性体内部の磁場は複雑である．

3 E-H対応では $\boldsymbol{B} = \mu_0\boldsymbol{H} + \boldsymbol{M}$ と定義されるので，$\boldsymbol{M}$ は μ_0 だけ異なる．

表 7.1　代表的な物質の磁化率 (常温・常圧)

物質	磁化率	物質	磁化率
銅	-9.4×10^{-6}	アルミニウム	2.1×10^{-4}
水	-8.8×10^{-6}	液体酸素	3.5×10^{-3}
水素	-2.1×10^{-9}	コバルト	174
真空	0	ニッケル	294
空気	3.7×10^{-7}	純鉄	~ 1000
酸素	1.8×10^{-4}	パーマロイ	~ 100000

いままでに導入された磁束密度 $\boldsymbol{B}$，磁場 $\boldsymbol{H}$，磁化 $\boldsymbol{M}$ は，磁性体の性質によって結びついているが，磁場が大きくない場合，強磁性体などの場合を除いて，一般にはそれらは比例関係にある．すなわち

$$\boldsymbol{M} = \chi_{\rm m}\boldsymbol{H} \tag{7.12}$$

とおくとき，$\chi_{\rm m}$ を**磁化率** (magnetic susceptibility) という．磁化率は無次元量である．これを，式 (7.10) に代入すれば

$$\boldsymbol{B} = \mu\boldsymbol{H}, \quad \text{ただし,} \quad \mu = \mu_0\mu_{\rm r}, \quad \mu_{\rm r} = 1 + \chi_{\rm m} \tag{7.13}$$

となる．μ を**透磁率** (magnetic permeability)，$\mu_{\rm r}$ を**比透磁率** (relative magnetic peameability) という．透磁率の単位は，式 (7.13) より (N/A·m)/(A/m) = N/A^2 であるが，8 章で導入する H (ヘンリー) を用いて H/m とも書ける．比透磁率は無次元である．表 7.1 に主な物質の磁化率の値を示す．この表を見ると，磁化率が負のものと正のものがある．負のものは，かけた磁場と逆向きの磁化が生じるので，反磁性体である．一方，磁化率が正のものは，常磁性体または強磁性体である．

問 7.1　表 7.1 より酸素の磁性の種類は何と考えられるか．(常磁性．)

問 7.2　完全反磁性体の磁化率を求めよ．
(完全反磁性体であるから $\boldsymbol{B} = \boldsymbol{0}$．よって $\boldsymbol{H} = -\boldsymbol{M}$．　$\therefore \chi_{\rm m} = -1$．) [4]．

4　しかしこれは，超伝導体の磁化率が常に -1 であることを意味するわけではない．超伝導体内で $\boldsymbol{B} = \boldsymbol{0}$ なのは，磁化電流よりも本当の電流 (超伝導電流) のためであり，磁化率はたいてい 0 に近い．またこの場合，内部は $\boldsymbol{H}$ も $\boldsymbol{M}$ も零である．

なお強磁性体では，磁化率は磁場に大きく依存する．また後で示すように，永久磁石内部の磁場 $\boldsymbol{H}$，磁化 $\boldsymbol{M}$，磁束密度 $\boldsymbol{B}$ の方向は，磁石の形状によって少し変わり，一般に一致しない．また常磁性体などでも，異方性があると，$\boldsymbol{H}$，$\boldsymbol{M}$，$\boldsymbol{B}$ の方向は一致しない．この場合には，透磁率は

$$\mu = \begin{pmatrix} \mu_{11} & \mu_{12} & \mu_{13} \\ \mu_{21} & \mu_{22} & \mu_{23} \\ \mu_{31} & \mu_{32} & \mu_{33} \end{pmatrix} \tag{7.14}$$

のような2階のテンソルとなる．しかし等方的な場合は，$\mu_{11} = \mu_{22} = \mu_{33} = \mu$，$\mu_{ij} = 0 \ (i \neq j)$ であり，特に真空中では，$\mu = \mu_0$ である．

棒磁石による磁場 (磁極と分極磁荷)

図 7.4 (a) のように，磁化 $\boldsymbol{M}$ で一様に磁化した棒磁石による磁場を考えよう．磁化電流で考えると，磁化は一様なので，磁化電流は棒の側面を循環する表面電流で，その電流密度は，式 (7.4) より

$$J_M = M \tag{7.15}$$

である．すなわち棒磁石の内外には，巻線密度 n のソレノイドに電流 $I = M/n$ を流したのもと同じ磁束密度 $\boldsymbol{B}$ が生じる (図 7.4 (b))．

一方，磁場 $\boldsymbol{H}$ は $\boldsymbol{H} = \boldsymbol{B}/\mu_0 - \boldsymbol{M}$ より求まるが，磁石の外部では，$\boldsymbol{M} = \boldsymbol{0}$ であるから，$\boldsymbol{H}$ と $\boldsymbol{B}$ は一致する．ところで図 7.5 のように，磁石の N 極表面に，底面積 S_1 の薄い茶筒状の閉曲面 S を考え，磁束密度に関するガウスの

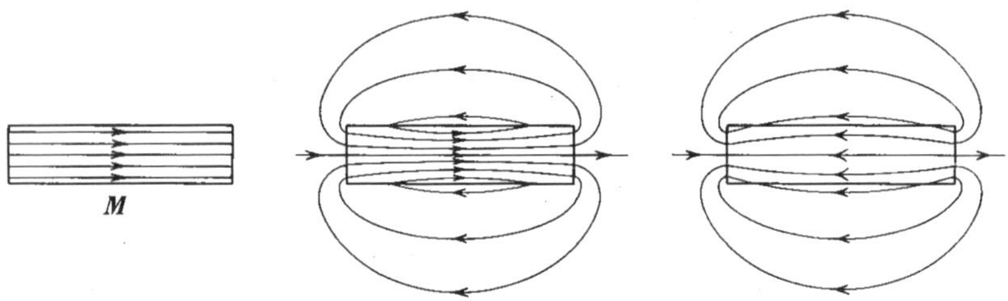

(a) 磁 化　　(b) 磁束密度　　(c) 磁 場

図 7.4 一様に磁化した棒磁石

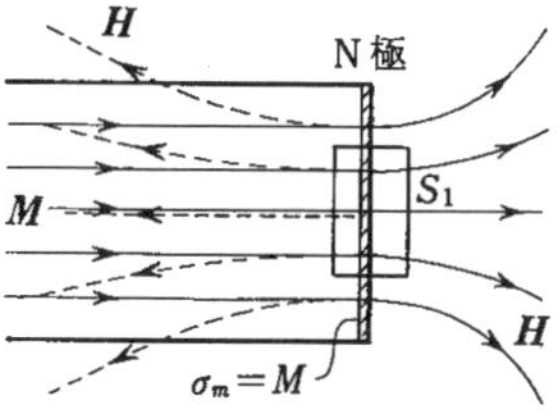

図 7.5　磁極と磁荷

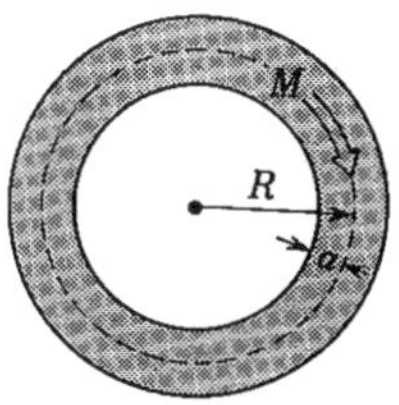

図 7.6　リング状磁性体

法則 (式 (6.40)) を適用すると，$\boldsymbol{B} = \mu_0 \boldsymbol{H} + \mu_0 \boldsymbol{M}$ より，

$$\oint_S \boldsymbol{H} \cdot d\boldsymbol{S} = -\oint_S \boldsymbol{M} \cdot d\boldsymbol{S} = MS_1 \tag{7.16}$$

であることが分かる．すなわちこれは，N 極には磁場 $\boldsymbol{H}$ の湧き出しがあって，その面密度は M であることを表わしている．同様に，S 極には，$\boldsymbol{H}$ の吸い込みがあることも示される．したがって磁場 $\boldsymbol{H}$ は，あたかも**分極磁荷**が磁石の両極に表面密度 $\sigma_{\mathrm{m}} = \pm M$ で存在するかのように振舞うと考えてよい．この考えは物理学的にはあまり好まれないが，誘電体からの類推ができるので実用的には有用である．磁荷の単位は $[M]$[面積] $= (\mathrm{A/m})(\mathrm{m}^2) = \mathrm{Am}$ である．

図 7.4 (c) に $\boldsymbol{H}$ の様子を示す．図のように，棒磁石内では，磁場$\boldsymbol{H}$ は，磁束密度 $\boldsymbol{B}$ や磁化 $\boldsymbol{M}$ と反対向きになる．これを**反磁場** (demagnetizing field) といい，誘電体中の反電場に相当する．反磁場の大きさ $H_{\text{反}}$ は，近似的に，

$$H_{\text{反}} = -AM \tag{7.17}$$

と書け，磁化 M に比例する．比例係数 A を**反磁場係数** (demagnetizing factor) という．反磁場係数は磁性体の形状に依存する．

問 7.3　図 7.6 のように，リングに沿って一様に磁化したリング状磁性体中の磁場を求めよ．(対称性から磁場もリングに沿った方向を向き，図のようなリングに沿った半径 r の円周上では大きさは一定のはずであるから，これを積分経路 C として $\boldsymbol{H}$ に関するアンペールの法則を適用すると，C の囲む真の電流はないから，$2\pi r H = 0$．よって磁場 $H = 0$．すなわち反磁場は存在しない．)

問 7.4　磁石を保管するとき，磁束が閉じるように鉄棒をつけておくのはなぜか．(問 7.3 のように磁束が閉じていると一般に反磁場は小さくなるため (**保磁子**)．)

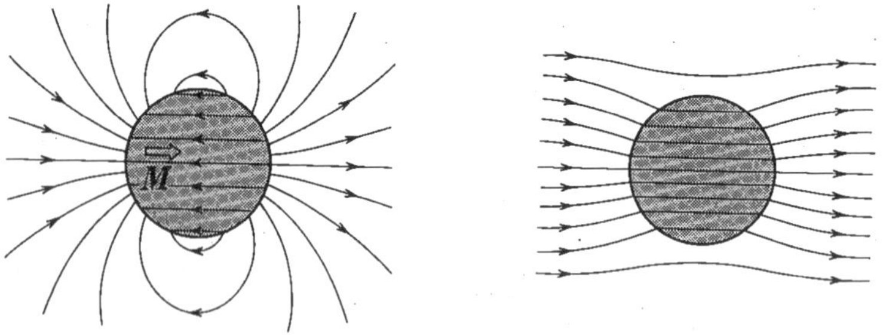

(a) 磁化による磁場の様子　　(b) 磁場中の様子 (磁束密度)

図 7.7 一様に磁化した球

【例題 7.1】 一様に磁化した磁性体球

磁化 $\boldsymbol{M}$ で一様に磁化した，半径 a の磁性体球内外の磁場を求めよ．

［**解**］ これはもちろん磁化電流を求め，ビオ-サバールの法則で磁束密度を求めてもよいが，この計算は繁雑である．そこで上述のように，便宜的に分極磁化で考えよう．すなわち誘電体球の結果より

$$\boldsymbol{H}_{内部} = -\frac{\boldsymbol{M}}{3} \tag{7.18}$$

である．これが反磁場であり，よって球の場合の反磁場係数は 1/3 である．ただし E-B 対応では，H と M は同じ単位であるから透磁率はつかない．

球外部の磁場は，球の中心に置いた磁気モーメント

$$\boldsymbol{m} = \frac{4}{3}\pi a^3 \boldsymbol{M} \tag{7.19}$$

による双極子場である．磁場の様子を図 7.7 (a) に示す．内部の $\boldsymbol{B}$ は逆向きになる．

【例題 7.2】 一様な磁場中の磁性体球

一様な磁場 $\boldsymbol{H}_0$ 中に，比透磁率 μ_{r}，半径 a の磁性体球を置いた．球内外の磁束密度を求めよ．

［**解**］ 便宜的に磁荷を考えれば，一様電場中の誘電分極 (例題 4.4) と同様に扱うことができる．例題 7.1 より反磁場係数は 1/3 であるから，磁化を $\boldsymbol{M}$ とすると，反磁場は

$$\boldsymbol{H}_{反} = -\frac{1}{3}\boldsymbol{M} \tag{7.20}$$

である．内部磁場は，反磁場 $\boldsymbol{H}_{反}$ と外部磁場 $\boldsymbol{H}_0$ との合成であるから，

$$\boldsymbol{H}_{内} = \boldsymbol{H}_0 + \boldsymbol{H}_{反} = \boldsymbol{H}_0 - \frac{1}{3}\boldsymbol{H} \tag{7.21}$$

である．これが磁化の原因だから

$$\boldsymbol{M} = \chi_{\mathrm{m}}\boldsymbol{H}_{内} \tag{7.22}$$

である．よってこれらより

$$\boldsymbol{M} = \frac{3\chi_{\mathrm{m}}}{3+\chi_{\mathrm{m}}}\boldsymbol{H}_0 = \frac{3(\mu_{\mathrm{r}}-1)}{2+\mu_{\mathrm{r}}}\boldsymbol{H}_0 \tag{7.23}$$

となる．よって反磁場および内部磁場は

$$\boldsymbol{H}_{反} = -\frac{\chi_{\mathrm{m}}}{3+\chi_{\mathrm{m}}}\boldsymbol{H}_0 = -\frac{\mu_{\mathrm{r}}-1}{2+\mu_{\mathrm{r}}}\boldsymbol{H}_0 \tag{7.24}$$

$$\boldsymbol{H}_{内} = \frac{3}{3+\chi_{\mathrm{m}}}\boldsymbol{H}_0 = \frac{3}{2+\mu_{\mathrm{r}}}\boldsymbol{H}_0 \tag{7.25}$$

となる．磁束密度は $\boldsymbol{B} = \mu\boldsymbol{H}$ より，

$$\boldsymbol{B}_{内} = \frac{3(1+\chi_{\mathrm{m}})}{3+\chi_{\mathrm{m}}}\boldsymbol{B}_0 = \frac{3\mu_{\mathrm{r}}}{2+\mu_{\mathrm{r}}}\boldsymbol{B}_0 \tag{7.26}$$

となる．よって $\mu_{\mathrm{r}} > 1$ の場合，$H_{内} < H_0$，$B_{内} > B_0$，$\mu_{\mathrm{r}} < 1$ の場合は，逆になる．一方，球外部の磁場は誘発された磁気モーメント

$$\boldsymbol{m} = \frac{4}{3}\pi a^3\boldsymbol{M} = \frac{\mu_{\mathrm{r}}-1}{2+\mu_{\mathrm{r}}}4\pi a^3\boldsymbol{H}_0 \tag{7.27}$$

の作る双極子場と，かけた磁場 $\boldsymbol{B}_0$ の重ね合わせである．磁束密度の様子を図示すると図 7.7 (b) のようになる．

【例題 7.3】　離れた棒磁石の間に働く力

図 7.8 のように軸方向に磁化 M で磁化した 2 本の長さ l，断面積 S の同一の磁石が同一軸に沿って中心間距離 r で置いてある．この磁石の間に働く力を求めよ．また，$r \gg l$ のときはどうなるか．

［**解**］ 磁石の磁化を $\boldsymbol{M}$，断面積を S とすると，端面に現れる磁荷は

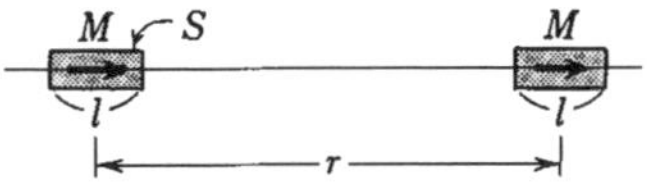

図 7.8　棒磁石の間に働く力

$$q_{\mathrm{m}} = \sigma_{\mathrm{m}} S = MS \tag{7.28}$$

である．いま断面積を十分小さいとすると，これは点磁荷と考えてよく，磁気に関するクーロンの法則 (式 (6.1)) が使える．したがって働く力は

$$\begin{aligned} F &= \frac{\mu_0 q_{\mathrm{m}}^2}{4\pi r^2} - \frac{\mu_0 q_{\mathrm{m}}^2}{4\pi (r+l)^2} + \frac{\mu_0 q_{\mathrm{m}}^2}{4\pi r^2} - \frac{\mu_0 q_{\mathrm{m}}^2}{4\pi (r-l)^2} \\ &= \frac{\mu_0 q_{\mathrm{m}}^2}{4\pi} \left(\frac{2}{r^2} - \frac{1}{(r+l)^2} - \frac{1}{(r-l)^2} \right) \\ &= -\frac{3\mu_0 q_{\mathrm{m}}^2}{2\pi r^2} \left(\frac{l}{r} \right)^2 \frac{\left(1 - \frac{1}{3} \left(\frac{l}{r} \right)^2 \right)}{\left(1 - \left(\frac{l}{r} \right)^2 \right)^2} \end{aligned} \tag{7.29}$$

となる．これは引力である．また $r \gg l$ のときは

$$F = -\frac{3\mu_0 q_{\mathrm{m}}^2 l^2}{2\pi r^4} = -\frac{3\mu_0 m^2}{2\pi r^4} \tag{7.30}$$

となる．ただし $m \equiv q_{\mathrm{m}} l$ は磁気双極子モーメントである．

7.4 磁束線の屈折

誘電体の境界で，電場や電束密度の条件を求めたのと同様に，磁性体の境界で，磁場や磁束密度の条件を求めよう．

そのために，図 7.9 のような薄い領域について，磁束密度に関するガウスの法則を適用すると，厚さ h は十分小さく，側面を通過する磁束密度を無視すれば，$-B_1 \cos\theta_1 \Delta S + B_2 \cos\theta_2 \Delta S = 0$ であるから，

$$B_1 \cos\theta_1 = B_2 \cos\theta_2 \quad \text{すなわち} \quad B_{2\mathrm{n}} = B_{1\mathrm{n}} \tag{7.31}$$

となる．ただし添字の n は，垂直成分を表わす．ところで 式 (7.31) は，$\mu_1 H_{1\mathrm{n}} = \mu_2 H_{2\mathrm{n}}$ とも書けるから，$\mu_1 > \mu_2$ とすれば $H_{1\mathrm{n}} < H_{2\mathrm{n}}$ である．すなわち，磁性体の境界において，**磁束密度 B の法線成分は連続であるが，磁場 H の法線成分は連続ではない．**

次に図 7.10 のように，境界面に垂直な長方形に沿った周回積分を考え，辺 b は十分小さく，b に沿った線積分は無視すれば，線積分は，辺 a のみを考えれ

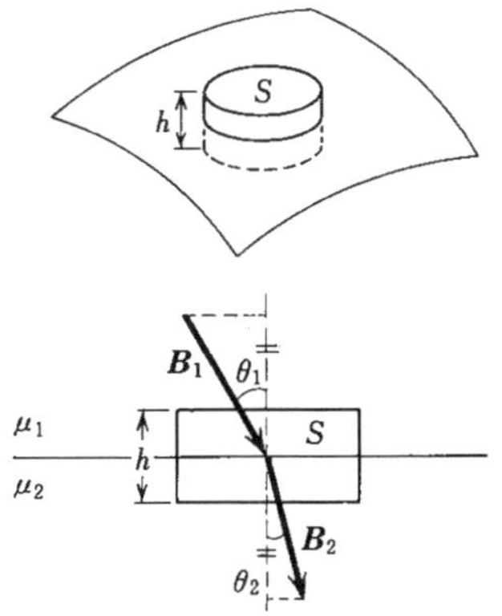

図 7.9 $\boldsymbol{B}$ の境界条件

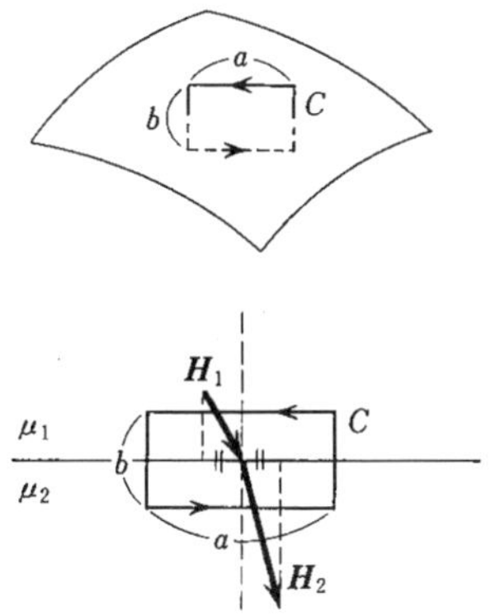

図 7.10 $\boldsymbol{H}$ の境界条件

ばよく，アンペールの法則より，

$$-H_1 a \sin\theta_1 + H_2 a \sin\theta_2 = Ka$$

$$\therefore\ H_2 \sin\theta_1 - H_2 \sin\theta_1 = K$$

$$\therefore\ (\boldsymbol{H}_2 - \boldsymbol{H}_1) \times \boldsymbol{n} = \boldsymbol{K} \tag{7.32}$$

であることがわかる．ただし $\boldsymbol{K}$ は表面を流れる伝導電流の表面電流密度であり，K はその大きさである．また，$\boldsymbol{n}$ は面の法線ベクトルである．

なお，表面電流 $K = 0$ のときは，磁場の接線成分は等しい．すなわち

$$H_1 \sin\theta_1 = H_2 \sin\theta_2 \quad \text{すなわち} \quad H_{1\mathrm{t}} = H_{2\mathrm{t}} \tag{7.33}$$

となる．ただし添字 t は接線成分を表わす．ところで $K = 0$ のとき，式 (7.33) は $B_{1\mathrm{t}}/\mu_1 = H_{2\mathrm{t}}/\mu_2$ とも書けるから，$\mu_1 > \mu_2$ とすれば $B_{1\mathrm{t}} > B_{2\mathrm{t}}$ である．よって磁性体の境界において，**伝導電流がなければ磁場 H の接線成分は連続であるが磁束密度 B の接線成分は不連続である．**

式 (7.31) および式 (7.33) より

$$\frac{\tan\theta_1}{\tan\theta_2} = \frac{\mu_1}{\mu_2} \tag{7.34}$$

を得る．これは，磁性体表面の磁束線および磁力線の屈折の法則である．

《参考》　磁気シールド

静電場は導体によってシールドすることができるが (静電遮蔽), 同様に磁場を遮蔽することを**磁気シールド** (magnetic shield) という. 磁束は高透磁率の磁性体の中を通ろうとするから, 高透磁率の磁性体で囲まれた空間内部の磁束を外部より減らすことができると予想される. いま, 図 7.11 (a) のような磁性体の球殻 (内半径 a, 外半径 b, 比透磁率 μ_r) を考えよう. ここで, 球外部の磁場を, 外部磁場 $\boldsymbol{H}_0$ と球の中心に置かれた磁気モーメント $\boldsymbol{m}_1$ による双極子場 (式 (6.63)) の合成, 磁性体中の磁場を, 一様磁場 $\boldsymbol{H}_1$ と球の中心に置かれた磁気モーメント $\boldsymbol{m}_2$ による双極子場の合成, 球殻内部の磁場を, 一様磁場 $\boldsymbol{H}_2$ とそれぞれ置いてみる. このとき, 境界条件から, $\boldsymbol{H}_1$, $\boldsymbol{H}_2$, $\boldsymbol{m}_1$, $\boldsymbol{m}_2$ を決めることができれば, それが求める磁場となる.

実際に, 球の外面 $(r=b)$ での磁場と磁束密度 $\boldsymbol{B}=\mu\boldsymbol{H}$ の境界条件を求めると,

$$-H_0\sin\theta+\frac{m_1\sin\theta}{4\pi b^3}=-H_1\sin\theta+\frac{m_2\sin\theta}{4\pi b^3} \tag{7.35}$$

$$\mu_0H_0\cos\theta+\frac{\mu_0m_1\cos\theta}{2\pi b^3}-\mu_0\mu_r H_1\cos\theta+\frac{\mu_0\mu_r m_2\cos\theta}{2\pi b^3} \tag{7.36}$$

また, 球の内面 $(r=a)$ での磁場と磁束密度の境界条件を求めると,

$$-H_1\sin\theta+\frac{m_2\sin\theta}{4\pi a^3}=-H_2\sin\theta \tag{7.37}$$

$$\mu_0\mu_r H_1\cos\theta+\frac{\mu_0\mu_r m_2\cos\theta}{2\pi a^3}=\mu_0H_2\cos\theta \tag{7.38}$$

であり, θ の因子は消えるので, これらから $\boldsymbol{H}_1$, $\boldsymbol{H}_2$, $\boldsymbol{m}_1$, $\boldsymbol{m}_2$ が求まる. 特に

$$H_2=\frac{H_0}{1+\dfrac{2(\mu_r-1)^2}{9\mu_r}\left(1-\dfrac{a^3}{b^3}\right)}\fallingdotseq\frac{H_0}{1+\dfrac{2}{9}\mu_r\left(1-\dfrac{a^3}{b^3}\right)}\quad(\mu_r\gg1) \tag{7.39}$$

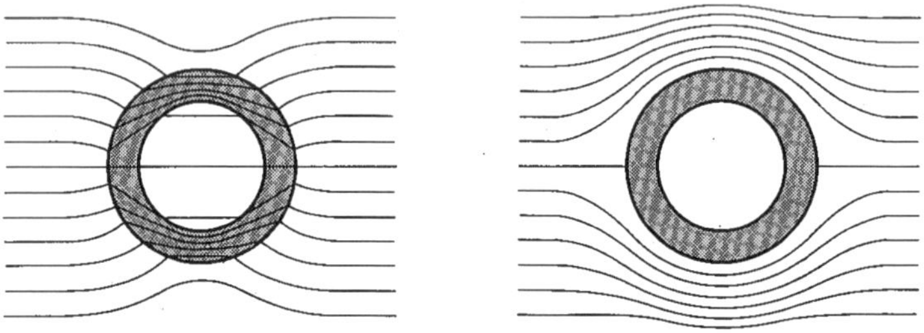

（a） 高透磁率磁性体の場合　　　　（b） 反磁性体の場合

図 7.11　磁気シールド

である．すなわち，内部の磁場 $\boldsymbol{H}_2$ は外部磁場 $\boldsymbol{H}_0$ より少ないことが示された．しかし完全にシールドするためには $\mu_r \to \infty$ でなくてはならない．

なお式 (7.39) より，反磁性体 ($\mu_r < 1$) でも磁気シールド効果があり，完全反磁性体 ($\mu_r \to 0$) を用いれば，図 7.11 (b) のように完全な磁気シールドができる．超伝導体を用いた**超伝導シールド** (superconducting shield) はすでに実用化されている．

7.5 磁気エネルギー

磁性体を磁化させるためには，誘電体と同様にエネルギーが必要であり，その大きさは，単位体積当たり次式で与えられる．

$$u_m = \mu_0 \int \boldsymbol{H} \cdot d\boldsymbol{M} = \int \boldsymbol{H} \cdot d\boldsymbol{B} - \frac{1}{2}\mu_0 H^2 \tag{7.40}$$

これが磁化によって蓄えられる**磁気エネルギー**である．さて近接相互作用論では，エネルギーは空間に蓄えられると考えるが，右辺第 2 項は，磁性体が占める真空によって蓄えられる磁気エネルギーであり，したがって第 1 項は，磁性体が占める空間の磁気エネルギーであると考えられる．透磁率が定数ならば

$$\boxed{u_m = \frac{1}{2}\boldsymbol{H} \cdot \boldsymbol{B} = \frac{1}{2}\mu H^2 = \frac{B^2}{2\mu}} \tag{7.41}$$

である．なおこれらは，8 章で再び述べる．

したがって電場と同様に，磁力 $\boldsymbol{F}$ に逆らって磁性体を $d\boldsymbol{l}$ だけ移動した場合，その系が孤立していれば，その仕事は磁気エネルギー ΔU_m として蓄えられ，$\Delta U_m = -\boldsymbol{F} \cdot d\boldsymbol{l}$ が成り立つから，逆に $\boldsymbol{l}$ 方向の力は，以下で与えられる．

$$F = -\frac{\partial U_m}{\partial l} \tag{7.42}$$

【例題 7.4】 磁石の吸引力

図 7.12 のように，磁化 $\boldsymbol{M}$ で一様に磁化した磁石 (断面積 S) に保磁子を吸いつける．すき間が d のときの吸引力を求めよ．

[**解**] すき間の磁束密度を B とすると，この空間のエネルギー密度は，式 (7.41) で与えられるから，すき間を Δx だけ広げたときに，そこに蓄えられる磁気エネルギーは

$$\Delta U_m = \frac{1}{2}HB \cdot 2S\Delta x = \frac{1}{2}\frac{2SB^2\Delta x}{\mu_0} \tag{7.43}$$

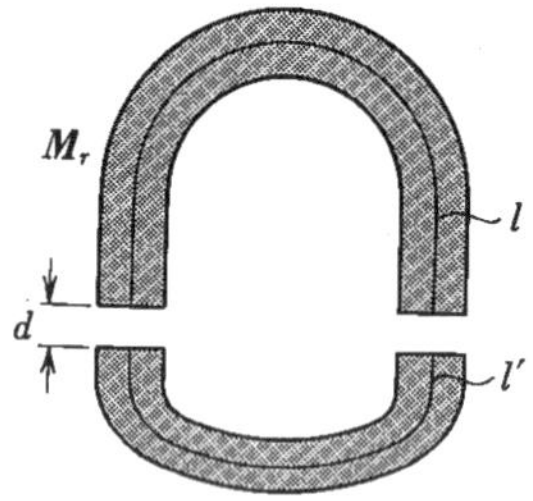

図 7.12　磁石の吸引力

である．よって働く力は次のように計算される．これは引力である．

$$F = -\frac{\Delta U_\mathrm{m}}{\Delta x} = -\frac{1}{2}\frac{B^2}{\mu_0}2S \tag{7.44}$$

なお磁化は一様だから，磁化電流は，ソレノイドのように，磁石表面を表面電流密度 $J_M = M$ で一様に流れ，$B = \mu_0 J_M = \mu_0 M$ である．これを代入すると

$$F = -\frac{1}{2}\mu_0 M^2 2S \tag{7.45}$$

となる．なお式 (7.44) から，磁束管の断面には単位面積当たり

$$f = \frac{1}{2}\frac{B^2}{\mu_0} = \frac{1}{2}\mu_0 H^2 \tag{7.46}$$

という，**磁場によるマクスウェルの応力**が働くと考えられる．

《参考》　強磁性体の磁化とヒステリシス損

強磁性体では前述のような $\boldsymbol{B}$，$\boldsymbol{H}$，$\boldsymbol{M}$ の間の比例関係は成り立たず，磁化率 χ_m や透磁率 μ は，$\boldsymbol{H}$ の関数である．$\boldsymbol{M}$ と $\boldsymbol{H}$ との関係は，**磁化曲線** (magnetization curve) または $\boldsymbol{M}$-$\boldsymbol{H}$**曲線**と呼ばれる．図 7.13 に強磁性体の典型的な磁化曲線を示す．強磁性体では，磁気モーメントが自発的に平行に揃うこと述べたが，実際には，平行に揃った領域は，図 7.14 のように小さな領域 (**磁区** (magnetic domain)) に分かれており，全体としては磁化は現れない．この状態に磁場を徐々にかけていくと，磁区の境界 (**磁壁** (domain wall)) が移動したり，磁区内の自発磁化の方向が，磁場の方向に回転したりして，図 7.13 の曲線 a のように，徐々に磁化が生じる．そしてすべての磁気モーメントが磁場の方向に揃い，**飽和磁化** (saturation magnetization) に達する (b)．続いて磁場を弱めると磁化はもとに戻らず，磁場を完全になくしても**残留磁化** (residual magnetization) M_r が残る (c)．さらに逆向きに磁場をかけていくと，ある磁場 $-H_\mathrm{m}$ で磁化を零にすることができる (d)．この磁場を**保磁力** (coercive force)

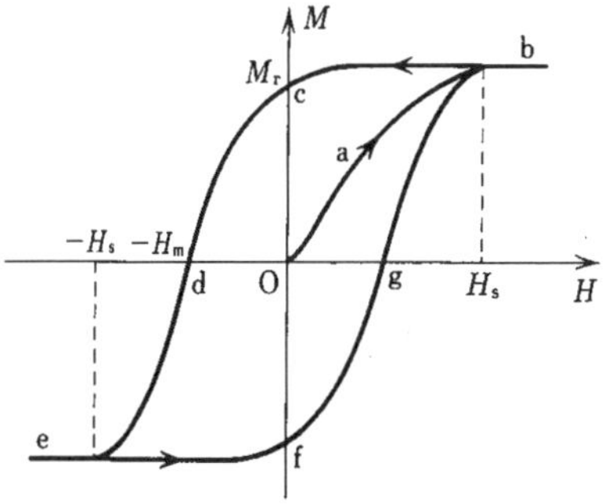

図 7.13　強磁性体の磁化曲線

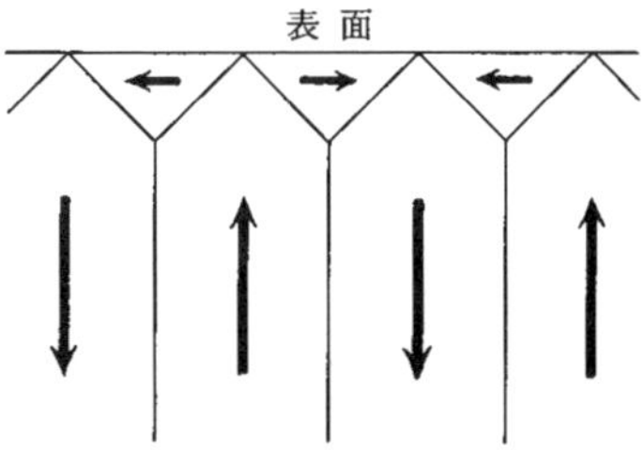

図 7.14　磁区構造

という．さらに磁場を強くすると再び磁化は飽和する (e)．磁場の変化を逆転すると，今度は f，g を経て状態 b に戻る．したがって磁場を $\pm\boldsymbol{H}_s$ の間で繰り返し変化させると，磁化曲線は b→c→d→e→f→g→b のループを描く．このように行きと帰りが異なる曲線を，一般に**履歴曲線**または**ヒステリシスループ** (hysteresis roop) という．強磁性体のこのような性質を**磁気ヒステリシス** (magnetic hysteresis) という．なお，最初に 1 回だけ通った曲線 O→a→b を**処女曲線** (virgine curve) という．H_m や M_r が大きな場合，磁性体は比較的広い範囲で飽和磁化に近い磁化を保つことができるので，永久磁石として用いることができる．一方，コイルの芯 (**コア** (core)) に使用するときは，なるべく磁気ヒステリシスが小さく，しかも磁化率が大きく一定な (M-H曲線が直線的で傾きが大きい) 方が良い．なぜなら，磁化には前述のようにエネルギーが必要であるから，磁気ヒステリシスがあると，単位体積当たり 1 周につき

$$u = \mu_0 \oint_C H dM \tag{7.47}$$

のエネルギー，すなわちヒステリシスループ C が囲んだ面積に等しいエネルギーを損するからである．これを**ヒステリシス損** (hysteresis loss) という．

なお，トランスなどでは鉄芯に流れる**渦電流** (eddy current) によるジュール熱によってもエネルギーを消耗する．これを**渦電流損** (eddy current loss) という．

7.6　磁 気 回 路

磁束は電流のようにループを作るので，電流の回路に対応して磁束の回路を考えることができる．これを**磁気回路** (magnetic circuit) という．

たとえば図 7.15 のような巻数 N，断面積 S，長さ l で，途中に幅 a ($\ll l$)

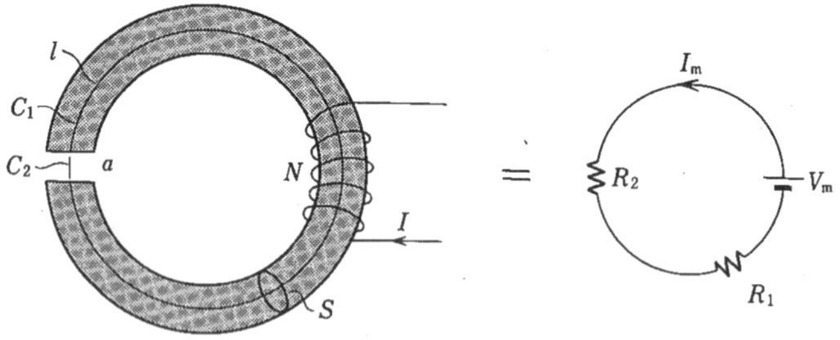

図 7.15 磁気回路

のギャップが開いたソレノイドに電流 I を流すとき，ソレノイドに沿った経路 C についてのアンペールの法則は

$$\oint_C H dl = \int_{C_1} H dl + \int_{C_2} H dl = NI \tag{7.48}$$

であるが，ソレノイド内の磁束を Φ_m とすれば，磁場は $H = \dfrac{\Phi_m}{S\mu}$ と書ける．いま磁束の漏れを無視すれば，Φ_m は一定であるから，式 (7.48) は

$$\Phi_m \int_{C_1} \frac{dl}{S\mu} + \Phi_m \int_{C_2} \frac{dl}{S\mu_0} = NI \tag{7.49}$$

となる．よって

$$R_1 \equiv \int_{C_1} \frac{dl}{S\mu} = \frac{l}{S\mu}, \quad R_2 \equiv \int_{C_2} \frac{dl}{S\mu_0} = \frac{a}{S\mu_0} \tag{7.50}$$

とおき，さらに $V_m \equiv NI$，$I_m \equiv \Phi_m$ とおくと

$$I_m R_1 + I_m R_2 = V_m \tag{7.51}$$

となり，電気回路と同じ関係が得られる．このとき，V_m を**起磁力** (magnetic motive force, **mmf**)，R_1，R_2 を**磁気抵抗** (magnetic resistance)[5]という．一般に，電気回路と磁気回路の間には，表 7.2 のような対応がある．磁気回路についてもキルヒホッフの法則に相当する法則が成り立つ．磁気回路は，磁束の漏れが大きいので，電気回路ほど正確ではないが，およその様子を調べるのに便利である．

5 磁場によって電気抵抗が変化する磁気抵抗効果 (magnetoresistance effect) とは関係ない．

表 7.2 磁気回路と電気回路との対応

電気回路		磁気回路	
電流密度	$\boldsymbol{j} = \sigma\boldsymbol{E}$	磁束密度	$\boldsymbol{B} = \mu\boldsymbol{H}$
連続性	$\mathrm{div}\,\boldsymbol{j} = 0$	連続性	$\mathrm{div}\,\boldsymbol{B} = 0$
電流	$I = \int_S \boldsymbol{j}\cdot d\boldsymbol{S}$	磁束	$\Phi_{\mathrm{m}} = \int_S \boldsymbol{B}\cdot d\boldsymbol{S}$
起電力	$\oint_C \boldsymbol{E}\cdot d\boldsymbol{l} = V$	起磁力	$\oint_C \boldsymbol{H}\cdot d\boldsymbol{l} = NI$
電気抵抗	$R = \int_C \frac{dl}{S\sigma}$	磁気抵抗	$R_{\mathrm{m}} = \int_C \frac{dl}{S\mu}$

【例題 7.5】 磁気回路

図 7.15 で，すき間の磁束密度 $\boldsymbol{B}$ を求めよ．ただし磁束の洩れや，すき間での磁束の広がりは無視できるものとする．

［解］ 磁気回路を通る磁束を Φ_{m} とすると，式 (7.49)，式 (7.50) より，

$$\Phi_{\mathrm{m}} = NI \Bigg/ \left(\frac{l}{S\mu} + \frac{a}{S\mu_0}\right) \tag{7.52}$$

であるから，求める磁束密度は，$B = \Phi_{\mathrm{m}}/S$ より，次のように与えられる．

$$B = NI \Bigg/ \left(\frac{l}{\mu} + \frac{a}{\mu_0}\right) \tag{7.53}$$

演習問題 7

7.1 面に垂直に磁化 M で一様に磁化した，半径 a，厚さ b ($\ll a$) の円板状の磁石がある．面の中心から垂直に距離 x だけ離れた点の磁位および磁束密度を求めよ．

7.2 半径 2 mm，高さ 1 mm の円柱状磁石がある．この磁石の底面の中心の磁束密度を測ったら，1300 G(ガウス) であった．この磁石が軸方向に一様に磁化しているとして，磁化電流を求めよ．

7.3 一様な磁場 $\boldsymbol{H}_0$ 中に，磁場に垂直に，比透磁率 μ_{r} の無限に長い円柱棒を置く．棒が一様に磁化したとして，棒内の磁化 $\boldsymbol{M}$，および磁場 $\boldsymbol{H}$ を求めよ．ただし円柱棒の軸に垂直な方向の反磁場係数は $N = \dfrac{1}{2}$ である．

7.4 電荷 Q が表面に一様に分布した半径 a の球が，中心軸のまわりに角速度 ω で回転しているときに作る磁場は，一様に磁化 $M = \dfrac{Q\omega}{4\pi a}$ で磁化した，同じ半径の球形磁石が作る磁場と同じであることを示せ．

7.5 電子を，半径 a の球の表面に電荷 $-e$ が一様に分布し，それが角速度 ω で自転しているものと考えるとき，これによる磁気モーメントを求めよ．また電子を，質量 m の一様な物体とするとき，磁気角運動量比 γ を求めよ．

7.6 同一直線に沿って，距離 r だけ離して平行に置かれた，2 つの磁気モーメント $\boldsymbol{m}_1$，$\boldsymbol{m}_2$ に働く相互作用を求めよ．また，反平行にするとどうなるか．

7.7 一様な磁束密度 $\boldsymbol{B}$ の中に磁気モーメント $\boldsymbol{m}$ の磁石 (慣性モーメント I) がある．この磁石を微小振動させたときの周期を求めよ．

7.8 不均一磁場 $\boldsymbol{B}$ 中に，小さな常磁性体球 (磁化率 χ_{m}) を置いたときに働く力は，単位体積当たり，以下であることを示せ．

$$\boldsymbol{F} = \frac{1}{2\mu_0}\frac{3\chi_{\mathrm{m}}}{\chi_{\mathrm{m}}+3}\nabla(B^2) \fallingdotseq \frac{1}{2\mu_0}\chi_{\mathrm{m}}\nabla(B^2) \quad (\chi_{\mathrm{m}} \ll 1) \tag{7.54}$$

7.9 (**ラーモア歳差運動**) 角運動量 $\boldsymbol{L}$ に付随して，磁気モーメント $\boldsymbol{\mu} = \gamma\boldsymbol{L}$ を持つ粒子がある．この粒子に磁束密度 $\boldsymbol{B}$ をかけると，コマのように歳差運動することを示し，その角周波数 ω_{L} を求めよ．これを**ラーモア歳差運動** (Larmor precession) といい，ω_{L} を**ラーモア周波数** (Larmor frequency) という．またこれが電子の軌道運動のとき，ω_{L} はサイクロトロン周波数 $\omega_{\mathrm{s}} = eB/m$ の半分であることを示せ．

7.10 例題 7.5 で，すき間およびコアに蓄えられる磁気エネルギーを求めよ．またそれらは $\mu \gg \mu_0$ の場合どうなるか．

7.11 例題 7.5 で，すき間を縮めようとする力を求めよ．

7.12 図 7.16 のようなサイズで，断面積 S，透磁率 μ のコアに，コイルを N_1，N_2 回巻き，それぞれに電流を I_1，I_2 流す．中央部の磁束密度を求めよ．

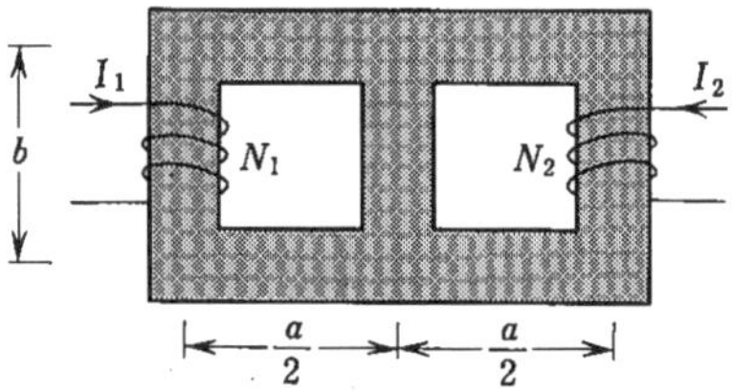

図 7.16

8

電磁誘導

前章までは，時間的に変化しない静電場や静磁場を扱ってきたが，この章からは，時間的に変化する電磁場をとりあげ，電場と磁場が相互に関連していることを学ぶ．まずこの章では，磁場の時間変化が電場を誘導する，**電磁誘導の法則**を説明し，静電場の基礎方程式を，時間変化を考えた方程式に拡張する．また，**コイル**が蓄える磁場のエネルギーについて述べる．

8.1 電磁誘導

8.1.1 ファラデーの法則

6章でも述べたように，ファラデーは，電流のまわりには磁場という空間が生じると考えたが，そこで彼は，その磁場の作用によって逆に，近くにあるコイルには電流が誘導されるはずであると考え，次の実験を行なった (1831 年)[1].

(1) まず図 8.1 (a) のように密に重ねた 2 つのコイルを作り，一方のコイルにボルタの電池をつないで定常電流を流し，他方のコイルに電流が流れるかどうかを**検流計** (galvanometer) で調べた．

この実験で彼は，定常電流を流すと，静電誘導のように，他方のコイルに電流が誘導され続けると予想したが，結果はそれに反して，定常電流を流している

1 このような**対称性** (symmetry) の考察が，大きな発見につながる例は多い．

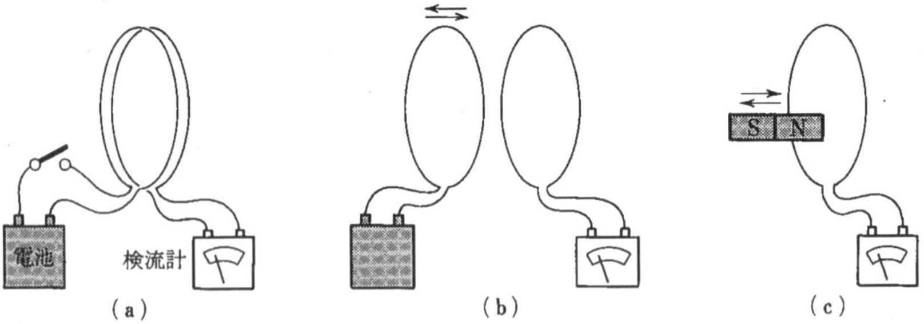

図 8.1 ファラデーの電磁誘導の実験の概念図

間は検流計の針は振れなかった．しかし電池を接続したり切り離したりする瞬間だけ，検流計が振れ，しかもそれは，切るときとつなぐときとでは逆になることを発見した．この結果から，時間変化が重要であることに気付き，次に，

(2) 図 8.1 (b) のようにコイルを 2 つ作り，一方のコイルに定常電流を流しながら，それを検流計のついた他方のコイルに近づけたり離したりした．

(3) さらに図 8.1 (c) のように磁石をコイルの中に出し入れした．

そして，コイルや磁石を動かしている間だけ，検流計の針が振れることを発見した．すなわち，磁場の『時間変化』が電流を誘導することを見い出した．

このような現象を**電磁誘導** (electromagnetic induction) という．これにより電気学と磁気学は統合され，**電磁気学** (electromagnetics) が誕生した．なお，生じた起電力を**誘導起電力** (induced electromotive force)，生じた電流を**誘導電流** (induced current) という．また，誘導電流の方向は，コイルを貫く磁束の変化を妨げる向きである．これは 1834 年，ロシアのレンツ (Lenz) が発見したので，**レンツの法則** (Lenz's law) と呼ばれる．アルミや銅などの導体板に磁石を素早く近づけると，斥力が働くが，これはレンツの法則により，磁束の変化を妨げるような**渦電流** (eddy current) が生じるためである．

ドイツのノイマン (Neumann) は，以上の現象を次のように考えた．すなわち，N 回巻きコイルを貫く磁束を Φ_{m} とすると，その時間変化に比例して

$$V = -N\frac{d\Phi_m}{dt} = -\frac{d\Phi}{dt} \tag{8.1}$$

のような起電力がコイルに生じる．ただし $\Phi \equiv N\Phi_m$ であり，これを**磁束鎖交数**という．負の符号はレンツの法則を表わしている．この式を**ファラデーの電磁誘導の法則** (Faraday's law of induction) という．なお，式 (8.1) より磁束の単位 Wb (ウェーバー) が定義される．すなわち，1 巻コイルに 1 V の誘導起電力を生じるための，1 秒間の磁束変化量を 1 Wb とする．

ファラデーの実験では，コイルが静止して磁場が変化する場合と，磁場中をコイルが運動する場合の 2 通りがあるので，次にこれらについて考えてみよう．

8.1.2 回路の運動とローレンツ力

まず静磁場中をコイルが運動する場合を考えよう．多少一般的に，図 8.2 のように，ループ C (1 回巻きコイル) が速度 $\boldsymbol{v}$ で平行移動する場合を考えると，コイルと鎖交する磁束の変化 $\Delta\Phi$ は，コイルから出た磁束とコイルに入った磁束の差であるが，磁束には発散がないから，これは，図 8.2 の側面 S を貫く磁束に等しい．ここで C に沿って $d\boldsymbol{l}$ だけ進んだときの微小面積ベクトルは，

$$d\boldsymbol{S} = \boldsymbol{v}\Delta t \times d\boldsymbol{l} \tag{8.2}$$

であるから，側面 S を貫く磁束は，

$$\Delta\Phi_m = \int_S \boldsymbol{B}\cdot d\boldsymbol{S} = \oint_C \boldsymbol{B}\cdot(\boldsymbol{v}\Delta t \times d\boldsymbol{l}) = \Delta t \oint_C (\boldsymbol{B}\times\boldsymbol{v})\cdot d\boldsymbol{l} \tag{8.3}$$

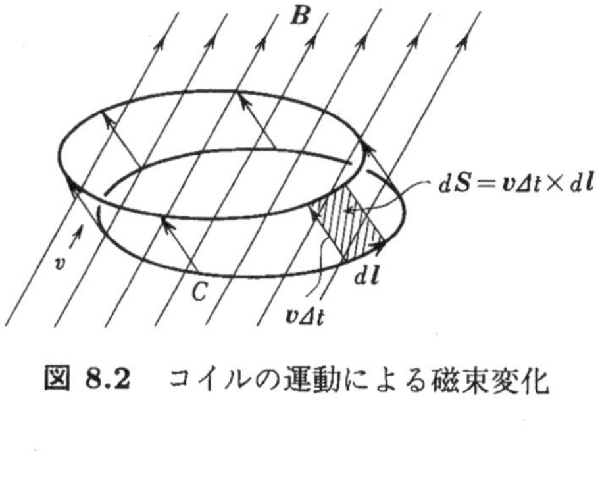

図 8.2 コイルの運動による磁束変化

である．よって誘導起電力は

$$V = -\lim_{\Delta t \to 0} \frac{\Delta \Phi_{\mathrm{m}}}{\Delta t} = \oint_C (\boldsymbol{v} \times \boldsymbol{B}) \cdot d\boldsymbol{l} \tag{8.4}$$

となる．これは，コイルに沿って，電場

$$\boldsymbol{E} = \boldsymbol{v} \times \boldsymbol{B} \tag{8.5}$$

が生じることを意味する．これは，コイルの導線中にある電荷 q は，コイルの運動に伴なって磁場中を速度 $\boldsymbol{v}$ で運動するから，ローレンツ力 $\boldsymbol{F} = q\boldsymbol{v} \times \boldsymbol{B}$ を受け，それが誘導起電力になると解釈することもできる．

【例題 8.1】　導体棒の運動

図 8.3 のように，一様な磁束密度 $\boldsymbol{B}$ に垂直に，導体レール 1，2 を間隔 l で平行に置き，それに沿って導体棒を速度 v で滑らせる．レール 1，2 の電位差を求めよ．

［**解**］式 (8.5) より，導体棒には，レール 1 → 2 の向きに，大きさ $E = vB$ の誘導電場が生じる．よって求める電位差は，それを間隔 l にわたって積分して $V = lvB$.

［**別解**］棒の時刻 $t = 0$ における位置と，時刻 t における位置と，レールで囲まれる領域内の磁束は，$\Phi = lvtB$ であるから，このループの誘導起電力は

$$V = -\frac{d\Phi}{dt} = -lvB \tag{8.6}$$

である．これはループ内の磁束を減らす方向だから，電圧は棒の 1 から 2 に生じる．

【例題 8.2】　単極誘導

図 8.4 のように，一定の角速度 ω で回転する半径 a の導体円板に，回転軸に平行に磁束密度 $\boldsymbol{B}$ を加える．このとき，円板の軸と縁の間の誘導起電力を求めよ．

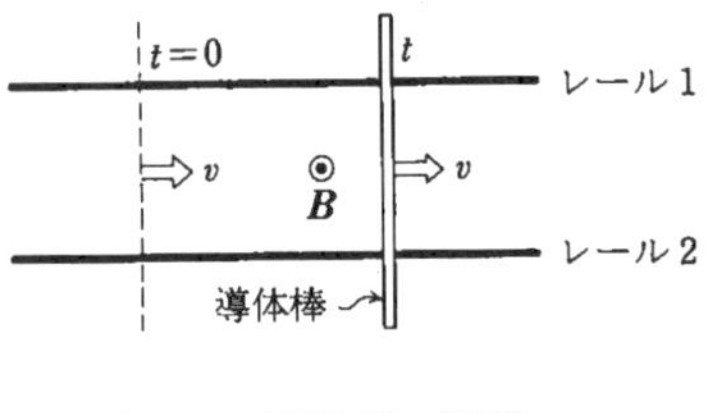

図 **8.3**　導体棒の運動

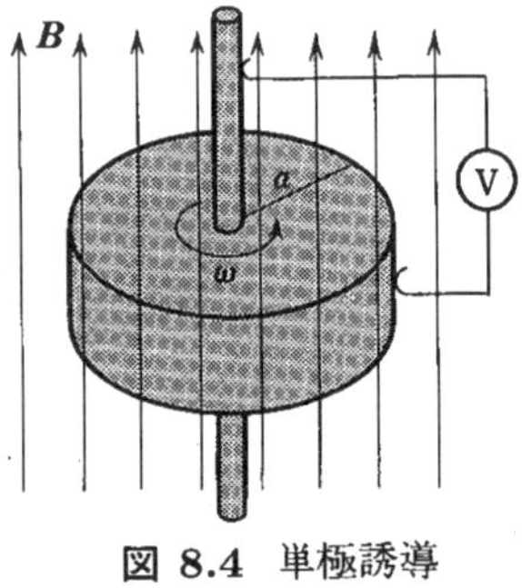

図 **8.4**　単極誘導

［解］導体中の半径 r の位置にある電荷 q は，磁束の中を速度 $v = r\omega$ で運動するから，半径方向にローレンツ力 $F = qvB$ を受ける．すなわち生じた誘導電場は，半径方向に $E = vB = r\omega B$ である．よって求める誘導起電力は，

$$V = \int_0^a r\omega B dr = \frac{1}{2}a^2\omega B \tag{8.7}$$

となる．この現象は，鉄などの導体でできた磁石を，磁化軸のまわりに回転しても生じるので，**単極誘導**(monopole induction)と呼ばれている．

8.1.3 磁束密度の変化と誘導電場

次にコイルが静止している場合の電磁誘導について考えよう．この場合，上述の説明は使えない．いま図8.5のように，ループ C (1 回巻きコイル) と鎖交する磁束が変化することを考えると，ファラデーの法則より，この閉ループに沿って，式 (8.1) に従う起電力が生じる．いまこの電圧を，電磁誘導によってコイルに沿って生じた電場 $\boldsymbol{E}$ によるものと考えると

$$\oint_C \boldsymbol{E} \cdot d\boldsymbol{l} = -\frac{d\Phi_{\mathrm{m}}}{dt} \tag{8.8}$$

となる．一方，閉ループ C を縁とする面の面積を S とすると，磁束は磁束密度の面積分で与えられるから，これを式 (8.8) に代入して，微分と積分の順序を入れ換えると，積分内では，$\boldsymbol{B}$ は時間以外に場所の関数でもあるから，微分は偏微分になることに注意して，

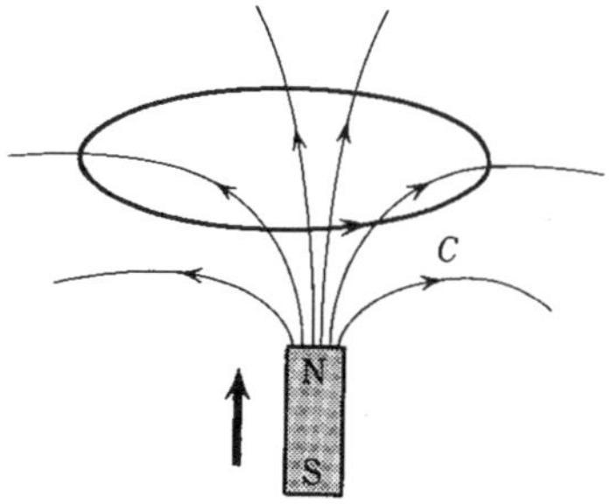

図 8.5 磁束密度の変化による磁束変化

$$\oint_C \boldsymbol{E}\cdot d\boldsymbol{l} = -\int_S \frac{\partial \boldsymbol{B}}{\partial t}\cdot d\boldsymbol{S} \tag{8.9}$$

となる．ここで左辺にストークスの定理を用いると，次式を得る．

$$\boxed{\mathrm{rot}\ \boldsymbol{E} = -\frac{\partial \boldsymbol{B}}{\partial t}} \tag{8.10}$$

すなわち，この電場は，磁場の時間変化によって誘導された電場であり，静電場と違って rot $\boldsymbol{E} \neq \boldsymbol{0}$ であるから，保存場ではないが，これは電場であって，電荷 q を置けば，$\boldsymbol{F} = q\boldsymbol{E}$ が働く．このような電場を**誘導電場** (induced electric field) という．式 (8.9) または式 (8.10) はマクスウェル方程式の 1 つである．

なお，$\boldsymbol{B} = \mathrm{rot}\ \boldsymbol{A}$ で定義されるベクトルポテンシャル $\boldsymbol{A}$ を用いれば

$$\mathrm{rot}\ \boldsymbol{E} = -\frac{\partial \mathrm{rot}\ \boldsymbol{A}}{\partial t} = -\mathrm{rot}\ \frac{\partial \boldsymbol{A}}{\partial t} \tag{8.11}$$

であるから，誘導電場は，次のように書くことができる．

$$\boxed{\boldsymbol{E} = -\frac{\partial \boldsymbol{A}}{\partial t}} \tag{8.12}$$

【例題 8.3】 誘導発電機

図 8.6 のように，縦横の長さがそれぞれ a，b で n 回巻きの平面コイルを，一様な磁束密度 $\boldsymbol{B}$ に垂直に角速度 ω で回転させる．誘導起電力を求めよ．

［**解**］ 時刻 $t = 0$ で，コイルの法線と磁場とのなす角を 0 とすると，時刻 t における角は ωt であるから，コイルの鎖交磁束は，$\Phi(t) = nabB\cos\omega t$ で変化する．よって求める誘導起電力は，次のような角周波数 ω の交流電圧である．

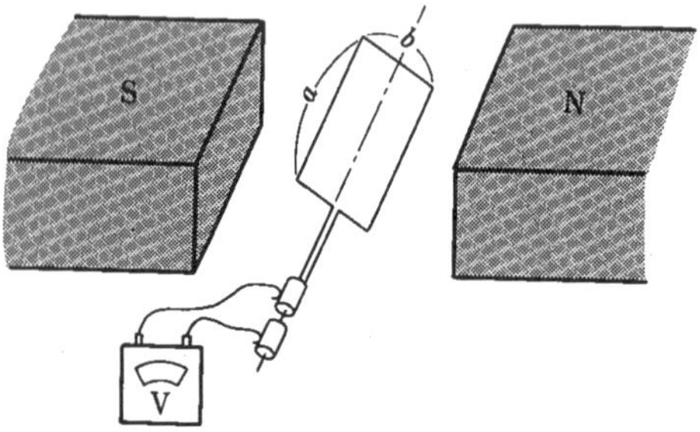

図 8.6 誘導発電機

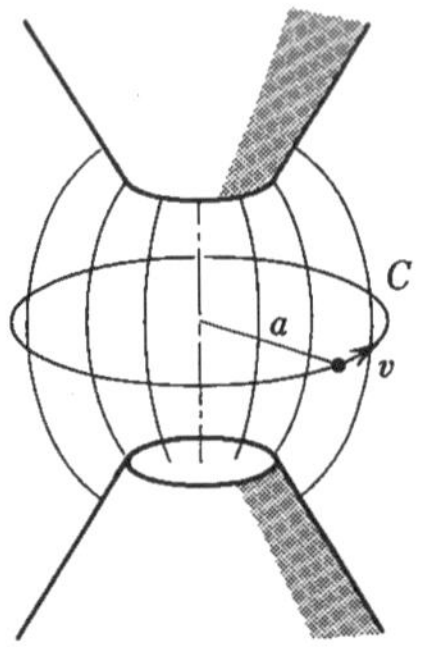

図 8.7 ベータトロン

$$V = -\frac{d\Phi}{dt} = nab\omega B \sin \omega t \tag{8.13}$$

問 8.1 例題8.3で，コイルを回転するのに必要なトルクを求めよ．ただし回転軸の摩擦や空気抵抗などは考えなくてよい．（トルクは 0．(演習問題 8.1 参照)）

【例題 8.4】 ベータトロン

図 8.7 のような軸対称な電磁石の中心から，軸に垂直な距離 a の点に電子 (質量 m，電荷 $-e$) がある．この電子を，半径 a の円周上で加速する条件を考えよ．

［**解**］磁場をかけていくと，誘導電場 $\boldsymbol{E}$ が生じるが，対称性から，それは半径 r の円周上では，大きさが等しく接線方向である．よって，半径 a の円 C について電磁誘導の法則 (式 (8.8)) を用いると

$$2\pi a E(a,t) = -\frac{d\Phi_{\mathrm{m}}}{dt} \tag{8.14}$$

である．よって

$$E(a,t) = -\frac{1}{2\pi a}\frac{d\Phi_{\mathrm{m}}}{dt} \tag{8.15}$$

である．電子が半径 a の円周上を運動するような条件を求めると，運動方程式は

$$m\frac{dv}{dt} = -eE(a,t) \quad (\text{円周方向}) \tag{8.16}$$

$$m\frac{v^2}{a} = evB(a,t) \quad (\text{半径方向}) \tag{8.17}$$

となるから，$t=0$ で $v=0$，$B=0$ とすれば

$$mv = \frac{e\Phi_{\mathrm{m}}}{2\pi a} \tag{8.18}$$

$$B(a,t) = \frac{\Phi_{\mathrm{m}}}{2\pi a^2} \tag{8.19}$$

を得る．すなわちこの条件を満たしながら磁場を大きくすれば，電子を円軌道のまま加速できる．この条件は，円周上の磁束密度は，円内の磁束密度の平均 $B_{\text{平均}} = \dfrac{\Phi_{\mathrm{m}}}{\pi a^2}$ の半分である．このような磁場は，図のように磁極 (ポールピース) の形状をテーパーにすることで得られる．このような装置を**ベータトロン** (betatron) という．

《参考》 電磁ポテンシャル

スカラーポテンシャル ϕ，ベクトルポテンシャル $\boldsymbol{A}$ を合わせて **電磁ポテンシャル** (electromagnetic potential) という．これを用いて電場と磁場は

$$\boxed{\boldsymbol{E} = -\mathrm{grad}\ \phi - \frac{\partial \boldsymbol{A}}{\partial t}, \quad \boldsymbol{B} = \mathrm{rot}\ \boldsymbol{A}} \tag{8.20}$$

のように完全に与えられる.

なお，実は電場と磁場とは相対的であり，観測する座標系によって互いに入れ変わる．すなわち磁場は**特殊相対論的**な効果である．たとえば，磁場中を等速直線運動する電子には，ローレンツ力が働くが，この現象を，電子とともに移動する座標系から眺めると，電子は静止しているから，受けている力はクーロン力のはずである.

8.2 インダクタンス

8.2.1 自己インダクタンス

コイル 1 に電流 I を流すと，図 8.8 のように，そのコイル自身が作る磁束がコイル 1 を貫くが，その鎖交磁束数 Φ は，真空中では電流に比例する.

$$\boxed{\Phi = LI} \tag{8.21}$$

このとき，この L を**自己インダクタンス** (self-inductance) という．なお，磁性体があっても，透磁率 μ が一定とみなせれば Φ は電流に比例する．自己インダクタンスは，コイルの形状や大きさなどの幾何学的条件と，空間の透磁率 μ によって決まる．インダクタンスの単位は H (ヘンリー) である．式 (8.21) より $\mathrm{H} = \mathrm{Wb/A} = \mathrm{T{\cdot}m^2/A}$ である.

8.2.2 相互インダクタンス

また図 8.8 のように，別のコイル 2 が存在すると，コイル 1 の作る磁束の一部は，コイル 2 を貫き，その鎖交磁束数 Φ' は，真空中では電流に比例する.

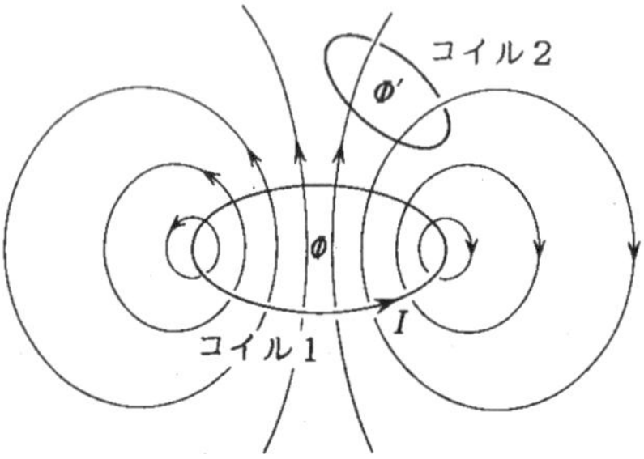

図 8.8 インダクタンス

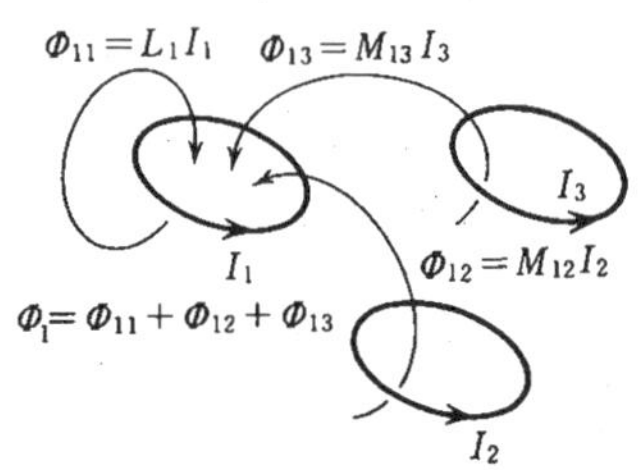

図 8.9 コイル系

$$\boxed{\Phi' = MI} \tag{8.22}$$

このとき，この M を**相互インダクタンス** (mutual-inductance) という．なお，磁性体があっても，透磁率 μ が一定とみなせれば，Φ' は電流に比例する．一般に n 個のコイルが一定の幾何学的配置をとっているとき，あるコイルを貫く磁束は，図 8.9 に示すように，重ね合わせの原理から，自分および他のコイルによる磁束の和である．コイルの電流がそれぞれ I_i $(i = 1, 2, \ldots, n)$ であるとき，各コイルの鎖交磁束数をそれぞれ $\Phi_1, \Phi_2, \ldots, \Phi_n$ とすると，

$$\begin{aligned}
\Phi_1 &= L_1 I_1 + M_{12} I_2 + \cdots + M_{1n} I_n \\
\Phi_2 &= M_{21} I_1 + L_2 I_2 + \cdots + M_{2n} I_n \\
&\cdots \\
\Phi_n &= M_{n1} I_1 + M_{n2} I_2 + \cdots + L_n I_n
\end{aligned} \tag{8.23}$$

と書ける．ここで L_i はコイル i の自己インダクタンス，M_{ij} はコイル i と j の間の相互インダクタンスである．相互インダクタンスについて，次の相反定理が成り立つ．

$$M_{ij} = M_{ji} \tag{8.24}$$

式 (8.23) より，相互インダクタンスは

$$\boxed{M_{ij} = \frac{\partial \Phi_i}{\partial I_j}} \tag{8.25}$$

と書くことができる．ここで簡単な系のインダクタンスを求めよう．

【例題 8.5】 矩形断面トロイド

図 8.10 (a) のように，矩形断面をもつトロイド (内径 a，外径 b，高さ h，巻数 N で，内部は透磁率 μ の磁性体で満たされている) の自己インダクタンスを求めよ．

［解］ コイルに電流 I を流すと，コイル内の $a < r < b$ の磁場は対称性からコイルに沿った円周上で等しく，その向きは円周方向であるから，図 8.10 (b) のように磁場に関するアンペールの法則を半径 r の円周 C ついて適用すると，ループがコイル内にある場合，ループ C が囲む伝導電流は NI であるから，アンペールの法則より

$$2\pi r H = NI \quad \therefore H = \frac{NI}{2\pi r} \tag{8.26}$$

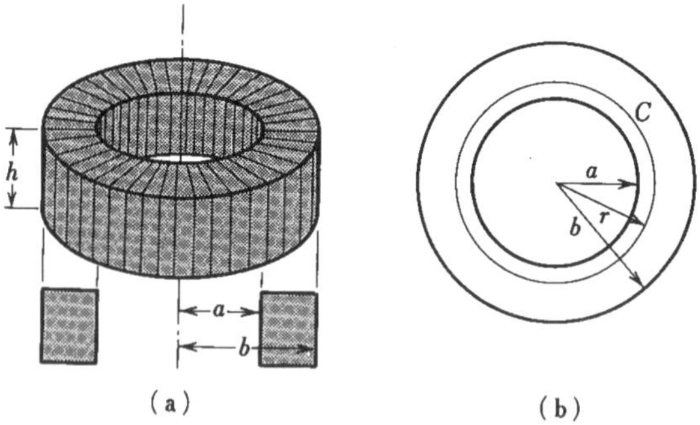

図 8.10　矩形断面トロイド

である．また，ループがコイル外にあるときはコイルが囲む電流はないから，コイル外部の磁場は零である．磁束密度は $B = \mu H$ から求まり，またコイルの高さは h だから

$$\Phi_{\mathrm{m}} = \int_a^b Bh dr = \frac{\mu N I h}{2\pi} \ln \frac{b}{a} \tag{8.27}$$

である．よって巻き数 N のコイルの磁束鎖交数は $\Phi = N\Phi_{\mathrm{m}}$ であり，したがって求める自己インダクタンスは

$$L = \frac{\Phi}{I} = \frac{\mu N^2 h}{2\pi} \ln \frac{b}{a} \tag{8.28}$$

である．なお，$b - a \ll a$ の場合，

$$\ln \frac{b}{a} = \ln \left(1 + \frac{b-a}{a}\right) \approx \frac{b-a}{a} \tag{8.29}$$

であるから，巻き線密度 $n \approx N/(2\pi a)$，コイルの体積 $V \approx 2\pi a h(b-a)$ を用いて

$$L = \mu n^2 V \tag{8.30}$$

となる．また磁束密度もほぼ一様で，以下となる．

$$B = \mu_0 n I \tag{8.31}$$

【例題 8.6】　トロイダルトランス

例題 8.5 のコイル (これをコイル 1 とする) の巻き数を N_1 として，その上にさらに別のコイル 2 を N_2 回均等に巻く．このときのコイル 1，2 の相互インダクタンスを求めよ．また，コイル 1，2 の自己インダクタンスを L_1，L_2 とするとき，$L_1 L_2 = M^2$ であることを示せ．

［**解**］まず，コイル 1 に電流 I を流したときのコイル 2 の鎖交磁束数を求めると，例題 8.5 の結果と，コイル 2 の巻き数を考えて

$$\Phi_{21} = \frac{\mu N_1 N_2 I h}{2\pi} \ln \frac{b}{a} \tag{8.32}$$

であるから，求める相互インダクタンスは

$$M_{21} = \frac{\Phi_{21}}{I} = \frac{\mu N_1 N_2 h}{2\pi} \ln \frac{b}{a} \tag{8.33}$$

である．逆にコイル 2 に電流 I を流して，相互インダクタンス M_{12} を求めても，同じ結果を得る．すなわち相反定理が成り立つ．また，コイル 1，2 の自己インダクタンスは，式 (8.28) で $N = N_1, N_2$ とすれば求まり，直ちに $L_1 L_2 = M^2$ が示される．

【例題 8.7】 平行ケーブルの自己インダクタンス

図 8.11 のような半径 a の円形断面をもつ導線が，中心間距離 d で平行に置かれている．この平行ケーブルに逆方向に電流を流すときの単位長さ当たりの自己インダクタンスを求めよ．

［**解**］導線で囲まれる平面内で，一方の導線の中心から距離 x の点の磁束密度は

$$B = \frac{\mu_0 I}{2\pi x} + \frac{\mu_0 I}{2\pi(d - x)} \tag{8.34}$$

であるから，導線外部で，往復電流との鎖交磁束数は，単位長さ当たり，

$$\begin{aligned} \Phi &= \int_a^{d-a} B dx = \frac{\mu_0 I}{2\pi} \int_a^{d-a} \left(\frac{1}{x} + \frac{1}{d - x} \right) dx \\ &= \frac{\mu_0 I}{\pi} \ln \frac{d - a}{a} \end{aligned} \tag{8.35}$$

である．よって，単位長さ当たりの自己インダクタンスは，次のように与えられる．

$$L_{\text{out}} = \frac{\mu_0}{\pi} \ln \frac{d - a}{a} \tag{8.36}$$

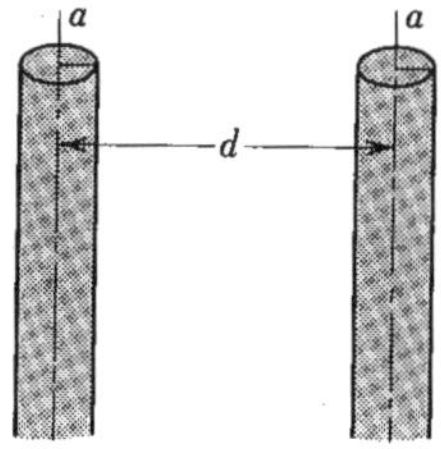

図 8.11 平行導線

ところで，導線の太さを考える場合，導線内部の自己インダクタンスが問題となることがある．次にそれを求めよう．さて導線に電流 I を流したときの導線内の中心から半径 r の点の磁束密度は，例題 6.7 より $B=\mu_0 Ir/(2\pi a^2)$ であるから，厚さ dr の部分の鎖交磁束数は単位長さ当たり

$$d\Phi=\left(\frac{r^2}{a^2}\right)Bdr=\frac{\mu_0 Ir^3}{2\pi a^4}dr \tag{8.37}$$

である．係数 $\dfrac{r^2}{a^2}$ は，寄与する電流が半径 r 内であるためのものである．よって電流 I 全体との鎖交磁束数は

$$\Phi=\frac{\mu_0 I}{2\pi a^4}\int_0^a r^3 dr=\frac{\mu_0 I}{8\pi} \tag{8.38}$$

である．したがって導線自身の自己インダクタンスは

$$L_{\rm in}=\frac{\mu_0}{8\pi} \tag{8.39}$$

である．これは**内部インダクタンス**と呼ばれ，電流分布が一様であれば導線の径によらず，単位長さ当たりに存在する．

よって全体の，単位長さ当たりの自己インダクタンスは，2 本の導線だから内部インダクタンスが 2 倍になることに注意して，以下となる．

$$L=2L_{\rm in}+L_{\rm out}=\frac{\mu_0}{\pi}\left(\ln\frac{d-a}{a}+\frac{1}{4}\right) \tag{8.40}$$

《参考》　ノイマンの公式

図 8.12 のように，2 つの回路 C_1，C_2 があるとき，回路 C_1 に電流 I_1 を流したとき生じる磁束密度を $\boldsymbol{B}_1$ とすると，回路 C_2 と鎖交する磁束 Φ_{21} は，式 (6.72) より

$$\Phi_{21}=\int_{S_2}\boldsymbol{B}_1\cdot d\boldsymbol{S}=\oint_{C_2}A_1\cdot d\boldsymbol{l}_2 \tag{8.41}$$

である．ただし $\boldsymbol{A}_1$ は電流 I_1 によるベクトルポテンシャルで，式 (6.71) より

$$A_1=\frac{\mu_0 I_1}{4\pi}\oint_{C_1}\frac{d\boldsymbol{l}_1}{r_{12}} \tag{8.42}$$

である．よって，これを式 (8.41) に代入すると，

$$\Phi_{21}=\frac{\mu_0 I_1}{4\pi}\oint_{C_1}\oint_{C_2}\frac{d\boldsymbol{l}_1\cdot d\boldsymbol{l}_2}{r_{12}} \tag{8.43}$$

を得る．よって相互インダクタンスは

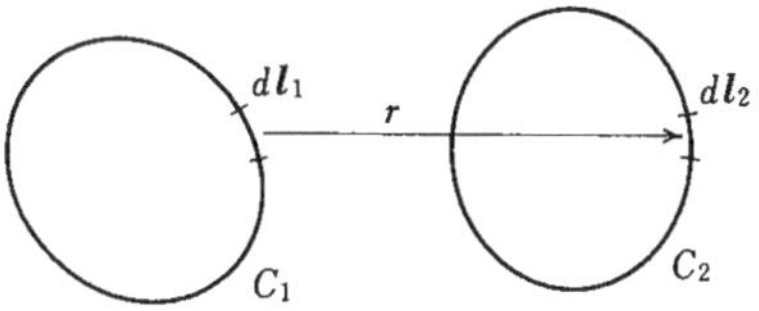

図 8.12 ノイマンの公式

$$M_{21} = \frac{\mu_0}{4\pi} \oint_{C_1} \oint_{C_2} \frac{d\boldsymbol{l}_1 \cdot d\boldsymbol{l}_2}{r_{12}} \tag{8.44}$$

となる．M_{12} も同様に求まり，相反定理 $M_{12} = M_{21}$ が成り立つ．式 (8.44) は**ノイマンの公式** (Neumann's formulae) と呼ばれている．

同様に，自己インダクタンスは

$$L = \frac{\mu_0}{4\pi} \oint_{C} \oint_{C} \frac{d\boldsymbol{l} \cdot d\boldsymbol{l}'}{r} \tag{8.45}$$

となるが，これは一般に発散する．よってこの場合は，導線の太さを考慮しなければならないが，詳細は他書に譲る．

8.3 自己誘導と相互誘導

式 (8.23) をインダクタンス一定として式 (8.1) に代入すると，誘導起電力は

$$\begin{aligned}
V_1 &= -\frac{d\Phi_1}{dt} = -L_1\frac{dI_1}{dt} - M_{12}\frac{dI_2}{dt} - \cdots - M_{1n}\frac{dI_n}{dt} \\
V_2 &= -\frac{d\Phi_2}{dt} = -M_{21}\frac{dI_1}{dt} - L_2\frac{dI_2}{dt} - \cdots - M_{2n}\frac{dI_n}{dt} \\
&\cdots \\
V_n &= -\frac{d\Phi_n}{dt} = -M_{n1}\frac{dI_1}{dt} - M_{n2}\frac{dI_2}{dt} - \cdots - L_n\frac{dI_n}{dt}
\end{aligned} \tag{8.46}$$

となる．ここで $-L_i\dfrac{dI_i}{dt}$ は，コイル i の電流 I_i の時間変化によって，コイル i の鎖交磁束が変化し，それによって自身に誘導される起電力であり，これを**自己誘導** (self-induction) という．**自己誘導は，常に電流の変化を妨げるように働く．**一方，$-M_{ij}\dfrac{dI_j}{dt}$ は，コイル j の電流 I_j の時間変化によって，コイル i の鎖交磁束が変化し，それによって，コイル i に誘導される起電力であり，これを**相互誘導** (mutual-induction) という．

ところで電流の時間変化があまり速くない場合，各瞬間においては，定常電流とみなせる．このような場合を**準定常電流** (quasi-stationary electric current) という．たとえば，**直流電流** (direct current, DC) が，ある定常状態から別の定常状態に移る**過渡現象** (transient phenomena) や，電流が周期的に変化する**交流電流** (alternating current, AC) も，その変化があまり速くなければ，準定常電流とみなせる．

【例題 8.8】 RL **直列回路の過渡現象**

図 8.13 (a) のような，自己インダクタンス L のコイルを含む回路があるとき，スイッチを A にしたときの電流を求めよ．

［解］ 上述のように，コイルの電流が変化すると，自己誘導によって起電力 $-L(dI/dt)$ が発生する．すなわち，起電力源としてこれも考慮しなければならない．よってキルヒホッフの第 2 法則を適用すると，

$$V - L\frac{dI}{dt} = RI \tag{8.47}$$

となる．この微分方程式を解けば電流が求まる．これは電流の時間についての 1 階の微分方程式であるから，変数分離法によって解くことができ，

$$\int \frac{dI}{I - V/R} = -\int \frac{R}{L}dt$$

$$\therefore\ \ln(I - V/R) = -\frac{R}{L}t + C \qquad (C\text{は任意定数})$$

$$\therefore I - V/R = I' \exp\left(-\frac{R}{L}t\right) \qquad (I' \equiv \exp C) \tag{8.48}$$

となる．ここで初期条件として，$t = 0$ で $I = 0$ とすると，$I' = -V/R$ と定まるので，求める回路の電流は

$$I = \frac{V}{R}\left[1 - \exp\left(-\frac{R}{L}t\right)\right] \tag{8.49}$$

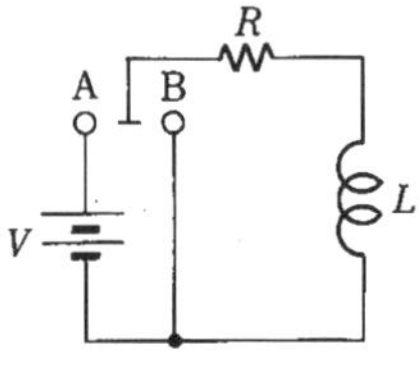

（a）　RL 回路

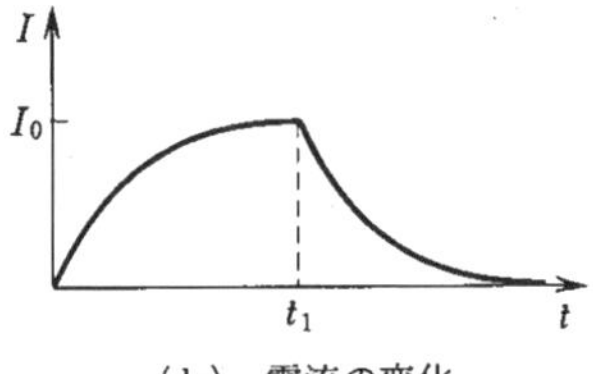

（b）　電流の変化

図 8.13

となる．これを図示すると図 8.13 (b) のようになる．すなわち回路には，いきなり定常電流 $I_0 = V/R$ が流れるのではなく，ある時間がかかる．その時間の目安は

$$\tau = \frac{L}{R} \tag{8.50}$$

で与えられる．これを回路の**時定数** (time constant) という．

次に，時刻 t_1 において，スイッチを B に切り替えると，今度は V はないので

$$-L\frac{dI}{dt} = RI \tag{8.51}$$

となり，$t = t_1$，$I = I_0$ という初期条件で解くと

$$I = I_0 \exp\left(-\frac{R}{L}(t - t_1)\right) \tag{8.52}$$

となる．図にはこれも示してある．すなわち電流は指数関数的に減少する．

8.4 コイルの磁気エネルギー

前節でみたように，コイルに電流を流そうとすると，レンツの法則によって逆起電力 $-L(dI/dt)$ を受けるので，それに対して仕事をする必要がある．すなわち，時間 $t = 0 \sim t$ の間に電流を $I = 0 \sim I$ に増加させるのに必要な仕事は

$$W = \int I\left(L\frac{dI}{dt}\right)dt = L\int IdI = \frac{1}{2}LI^2 \tag{8.53}$$

である．これは電流による磁気エネルギー U_m としてコイルに蓄えられる．

$$U_\mathrm{m} = \frac{1}{2}LI^2 = \frac{1}{2}I\Phi \tag{8.54}$$

ただし $\Phi = LI$ は，電流 I によってコイルと鎖交する磁束である．さらに式 (6.72) および $Id\boldsymbol{l} = \boldsymbol{j}dV$ に注意すれば，電流密度のエネルギーとして

$$U_\mathrm{m} = \frac{1}{2}I\oint_C \boldsymbol{A}\cdot d\boldsymbol{l} = \int_V \frac{1}{2}\boldsymbol{A}\cdot\boldsymbol{j}dV \tag{8.55}$$

とも表わせる．また，電流 I_i $(i = 1, \ldots, n)$ が流れた複数のコイルの場合は，

$$\begin{aligned} U_\mathrm{m} &= \int_V \frac{1}{2}\boldsymbol{A}\cdot\boldsymbol{j}dV = \frac{1}{2}\sum_{i=1}^{n} I_i \oint_{C_i} \boldsymbol{A}\cdot d\boldsymbol{l}_i \\ &= \frac{1}{2}\sum_{i=1}^{n} I_i\Phi_i = \frac{1}{2}\sum_{i=1}^{n}\sum_{j=1}^{n} M_{ij}I_iI_j \qquad (L_i \equiv M_{ii}) \end{aligned} \tag{8.56}$$

となる．したがって，磁気エネルギーから逆にインダクタンスが求められる．

$$M_{ij} = \frac{\partial^2 U_\mathrm{m}}{\partial I_i \partial I_j} \tag{8.57}$$

なお，変型しない 2 つのコイルがあるとき，その相互インダクタンスを M とおけば，コイル間に働く力の l 方向の成分は

$$F = \frac{\partial U_\mathrm{m}}{\partial l} = \frac{\partial M}{\partial l} I_1 I_2 \tag{8.58}$$

である．また，θ 方向の回転に対するトルクは

$$N = \frac{\partial U_\mathrm{m}}{\partial \theta} = \frac{\partial M}{\partial \theta} I_1 I_2 \tag{8.59}$$

で与えられる．詳細は省略するが，微分の符号が + なのは，この系が定電流で駆動されていて，外部からエネルギー供給を受けているからである．

【例題 8.9】 トロイドの磁気エネルギー

図 8.10 (a) のように，矩形断面をもつトロイド (内径 a，外径 b，厚さ h，巻数 N で，内部は透磁率 μ の磁性体で満たされている) に電流 I を流したとき，このコイルに蓄えられる磁気エネルギーを求めよ．

［解］ 自己インダクタンスは式 (8.28) であるから，磁気エネルギーは以下で与えられる．

$$U_\mathrm{m} = \frac{1}{2} L I^2 = \frac{\mu N^2 I^2 h}{4\pi} \ln \frac{b}{a} \tag{8.60}$$

《参考》 空間に蓄えられる磁気エネルギー

近接作用論では，磁気エネルギーは空間に蓄えられると考える．いま図 8.14 のように，電流ループ I による磁束を，細い磁束管にすき間なく分割し，各磁束管の磁束を $\Delta\Phi_i$，代表の磁束線を Γ_i とすると，電流 I と鎖交する全磁束は，$\Phi = \sum_i \Delta\Phi_i$ であるが，磁束管の断面積 dS の部分の磁束密度は $B = \Delta\Phi_i / dS$ であるから，

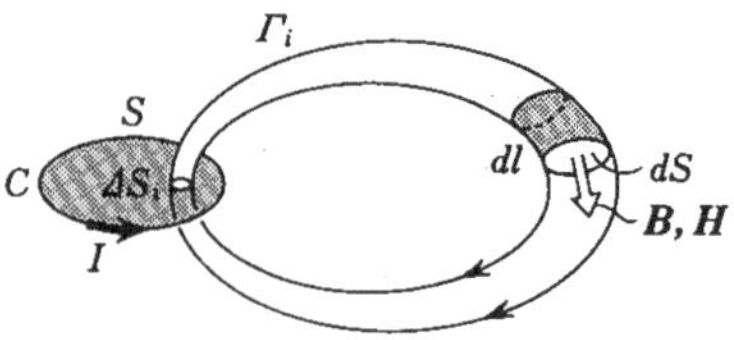

図 8.14 空間に蓄えられる磁気エネルギー

$$\Phi = \sum_i \Delta\Phi_i = \sum_i BdS \tag{8.61}$$

と書ける．また磁場 H も磁束線 Γ_i に沿っているから，アンペールの法則より，

$$I = \oint_{\Gamma_i} Hdl \tag{8.62}$$

である．よってこれらを電流ループ I による磁気エネルギー (式 (8.54)) に代入すると，

$$U_{\mathrm{m}} = \sum_i \int_{\text{磁束管}} \frac{1}{2} HBdV_i \quad (\text{ただし } dV_i = dldS_i) \tag{8.63}$$

となる．これは，各磁束管についての体積積分を全空間で加え合わせたものであるから，これは，電流による磁気エネルギーは，空間に単位体積当たり

$$u_{\mathrm{m}} = \frac{1}{2}HB = \frac{1}{2}\mu H^2 = \frac{1}{2}\frac{B^2}{\mu} = \frac{1}{2}\boldsymbol{H}\cdot\boldsymbol{B} \tag{8.64}$$

で蓄えられていると解釈してもよいことを意味している．

演習問題 8

8.1 例題 8.3 で抵抗 R をつないだ．必要なトルクを求めよ．ただしコイルの抵抗は無視する．

8.2 半径 a，厚さ d の円柱状誘電体 (誘電率 ε) を，図 8.15 のように，一様な磁束密度 $\boldsymbol{B}$ 中で角速度 ω で回転させるとき，誘導される分極電荷を求めよ．

8.3 図 8.16 のように，同一平面内に直線導線と $a \times b$ の長方形コイルが，その 1 辺を平行にして距離 l だけ隔てて置かれている．直線導線と正方形コイルとの相互インダクタンスを求めよ．

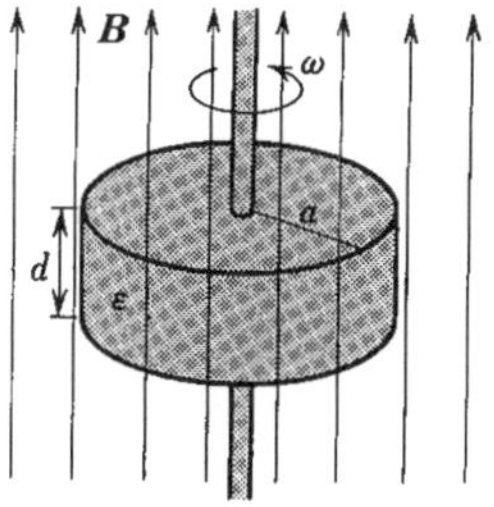

図 8.15

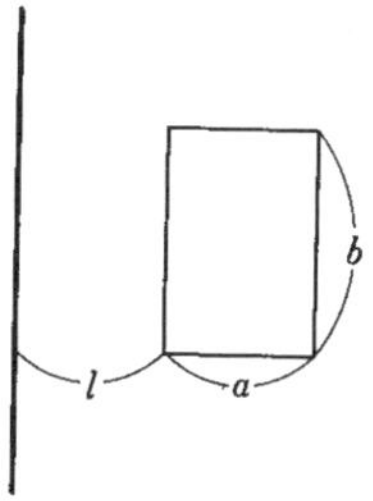

図 8.16

8.4 図 8.16 の直線導線に電流 I_1 を下から上に流し，矩形コイルには，直線導線に近い方の電流が，直線導線と逆向きになるように電流 I_2 を流す．矩形コイルが直線導線から受ける力を求めよ．

8.5 内導体の半径 a，外導体の内径 b の同軸ケーブルの単位長さ当たりの自己インダクタンスを求めよ．ただし，導体自身の内部インダクタンスは無視する．

8.6 長さ l，半径 a，単位長さ当たりの巻数が n の十分長いソレノイド ($l \gg a$) の自己インダクタンスを求めよ．

8.7 2 つのコイル 1，2 の自己インダクタンスを L_1，L_2，相互インダクタンスを M とするとき，次の不等式が成り立つことを示せ．

$$L_1 L_2 \geqq M^2 \tag{8.65}$$

なお次式を**結合係数**といい，$k \sim 1$ の場合を**密結合**，そうでない場合を**疎結合**という．

$$k = \frac{M}{\sqrt{L_1 L_2}} \quad (0 \leqq k \leqq 1) \tag{8.66}$$

8.8 自己インダクタンス L_1，L_2，相互インダクタンス M の 2 つのコイルを，直列に接続して 1 つのコイルにしたとき，その自己インダクタンスは

$$L = L_1 + L_2 + 2M \quad (\text{順接続}) \tag{8.67}$$

$$= L_1 + L_2 - 2M \quad (\text{逆接続}) \tag{8.68}$$

であることを示せ．

8.9 図 8.17 のように，矩形断面をもつトロイド (内径 a，外径 b，厚さ d，巻数 N で，内部は透磁率 μ の磁性体で満たされている) に n 回巻きのコイルが巻いてあり，そこに内部抵抗無限大のオシロスコープが接続されている．

(1) トロイドとコイルの相互インダクタンスを求めよ．

(2) トロイドに交流電流 $I = I_0 \cos \omega t$ を流すとき，観察されるべき誘導起電力 $V(t)$ を求めよ．ただしトロイドのコアの損失は無視せよ．

8.10 演習問題 8.9 でトロイド外部の磁場は零であるので，外に巻いてあるコイルの場所には磁場はない．それなのにコイル上に誘導電場が生じるのはなぜか? これを近接相互作用で説明できるか? (**ヒント**: ベクトルポテンシャル $\boldsymbol{A}$ はトロイド外部で零でないことを示せ．)

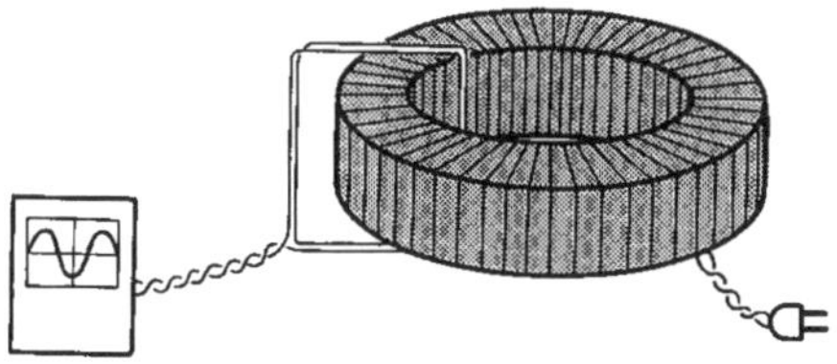

図 8.17

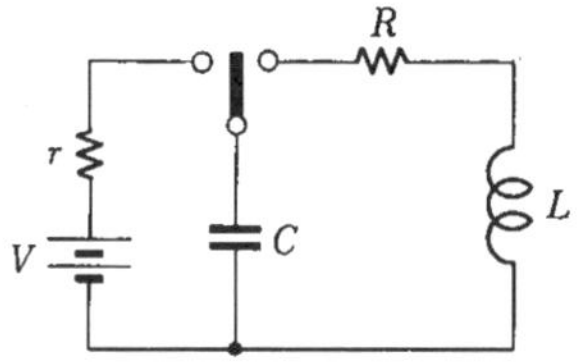

図 8.18 RLC 直列回路

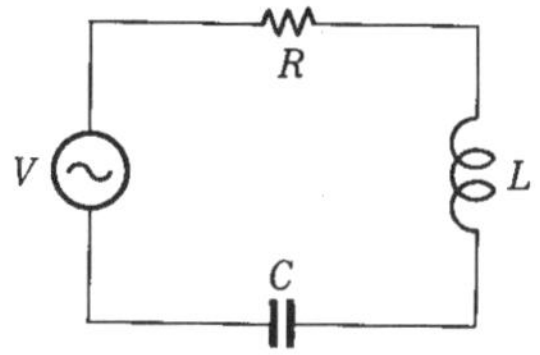

図 8.19 RLC 直列共振回路

8.11 (RLC **直列回路**) 図 8.18 のような抵抗 R, コイル L, コンデンサ C からなる回路がある. いまコンデンサを電池 V で充電してスイッチをコイルの方に切替える. 流れる電流 I は次の微分方程式を満たすことを示せ. また, その一般解を求めよ.

$$L\frac{d^2I}{dt^2}+R\frac{dI}{dt}+\frac{1}{C}I=0 \tag{8.69}$$

8.12 (RLC **直列共振回路**) 図 8.19 のような, 抵抗 R, コイル L, コンデンサ C, 交流電源 $V_0\cos\omega t$ が直列に接続された回路がある. 十分時間が経過した状態で流れる電流は, $I=I_0\cos(\omega t-\phi)$ となることを示せ. ただし,

$$I_0=\frac{V_0}{\sqrt{R^2+\left(\omega L-\dfrac{1}{\omega C}\right)^2}},\quad \phi=\tan^{-1}\frac{\omega L-\dfrac{1}{\omega C}}{R} \tag{8.70}$$

である. また, 実効電流が最大となる角周波数 ω およびその最大実効電流を求めよ.

8.13 図 8.10 (a) の矩形断面トロイド (内径 a, 外径 b, 厚さ h, 巻数 Nで, 内部は透磁率 μ の磁性体で満たされている) に電流 I を流したときに蓄えられる磁気エネルギーを, 空間に蓄えられた磁気エネルギーから求め, 例題 8.9 の結果と比較せよ.

8.14 電流密度に蓄えられる磁気エネルギー (式 (8.55)) から, 磁場に蓄えられるエネルギー (式 (8.64)) を導け. (**ヒント**: アンペールの法則 $\boldsymbol{j}=\mathrm{rot}\,\boldsymbol{H}$ を用いる.)

9

マクスウェル方程式

この章では，電場の時間変化が磁場を誘導することを説明し，静磁場の基礎方程式を，時間変化を考えた方程式に拡張する．さらに，いままで導いた基礎方程式を，**マクスウェル方程式**としてまとめ，それが**電磁波**を導くことを示す．

9.1 変位電流

電磁誘導の法則によれば，磁場の時間変化は電場を生じる．そこで，イギリスのマクスウェル (Maxwell) は，電場の時間変化は逆に磁場を生じるはずであると考えた．ところで6章で導いたアンペールの法則

$$\oint_C \boldsymbol{H} \cdot d\boldsymbol{l} = \int_S \boldsymbol{j} \cdot d\boldsymbol{S} \tag{9.1}$$

をよく見ると，この法則は，暗に定常電流を仮定していることが分かる．なぜなら，式 (9.1) の面 S のとり方は，C をふちとする限り，任意であるから，経路 C に対して，図 9.1 のように，2 つの面 S_1，S_2 を考えれば，

$$\oint_C \boldsymbol{H} \cdot d\boldsymbol{l} = \int_{S_1} \boldsymbol{j} \cdot d\boldsymbol{S} = \int_{S_2} \boldsymbol{j} \cdot d\boldsymbol{S} \tag{9.2}$$

が成り立つので，S_1，S_2 で作られる閉曲面 $S_1 + S_2$ についての面積分は

$$\oint_{S_1+S_2} \boldsymbol{j} \cdot d\boldsymbol{S} = \int_{S_1} \boldsymbol{j} \cdot d\boldsymbol{S} - \int_{S_2} \boldsymbol{j} \cdot d\boldsymbol{S} = 0 \tag{9.3}$$

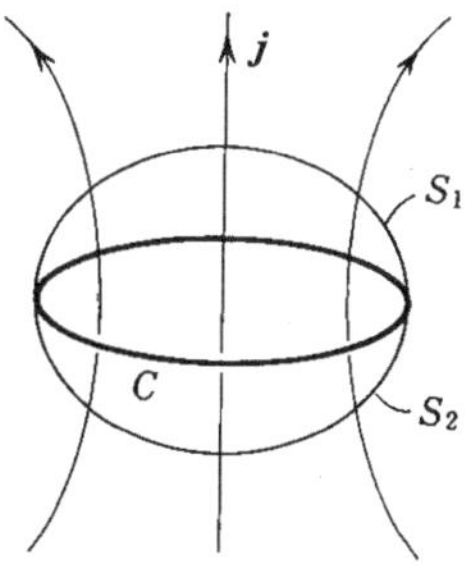

図 9.1 変位電流

となるが，一般に，電荷保存則より，閉曲面 S_1+S_2 に含まれる真電荷量を Q とすれば，

$$\oint_{S_1+S_2} \boldsymbol{j}\cdot d\boldsymbol{S} = -\frac{dQ}{dt} \tag{9.4}$$

であり，閉曲面 S_1+S_2 を貫く電流は，その内部の電荷の減少の割合に等しいはずであるから，式 (9.3) と式 (9.4) とは，定常状態，すなわち $\dfrac{dQ}{dt}=0$ でなければ矛盾する．電荷保存則は一般的に成り立つから，これは非定常状態では，アンペールの法則になんらかの修正を加える必要があることを意味する．

ところでガウスの法則より，閉曲面 S_1+S_2 中の真電荷量を Q とすると，

$$Q = \oint_{S_1+S_2} \boldsymbol{D}\cdot d\boldsymbol{S} \tag{9.5}$$

であるから，その時間微分は，

$$\frac{dQ}{dt} = \oint_{S_1+S_2} \frac{\partial \boldsymbol{D}}{\partial t}\cdot d\boldsymbol{S} \tag{9.6}$$

であり，これを電荷保存則の式 (9.4) に代入すると

$$\oint_{S_1+S_2} \left(\boldsymbol{j}+\frac{\partial \boldsymbol{D}}{\partial t}\right)\cdot d\boldsymbol{S} = 0 \tag{9.7}$$

となる．これと式 (9.3) を比較すると，アンペールの法則の $\boldsymbol{j}$ を，$\boldsymbol{j}+\dfrac{\partial \boldsymbol{D}}{\partial t}$ に修正すれば，電荷保存則と矛盾しないことが分かる．すなわち，

$$\oint_C \boldsymbol{H} \cdot d\boldsymbol{l} = \int_S \left(\boldsymbol{j} + \frac{\partial \boldsymbol{D}}{\partial t} \right) \cdot d\boldsymbol{S} \tag{9.8}$$

とすべきであることを意味する．これを**拡張されたアンペールの法則**または，**マクスウェル - アンペールの法則**といい，マクスウェルが理論的に導いた式である．これをストークスの定理によって微分形に直すと，

$$\mathrm{rot}\ \boldsymbol{H} = \boldsymbol{j} + \frac{\partial \boldsymbol{D}}{\partial t} \tag{9.9}$$

となる．この式は，磁場が電流以外に，$\dfrac{\partial \boldsymbol{D}}{\partial t}$ によっても発生することを表わしている．この量は電流密度の次元をもっており，**変位電流** (displacement current) と呼ばれている．この意味で電束密度 $\boldsymbol{D}$ は，**電気変位** (electric displacement) と呼ばれることもある．ところで，$\boldsymbol{D} = \varepsilon_0 \boldsymbol{E} + \boldsymbol{P}$ であるから，

$$\frac{\partial \boldsymbol{D}}{\partial t} = \varepsilon_0 \frac{\partial \boldsymbol{E}}{\partial t} + \frac{\partial \boldsymbol{P}}{\partial t} \tag{9.10}$$

であるが，右辺の第 2 項は，分極による電流 (**分極電流**) であり，実際に電荷が原子スケールとはいえ移動することで生じる．しかし右辺の第 1 項は，電荷が存在しない**真空**に対する項であり，これがまさに，マクスウェルが予想した電場の時間変化が磁場を生み出すという効果を表わしている．

【例題 9.1】　コンデンサの変位電流

図 9.2 のように，コンデンサを含む回路に電流 $I(t)$ が流れている．コンデンサの極板間を流れる変位電流を求めよ．

［**解**］いま，図のように電流を囲むループ C を考え，そこを縁とする曲面 S_1，S_2 を考える．ここでループ C は非常に小さく，S_1 を通過する電流は I のみで，変位電流

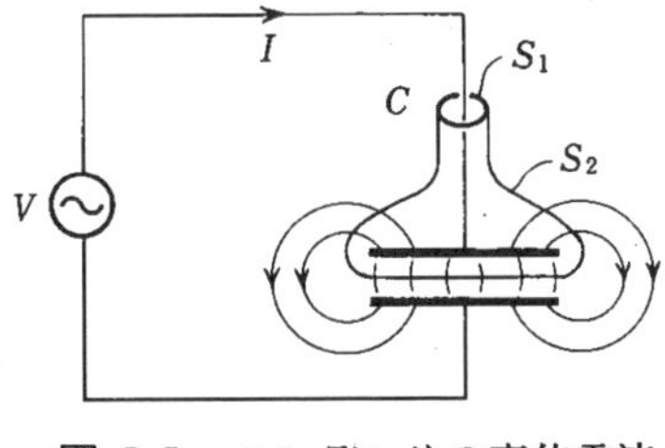

図 9.2　コンデンサの変位電流

は無視できるとする．一方，S_2 を通過するのは変位電流だけである．ところでアンペールの法則より，S_1 を通過する電流も，S_2 を通過する変位電流も，ループ C に沿っての磁場の周回積分に等しいから，

$$I_{\text{変位電流}} = \int_{S_2} \frac{\partial \boldsymbol{D}}{\partial t} \cdot d\boldsymbol{S} = \oint_C \boldsymbol{H} \cdot d\boldsymbol{l} = \int_{S_1} \boldsymbol{j} \cdot d\boldsymbol{S} = I(t) \tag{9.11}$$

となる．すなわちコンデンサを通る変位電流は，導線を通る電流と同じである．

9.2 マクスウェル方程式

以上より，電磁気の法則は，次の 4 つの美しい[1]微分方程式にまとめられる．

$$\text{div}\ \boldsymbol{D} = \rho \tag{9.12}$$

$$\text{div}\ \boldsymbol{B} = 0 \tag{9.13}$$

$$\text{rot}\ \boldsymbol{E} = -\frac{\partial \boldsymbol{B}}{\partial t} \tag{9.14}$$

$$\text{rot}\ \boldsymbol{H} = \boldsymbol{j} + \frac{\partial \boldsymbol{D}}{\partial t} \tag{9.15}$$

これらをまとめて**マクスウェル方程式** (Maxwell's equations) という．第 1 式は電束密度に関するガウスの法則 (式 (4.16)) で，電束密度 $\boldsymbol{D}$ の湧き出しは，真電荷 ρ のみであることを意味する．第 2 式は磁束密度に関するガウスの法則 (式 (6.41)) で，磁束密度 $\boldsymbol{B}$ は，湧き出しのないソレノイド場であって，磁荷は存在しないことを意味する．第 3 式はファラデーの電磁誘導の法則 (式 (8.10)) で，磁束密度の変化が，電場 $\boldsymbol{E}$ を誘導することを意味する．そして最後の式は，拡張されたアンペールの法則 (式 (9.9)) であり，磁場 $\boldsymbol{H}$ は，伝導電流 $\boldsymbol{j}$ と変位電流$\partial \boldsymbol{D}/\partial t$ によって発生することを意味する．

また，ここに現れた 5 つのベクトル量 $\boldsymbol{E}$，$\boldsymbol{D}$，$\boldsymbol{H}$，$\boldsymbol{B}$，$\boldsymbol{j}$ は

$$\boldsymbol{D} = \varepsilon \boldsymbol{E}, \quad \boldsymbol{B} = \mu \boldsymbol{H}, \quad \boldsymbol{j} = \sigma \boldsymbol{E} \tag{9.16}$$

によって関係づけられている．ここで第 1 式は誘電体的性質で，ε はその物質の誘電率，第 2 式は磁性体的性質で，μ はその物質の透磁率，第 3 式は導体的

1 マクスウェルが変位電流を予想できたのも，この美しい対応関係に気づいたからである．

性質で，σ はその物質の電気伝導度である．しかしこれらは理想的な関係式であって，この関係に従わない物質もあり，その場合は，それにみあった関係式を用いなければならない．なお，次の電荷保存則も極めて一般的に成り立つ．

$$\mathrm{div}\, \boldsymbol{j} = -\frac{\partial \rho}{\partial t} \tag{9.17}$$

上のマクスウェル方程式は微分形で与えられているが，ガウスの定理とストークスの定理を用いて，次のような積分形に書くこともできる．

$$\oint_S \boldsymbol{D} \cdot d\boldsymbol{S} = \int_V \rho dv \tag{9.18}$$

$$\oint_S \boldsymbol{B} \cdot d\boldsymbol{S} = 0 \tag{9.19}$$

$$\oint_C \boldsymbol{E} \cdot d\boldsymbol{l} = -\int_S \frac{\partial \boldsymbol{B}}{\partial t} \cdot d\boldsymbol{S} \tag{9.20}$$

$$\oint_C \boldsymbol{H} \cdot d\boldsymbol{l} = \int_S \left(j + \frac{\partial \boldsymbol{D}}{\partial t} \right) \cdot d\boldsymbol{S} \tag{9.21}$$

また，電荷保存則は積分形で

$$\oint_S \boldsymbol{j} \cdot d\boldsymbol{S} = -\frac{d}{dt} \int_V \rho dV \tag{9.22}$$

と書くことができる．微分形と積分形は同じ内容を意味しているが，微分形は，点の情報や微分方程式を立てるときに有効であり，積分形は，もととなる法則の意味を考えたり，微分ができない境界面や特異点などを扱うのに便利である．

マクスウェル方程式は，電磁気学の基礎方程式であって，極めて一般的に成り立ち，これで古典電磁気学の問題は完全に解くことができる．すなわちこれは，力学におけるニュートンの運動方程式に匹敵する．これによって古典電磁気学は完成した[2]．

2 なお，電磁波 (光) の伝播速度の考察によって誕生したアインシュタイン (Einstein) の**特殊相対性理論** (special theory of relativity) は，すべての物理法則に**ローレンツ変換に対する不変性**を要求し，ニュートン力学は変更されたが，マクスウェル方程式はそれをはじめから満たしており，その意味でも完成されている．

9.3 電　磁　波

9.3.1 波動方程式

マクスウェルがアンペールの法則に変位電流の項を加えたことは，非常に重要な意味を持っている．すなわち電場の変化は磁場を生み，磁場の変化は電場を生むので，電場と磁場は互いに影響を及ぼしながら空間を波として伝播することが可能となる．この波を**電磁波** (electromagnetic wave) という．以下にマクスウェル方程式から電磁波が導かれることを簡単に示そう．

真電荷も伝導電流もない空間 (誘電率 ε，透磁率 μ) におけるマクスウェル方程式は，$\boldsymbol{D} = \varepsilon \boldsymbol{E}$，$\boldsymbol{H} = (1/\mu)\boldsymbol{B}$ を用いて $\boldsymbol{D}$，$\boldsymbol{H}$ を消去すれば

$$\mathrm{div}\ \boldsymbol{E} = 0 \tag{9.23}$$

$$\mathrm{div}\ \boldsymbol{B} = 0 \tag{9.24}$$

$$\mathrm{rot}\ \boldsymbol{E} = -\frac{\partial \boldsymbol{B}}{\partial t} \tag{9.25}$$

$$\mathrm{rot}\ \boldsymbol{B} = \varepsilon\mu \frac{\partial \boldsymbol{E}}{\partial t} \tag{9.26}$$

のように $\boldsymbol{E}$，$\boldsymbol{B}$ だけで表わされる．ここでベクトル解析の公式と式 (9.23) より

$$\mathrm{rot\ rot}\ \boldsymbol{E} = \mathrm{grad}\ (\mathrm{div}\ \boldsymbol{E}) - \nabla^2 \boldsymbol{E} = -\nabla^2 \boldsymbol{E} \tag{9.27}$$

であるから，式 (9.25) の両辺の rot をとると，

$$\nabla^2 \boldsymbol{E} = \mathrm{rot}\ \frac{\partial \boldsymbol{B}}{\partial t} = \frac{\partial}{\partial t} \mathrm{rot}\ \boldsymbol{B} \tag{9.28}$$

である．よってこれに式 (9.26) を代入して $\boldsymbol{B}$ を消去すると

$$\nabla^2 \boldsymbol{E} = \varepsilon\mu \frac{\partial^2 \boldsymbol{E}}{\partial t^2} \tag{9.29}$$

が得られる．ただし，∇^2 はベクトルラプラシアンである (付録 B)．同様に，

$$\nabla^2 \boldsymbol{B} = \varepsilon\mu \frac{\partial^2 \boldsymbol{B}}{\partial t^2} \tag{9.30}$$

も導かれる．ところで一般に

$$\nabla^2\phi = \frac{1}{c^2}\frac{\partial^2\phi}{\partial t^2} \tag{9.31}$$

の形の 2 階偏微分方程式は，**波動方程式** (wave equation) と呼ばれ，伝播速度 c の波が満たす方程式である．

よって式 (9.29) や式 (9.30) は，電場と磁場が波動として伝播速度

$$\boxed{c = \frac{1}{\sqrt{\varepsilon\mu}}} \tag{9.32}$$

で伝播することを意味する．なお真空中では，

$$c = \frac{1}{\sqrt{\varepsilon_0\mu_0}} = 2.99792458 \times 10^8\mathrm{m/s} \tag{9.33}$$

であり，真空中の光速度になる[3]．

1866 年，マクスウェルは，このように電磁波の存在と，それが光速度 c で伝わることを予言し，光が電磁波であることを主張した．そして 1888 年，ヘルツ (Hertz) の火花放電の実験によって電磁波の存在が確かめられ，この方程式の正しさが実証された．これは 1901 年のマルコーニ (Marconi) による英米間の無線通信の成功へとつながる．現在では，電磁波は，無線通信を中心に，我々の生活に必要不可欠な存在である．

また，正体の分からなかった X 線や γ 線も，電磁波の一種であり，その性格は，その波長 λ (または周波数 f) によって決まることが分かっている．

なお電磁波も波動であるから，伝播速度 c と，λ，f との間には，

$$c = \lambda f \qquad (\text{真空中では } c \fallingdotseq 3.0 \times 10^8 \text{ m/s}) \tag{9.34}$$

なる関係が成り立つ．周波数の単位は，1/s であるが，これを特に Hz (ヘルツ) という．図 9.3 は，波長 (または周波数) による，電磁波の分類である．

9.3.2 平 面 波

z 方向に伝播する平面波の解を求めよう．平面波の波面は平面であり，ある波面上の点はすべて同位相であるから，電磁波の $\boldsymbol{E}$，$\boldsymbol{B}$ はともに同一波面上では一定であり，x，y に依存しない．よって式 (9.23)，式 (9.24) は

3 現在これは定義式であり，これから逆に，ε_0 または μ_0 の値が決められる．

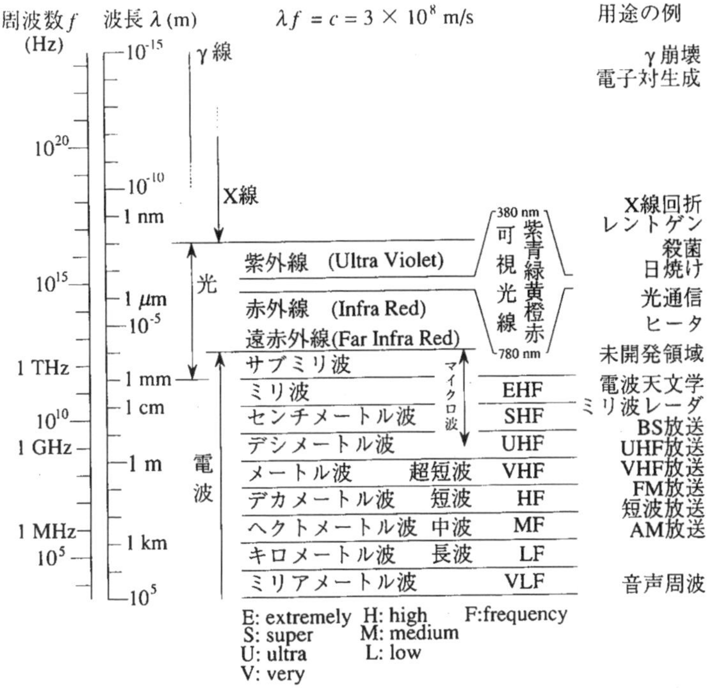

図 9.3　電磁波の分類

$$\frac{\partial E_z}{\partial z} = 0, \quad \frac{\partial B_z}{\partial z} = 0 \tag{9.35}$$

となる．また式 (9.25)，式 (9.26) の各成分は

$$0 = \frac{\partial B_z}{\partial t}, \quad \frac{\partial E_y}{\partial z} = \frac{\partial B_x}{\partial t}, \qquad \frac{\partial E_x}{\partial z} = -\frac{\partial B_y}{\partial t} \tag{9.36}$$

$$0 = \frac{\partial E_z}{\partial t}, \quad \frac{\partial B_y}{\partial z} = -\varepsilon\mu\frac{\partial E_x}{\partial t}, \quad \frac{\partial B_x}{\partial z} = \varepsilon\mu\frac{\partial E_y}{\partial t} \tag{9.37}$$

となる．式 (9.35) および式 (9.36)，式 (9.37) のそれぞれ第 1 式より E_z，B_z は z にも t にも依存しない定数であることが分かる．すなわちこれは波動ではないから，いまは 0 とする．式 (9.36)，式 (9.37) の第 2 式および第 3 式は E_y，B_x に関する方程式

$$\frac{\partial E_y}{\partial z} = \frac{\partial B_z}{\partial t}, \quad \frac{\partial B_x}{\partial z} = \varepsilon\mu\frac{\partial E_y}{\partial t} \tag{9.38}$$

と E_x, B_y に関する方程式

$$\frac{\partial E_x}{\partial z} = -\frac{\partial B_y}{\partial t}, \quad \frac{\partial B_y}{\partial z} = -\varepsilon\mu\frac{\partial E_x}{\partial t} \tag{9.39}$$

に分かれ，式 (9.38) から

$$\frac{\partial^2 E_y}{\partial z^2} = \varepsilon\mu\frac{\partial^2 E_y}{\partial t^2}, \quad \frac{\partial^2 B_x}{\partial z^2} = \varepsilon\mu\frac{\partial^2 B_x}{\partial t^2} \tag{9.40}$$

また式 (9.39) から

$$\frac{\partial^2 E_x}{\partial z^2} = \varepsilon\mu\frac{\partial^2 E_x}{\partial t^2}, \quad \frac{\partial^2 B_y}{\partial z^2} = \varepsilon\mu\frac{\partial^2 B_y}{\partial t^2} \tag{9.41}$$

が得られる．これは電場 $\boldsymbol{E}$ および磁束密度 $\boldsymbol{B}$ に関しての波動方程式であり，電磁波を表わす．なお一般に波には，変位が波の進行方向に一致する**縦波** (longitudinal wave) と，変位が進行方向に垂直な**横波** (transverse wave) があるが，式 (9.41) より，電磁場の成分は，進行方向 (z 方向) に垂直であるから，電磁波は横波である．たとえば式 (9.40) の第 1 式の解は，微分可能な関数 f, g を用いて

$$E_x = f(z - vt) + g(z + vt) \tag{9.42}$$

と書くことができる．関数 $f(z - vt)$, $g(z + vt)$ はそれぞれ速度 v で z 方向，$-z$ 方向に進む波を表わす．これを式 (9.41) の第 1 式に代入すると

$$v = \frac{1}{\sqrt{\varepsilon\mu}} \tag{9.43}$$

が得られる．また 式 (9.39) の第 2 式より

$$B_y = \frac{1}{v}(f(z - vt) - g(z + vt)) \tag{9.44}$$

が得られる．式 (9.41) についても同様の式が得られる．ところでもし E_y が常に 0 ならば，式 (9.38) より B_x の振動成分は 0 に零であり，また E_x が常に 0 ならば，式 (9.39) より B_y の振動成分は 0 に零である．これは電磁波の $\boldsymbol{E}$,

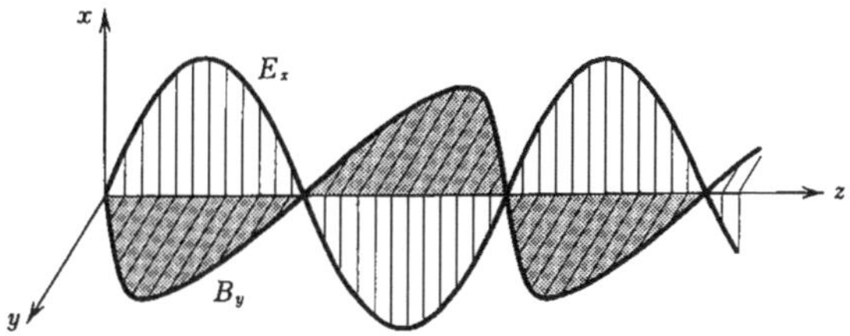

図 **9.4** 直線偏波

$\boldsymbol{B}$ の成分は $(E_y,\ B_x)$ または $(E_x,\ B_y)$ が組になって伝播することを意味する．特に一方の組の成分が 0 の場合を**直線偏波** (linearly polarized wave) といい，$\boldsymbol{E}$ が含まれる面を**偏波面** (plane of polarization) という．図 9.4 に x 方向の直線偏波の例を示す．

【例題 9.2】 空間の波動インピーダンス

平面波の電場成分 E と磁場成分 H との比は

$$Z \equiv \frac{E}{H} = \sqrt{\frac{\mu}{\varepsilon}} \tag{9.45}$$

で与えられることを示せ．これを空間の**波動インピーダンス**という．

［**解**］ z 方向に進む平面波を考えると，式 (9.42)，式 (9.44) および $\boldsymbol{B} = \mu\boldsymbol{H}$ より

$$Z = \frac{E_x}{H_y} = \mu\frac{E_x}{B_y} = \sqrt{\frac{\mu}{\varepsilon}}$$

問 9.1 Z の単位は Ωであることを示せ．また真空のインピーダンスを求めよ．
($(\mathrm{V/m})/(\mathrm{A/m}) = \mathrm{V/A} = \Omega$．$Z_0 = \sqrt{\dfrac{\mu_0}{\varepsilon_0}} = 4\pi c^2 \times 10^{-7} = 376.7\ \Omega$)

9.3.3 電磁波のエネルギー

電磁場のエネルギーは空間に蓄えられ，そのエネルギー密度は，式 (4.52)，式 (8.64) の和として

$$u = \frac{1}{2}(\varepsilon E^2 + \mu H^2) \tag{9.46}$$

で与えられる．いまこれを時間微分して，マクスウェル方程式を代入し，ベクトル解析の公式 $\nabla\cdot(\boldsymbol{E}\times\boldsymbol{H}) = \boldsymbol{H}\cdot(\nabla\times\boldsymbol{E}) - \boldsymbol{E}\cdot(\nabla\times\boldsymbol{H})$ を用いると，

$$\frac{\partial u}{\partial t} = \varepsilon\boldsymbol{E}\cdot\frac{\partial\boldsymbol{E}}{\partial t} + \mu\boldsymbol{H}\cdot\frac{\partial\boldsymbol{H}}{\partial t}$$

$$= \boldsymbol{E} \cdot (\nabla \times \boldsymbol{H}) - \boldsymbol{H} \cdot (\nabla \times \boldsymbol{E})$$
$$= -\nabla \cdot (\boldsymbol{E} \times \boldsymbol{H})$$

となる．よって

$$\boxed{\boldsymbol{S} \equiv \boldsymbol{E} \times \boldsymbol{H}} \tag{9.47}$$

というベクトルを導入すると

$$\boxed{\frac{\partial u}{\partial t} + \mathrm{div}\ \boldsymbol{S} = 0} \tag{9.48}$$

という連続の式を得る．これはエネルギー保存則を表わし，$\boldsymbol{S}$ がエネルギー流密度であることを意味する．$\boldsymbol{S}$ を**ポインティングベクトル** (Poynting vector) という．単位は式 (9.47) より $(\mathrm{V/m})(\mathrm{A/m}) = \mathrm{W/m^2} = \mathrm{J/(m^2{\cdot}s)}$ である．すなわち，単位面積を単位時間当たりに流れるエネルギーの次元を持つ．

なお，$\mathrm{div}\ \boldsymbol{S}' = 0$ となる $\boldsymbol{S}'$ を式 (9.47) に加えても，式 (9.48) を満たすから，$\boldsymbol{S}$ には不定性がある．$\boldsymbol{S}'$ は，式 (9.48) に代入すると，$\dfrac{\partial u}{\partial t} = 0$ となるから，これは，空間の電磁エネルギーが時間的に変化しない静電磁場や定常場に対する $\boldsymbol{E} \times \boldsymbol{H}$ であり，エネルギー流は表わさない．

【例題 9.3】 平面波のエネルギー

平面波では，電場と磁場のエネルギーは等しいことを示せ．また単位時間に単位面積を通過するエネルギーは，ポインティングベクトルで与えられることを示せ．

［**解**］式 (9.45) を，辺々 2 乗して変形すると，

$$\frac{1}{2}\varepsilon E_x^2 = \frac{1}{2}\mu H_y^2 \tag{9.49}$$

であるから電場と磁場のエネルギーは等しい．よって，単位体積当たりのエネルギーは

$$u = \frac{1}{2}\varepsilon E_x^2 + \frac{1}{2}\mu H_y^2 = \varepsilon E_x^2 \tag{9.50}$$

と書けるから，単位面積を単位時間に通過するエネルギーは，u に伝播速度 $c = \dfrac{1}{\sqrt{\varepsilon\mu}}$ をかければ求まり，次のようにポインティングベクトルで与えられる．

$$cu = \frac{1}{\sqrt{\varepsilon\mu}}\varepsilon E_x^2 = \sqrt{\frac{\varepsilon}{\mu}}E_x^2 = E_x H_y = S_z \tag{9.51}$$

演習問題 9

9.1　磁束密度は様々な電流で生じる．どのような電流が考えられるか．

9.2　磁気単極が存在すればマクスウェル方程式はどのように修正されるか．

9.3　関数 $\phi(\boldsymbol{r}, t) = f(\boldsymbol{k}\cdot\boldsymbol{r} - \omega t)$ について次の問いに答えよ．ただし $k = |\boldsymbol{k}|$ とする．

(1) ϕ は $\boldsymbol{k}$ に垂直な平面内では位置によらない一定値となることを示せ．

(2) $\phi =$ (一定) の平面は速度 $c = \dfrac{\omega}{k}$ で $\boldsymbol{k}$ 方向に移動することを示せ．したがってこれは速度 c で $\boldsymbol{k}$ 方向に伝播する平面波を与える．

(3) 波動方程式 (9.31) を満たすことを示せ．

(4) $f(x) = A\sin x$ のとき，この平面波の波長および振動数を求めよ．

9.4　関数$\phi(r, t) = \dfrac{1}{r}f(kr - \omega t)$ について次の問いに答えよ．

(1) ϕ は球面内では位置によらない一定値となることを示せ．

(2) $\phi =$ (一定) の球面は速度 $c = \dfrac{\omega}{k}$ で広がることを示せ．したがってこれは速度 c で広がる球面波を与える．

(3) 波動方程式 (9.31) を満たすことを示せ．

9.5　z 方向に伝播する x 方向の直線偏波$\boldsymbol{E} = (E_0\sin(kz - \omega t), 0, 0)$ に伴なう磁場を求めよ．その向きはどうなるか．

9.6　スカラーポテンシャル ϕ，およびベクトルポテンシャル $\boldsymbol{A}$ は 波動方程式を満たすことを示せ．ただし，次のローレンツゲージ (Lorentz gauge) を用いよ．

$$\mathrm{div}\ \boldsymbol{A} + \frac{1}{c^2}\frac{\partial\phi}{\partial t} = 0 \tag{9.52}$$

9.7　比誘電率 ε_{r}，比透磁率 μ_{r} の媒質の屈折率を求めよ．なお屈折率とは，真空中の電磁波の速度 c_0 と媒質中の速度 c との比，$n = c_0/c$ である．ただし n は電磁波の周波数に依存しないとする．これを**分散** (dispersion) がないという．

9.8　電場が $\boldsymbol{E} = (E_0\sin(kz - \omega t),\ 0\ ,0)$ で与えられる電磁波が運ぶ平均エネルギーは，真空中で単位面積，単位時間当たり，次式で与えられることを示せ．

$$< S > = \frac{1}{2}\sqrt{\frac{\varepsilon_0}{\mu_0}}E_0^2 \tag{9.53}$$

9.9　地球の大気圏外における太陽光の単位面積，単位時間当たりの平均エネルギーは $1.35\ \mathrm{kW/m^2}$ である．これが正弦波であるとして，電場成分の振幅を求めよ．

付録 A　ベクトル

A.1　ベクトルの定義

大きさと**向き**を合わせ持つ量を**ベクトル** (vector)，大きさだけの量を**スカラー** (scalar) という[1]．ベクトルは，図 A.1 のような**矢**で表わすことができ，これを$\overrightarrow{\mathrm{AB}}$ と書く．また，点 A，B をそれぞれ，このベクトルの**始点**，**終点**という．ベクトルは $\vec{a}$ や $\boldsymbol{a}$ のように書くこともある．本書では $\boldsymbol{a}$ のように太字体で表わす．ベクトル $\boldsymbol{a}$ の大きさはスカラーで，$|\boldsymbol{a}|$ または a と書く．大きさが 0 のベクトルを**零ベクトル** (zero vector) といい，$\boldsymbol{0}$ と書く．零ベクトルは向きを持たないがスカラーではない．ベクトル $\boldsymbol{a}$ と大きさが等しく反対向きのベクトルを $\boldsymbol{a}$ の**逆ベクトル**といい，$-\boldsymbol{a}$ と書く．2 つのベクトル $\boldsymbol{a}$，$\boldsymbol{b}$ の大きさと向きがそれぞれ互いに等しいとき，$\boldsymbol{a}$ と $\boldsymbol{b}$ は互いに等しいといい，$\boldsymbol{a}=\boldsymbol{b}$ と書く．すなわち平行移動して得られるベクトルはすべて等しい．

ベクトルの**和** (sum) は図 A.2 のように，三角形の法則または平行四辺形の法則によって定義され，$\boldsymbol{a}+\boldsymbol{b}$ のように書く．ベクトルの**差**は逆ベクトルの和と定義する．

ベクトル $\boldsymbol{a}$ を $p(p \in$ 実数) 倍にしたものを $p\boldsymbol{a}$ と書く．大きさ 1 のベクトルを**単位ベクトル** (unit vector) という．ベクトル $\boldsymbol{a}$ の単位ベクトルを $\hat{\boldsymbol{a}}$ とすると，

$$\hat{\boldsymbol{a}}=\frac{\boldsymbol{a}}{|\boldsymbol{a}|} \tag{A.1}$$

と書ける．ベクトル $\boldsymbol{a}$ をデカルト座標の x，y，z 軸方向に分解する場合，ベクトル $\boldsymbol{a}$ と x，y，z 軸とのなす角をそれぞれ α，β，γ とすると，それぞれの射影の大きさは

$$\begin{cases} a_x=|\boldsymbol{a}|\cos\alpha \\ a_y=|\boldsymbol{a}|\cos\beta \\ a_z=|\boldsymbol{a}|\cos\gamma \end{cases} \tag{A.2}$$

であるから，x，y，z 軸方向の単位ベクトル (これを**基本ベクトル** (fundamental vector) という) をそれぞれ $\boldsymbol{i}$，$\boldsymbol{j}$，$\boldsymbol{k}$ とすると，それぞれの軸への射影ベクトルはそれぞれ $a_x\boldsymbol{i}$，$a_y\boldsymbol{j}$，$a_z\boldsymbol{k}$ である．すなわち

$$\boldsymbol{a}=a_x\boldsymbol{i}+a_y\boldsymbol{j}+a_z\boldsymbol{k} \tag{A.3}$$

と分解される．このとき a_x，a_y，a_z をベクトル $\boldsymbol{a}$ の**成分** (component) といい

$$\boldsymbol{a}=(a_x, a_y, a_z) \tag{A.4}$$

---

1 スカラー，ベクトルはそれぞれ 0 階，1 階の**テンソル** (tensor) である．また，行列は 2 階のテンソルである．

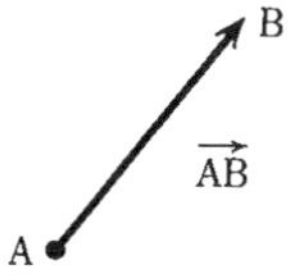

図 **A.1**　ベクトル

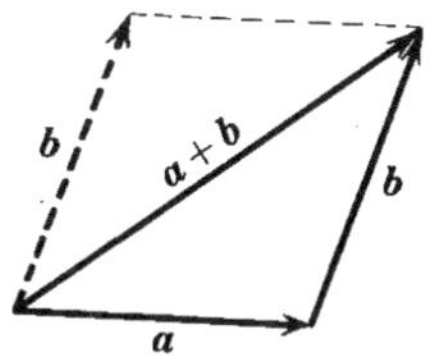

図 **A.2**　ベクトルの和

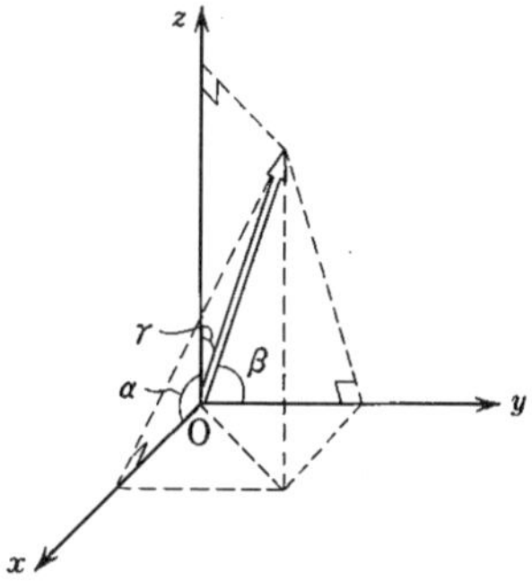

図 **A.3**　位置ベクトル

のように書く．これをベクトル $\boldsymbol{a}$ の**成分表示**という．なお，$\boldsymbol{a}$ の単位ベクトルの成分は$\boldsymbol{a}/|\boldsymbol{a}| = (\cos\alpha, \cos\beta, \cos\gamma)$ となる．これを**方向余弦** (direction cosines) という．

図 A.3のように原点を始点，点 A(x, y, z) を終点とするベクトルを点 A の**位置ベクトル** (position vector) という．それを $\boldsymbol{r}$ とおくと，その成分は

$$\boldsymbol{r} = (x, y, z) \tag{A.5}$$

である．すなわち位置ベクトルは座標を成分にもつベクトルである．

$\boldsymbol{a} = (a_x, a_y, a_z)$，$\boldsymbol{b} = (b_x, b_y, b_z)$ とすると

$$\boldsymbol{a} + \boldsymbol{b} = (a_x + b_x, a_y + b_y, a_z + b_z) \tag{A.6}$$

$$c\boldsymbol{a} = (ca_x, ca_y, ca_z) \tag{A.7}$$

が成り立つ．なお零ベクトルの成分は $\boldsymbol{0} = (0,\ 0,\ 0)$，逆ベクトルの成分は$-\boldsymbol{a} = (-a_x, -a_y, -a_z)$ である．また，

$$|\boldsymbol{a}| = \sqrt{a_x^2 + a_y^2 + a_z^2} \tag{A.8}$$

である．これは三平方の定理から求められる．

A.2　ベクトルの積

A.2.1　ベクトルの内積

ベクトル $\boldsymbol{a}$，$\boldsymbol{b}$ のなす角を θ とするとき，

$$\boldsymbol{a} \cdot \boldsymbol{b} \equiv |\boldsymbol{a}||\boldsymbol{b}| \cos\theta \tag{A.9}$$

で与えられるスカラーを $\boldsymbol{a}$ と $\boldsymbol{b}$ との**内積** (inner product) または**スカラー積** (scalar product) という．内積には次の交換法則が成り立つ．

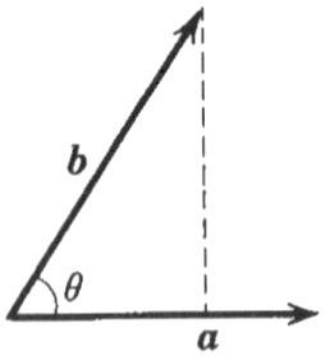

図 A.4 ベクトルの内積

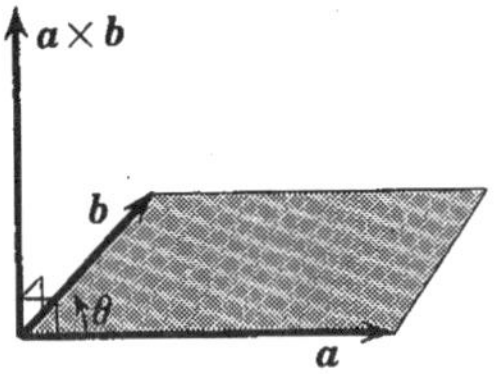

図 A.5 ベクトルの外積

$$\boldsymbol{a} \cdot \boldsymbol{b} = \boldsymbol{b} \cdot \boldsymbol{a} \tag{A.10}$$

内積は $|\boldsymbol{a}|(|\boldsymbol{b}|\cos\theta)$ と考えれば，図 A.4のように，($\boldsymbol{a}$ の大きさ)×($\boldsymbol{b}$ の $\boldsymbol{a}$ への射影成分) とみることができる．式 (A.9) より 2 つのベクトル $\boldsymbol{a}$, $\boldsymbol{b}$ が直交しているとき $\boldsymbol{a} \cdot \boldsymbol{b} = 0$, 平行で同じ向きのとき $\boldsymbol{a} \cdot \boldsymbol{b} = |\boldsymbol{a}||\boldsymbol{b}|$, 反平行のとき $\boldsymbol{a} \cdot \boldsymbol{b} = -|\boldsymbol{a}||\boldsymbol{b}|$ である．特に $\boldsymbol{a} \cdot \boldsymbol{a} = |\boldsymbol{a}|^2$ である (これを $\boldsymbol{a}^2$ と書くこともある).

$\boldsymbol{a} = (a_x, a_y, a_z)$, $\boldsymbol{b} = (b_x, b_y, b_z)$ とすると，次式が成り立つ.

$$\boldsymbol{a} \cdot \boldsymbol{b} = a_x b_x + a_y b_y + a_z b_z \tag{A.11}$$

A.2.2 ベクトルの外積

図 A.5のように，$\boldsymbol{a}$, $\boldsymbol{b}$ に垂直で，$\boldsymbol{a}$ から $\boldsymbol{b}$ まで劣角[2]を通って回転させたとき，**右ねじの方向**を向き，大きさが $\boldsymbol{a}$ と $\boldsymbol{b}$ とで作られる平行四辺形の面積に等しいベクトルを $\boldsymbol{a}$ と $\boldsymbol{b}$ の**外積** (outer product) または**ベクトル積** (vector product) といい，$\boldsymbol{a} \times \boldsymbol{b}$ と書く．ベクトル $\boldsymbol{a}$, $\boldsymbol{b}$ のなす角を θ とすれば,

$$|\boldsymbol{a} \times \boldsymbol{b}| = |\boldsymbol{a}||\boldsymbol{b}| \sin\theta \tag{A.12}$$

である．外積は順序を入れ換えると符号が反転して交換法則が成り立たない.

$$\boldsymbol{a} \times \boldsymbol{b} = -\boldsymbol{b} \times \boldsymbol{a} \quad \text{(反交換則)} \tag{A.13}$$

定義より 2 つのベクトル $\boldsymbol{a}$, $\boldsymbol{b}$ が平行なとき $\boldsymbol{a} \times \boldsymbol{b} = \boldsymbol{0}$, 特に $\boldsymbol{a} \times \boldsymbol{a} = \boldsymbol{0}$ である. $\boldsymbol{a} = (a_x, a_y, a_z)$, $\boldsymbol{b} = (b_x, b_y, b_z)$ とすると，外積は，次式のように表わされる.

$$\begin{aligned} \boldsymbol{a} \times \boldsymbol{b} &= (a_y b_z - a_z b_y)\boldsymbol{i} + (a_z b_x - a_x b_z)\boldsymbol{j} + (a_x b_y - a_y b_x)\boldsymbol{k} \\ &= \begin{vmatrix} \boldsymbol{i} & \boldsymbol{j} & \boldsymbol{k} \\ a_x & a_y & a_z \\ b_x & b_y & b_z \end{vmatrix} \end{aligned} \tag{A.14}$$

---

2 2 つのベクトルのなす角 θ を測る方向には，$\theta < 180°$ なる向きと $\theta > 180°$ なる向きの 2 方向がある．前者を**劣角**，後者を**優角**という.

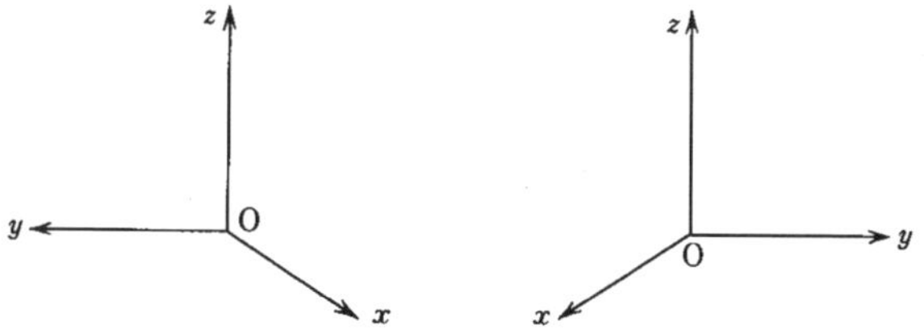

（a） 左手系　　（b） 右手系

図 A.6

面積ベクトル

ある平面の面積に等しい大きさを持ち，その面に垂直なベクトルを**面積ベクトル**という．面積ベクトルの向きは都合のよいように決めればよい．外積は面積ベクトルの一種である．なお一般に面に垂直な線を**法線** (normal) といい，法線方向のベクトルを**法線ベクトル**，その単位ベクトルを**単位法線ベクトル**という．なお 2 つの微小ベクトル $\Delta \boldsymbol{l}_u$，$\Delta \boldsymbol{l}_v$ によって作られる面積ベクトルは，$\Delta \boldsymbol{S} = \Delta \boldsymbol{l}_u \times \Delta \boldsymbol{l}_v$ で与えられる．

右手系と左手系

3 次元の直交座標のとり方には，図 A.6 のように**右手系**と**左手系**の 2 種類がある．通常は右手系を用いる．右手系は，x 軸方向から y 軸方向に劣角を通って回転したときに右ねじが進む方向を z 軸したものである．すなわち基本ベクトルについて $\boldsymbol{i} \times \boldsymbol{j} = \boldsymbol{k}$ が成り立つ．

擬ベクトル

座標軸の符号をすべて反転するような座標変換 $(x \to -x, y \to -y, z \to -z)$ を空間反転というが，位置ベクトル $\boldsymbol{r} = (x, y, z)$ は，空間反転に対して符号を変えて $-\boldsymbol{r}$ となる． このようなベクトルを一般に，**極性ベクトル** (polar vector) という．一方，空間反転に対して符号を変えないベクトルも考えることができる．このようなベクトルを**軸性ベクトル** (axial vector) または **擬ベクトル** (pseudovector) という．たとえば極性ベクトル同士の外積 $\boldsymbol{a} \times \boldsymbol{b}$ は擬ベクトルである．

A.2.3　三　重　積

3 つのベクトル $\boldsymbol{A}$，$\boldsymbol{B}$，$\boldsymbol{C}$ について，$\boldsymbol{A} \cdot (\boldsymbol{B} \times \boldsymbol{C})$ で与えられるスカラーを**スカラー三重積** (scalar triple product) という．$\boldsymbol{B} \times \boldsymbol{C}$ は $\boldsymbol{B}$ と $\boldsymbol{C}$ で作られる平行四辺形の面積に等しい大きさをもち，面に垂直なベクトルであるから，それと $\boldsymbol{A}$ との内積は，図 A.7 のように $\boldsymbol{A}$，$\boldsymbol{B}$，$\boldsymbol{C}$ によって作られる平行六面体の体積を表わす．$\boldsymbol{A} =$

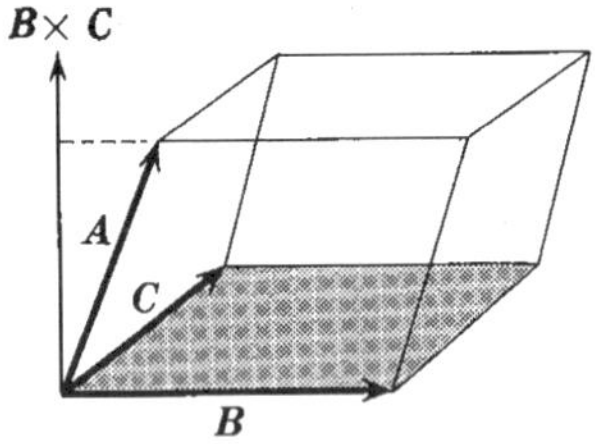

図 **A.7**　三重積

(A_x, A_y, A_z)，$\boldsymbol{B} = (B_x, B_y, B_z)$，$\boldsymbol{C} = (C_x, C_y, C_z)$ とすると，次式が成り立つ．

$$\boldsymbol{A} \cdot (\boldsymbol{B} \times \boldsymbol{C}) = \begin{vmatrix} A_x & A_y & A_z \\ B_x & B_y & B_z \\ C_x & C_y & C_z \end{vmatrix} = \begin{array}{l} A_x B_y C_z + A_y B_z C_x + A_z B_x C_y \\ -A_x C_y B_z - A_y C_z B_x - A_z C_x B_y \end{array} \tag{A.15}$$

一方，$\boldsymbol{A} \times (\boldsymbol{B} \times \boldsymbol{C})$ で与えられるベクトルを**ベクトル三重積** (vector triple product) という．$\boldsymbol{B} \times \boldsymbol{C}$ は $\boldsymbol{B}$ と $\boldsymbol{C}$ で張る面に垂直なベクトルであるから，それと $\boldsymbol{A}$ との外積は，図 A.7 から分かるように，$\boldsymbol{B}$ と $\boldsymbol{C}$ で張る平面内にある．したがって $\boldsymbol{B}$ と $\boldsymbol{C}$ との線形結合で表わすことができる．実際，

$$\boldsymbol{A} \times (\boldsymbol{B} \times \boldsymbol{C}) = \boldsymbol{B}(\boldsymbol{C} \cdot \boldsymbol{A}) - \boldsymbol{C}(\boldsymbol{A} \cdot \boldsymbol{B}) \tag{A.16}$$

である．一般に

$$\boldsymbol{A} \times (\boldsymbol{B} \times \boldsymbol{C}) \neq (\boldsymbol{A} \times \boldsymbol{B}) \times \boldsymbol{C} \tag{A.17}$$

である．ベクトルの積に関して次の公式が成り立つ．

$$\boldsymbol{A} \cdot (\boldsymbol{B} \times \boldsymbol{C}) = \boldsymbol{B} \cdot (\boldsymbol{C} \times \boldsymbol{A}) = \boldsymbol{C} \cdot (\boldsymbol{A} \times \boldsymbol{B}) \tag{A.18}$$

$$\boldsymbol{A} \times (\boldsymbol{B} \times \boldsymbol{C}) + \boldsymbol{B} \times (\boldsymbol{C} \times \boldsymbol{A}) + \boldsymbol{C} \times (\boldsymbol{A} \times \boldsymbol{B}) = \boldsymbol{0} \tag{A.19}$$

$$(\boldsymbol{A} \times \boldsymbol{B}) \cdot (\boldsymbol{C} \times \boldsymbol{D}) = (\boldsymbol{A} \cdot \boldsymbol{C})(\boldsymbol{B} \cdot \boldsymbol{D}) - (\boldsymbol{B} \cdot \boldsymbol{C})(\boldsymbol{A} \cdot \boldsymbol{D}) \tag{A.20}$$

$$(\boldsymbol{A} \times \boldsymbol{B}) \times (\boldsymbol{C} \times \boldsymbol{D}) = ((\boldsymbol{A} \times \boldsymbol{B}) \cdot \boldsymbol{D})\boldsymbol{C} - ((\boldsymbol{A} \times \boldsymbol{B}) \cdot \boldsymbol{C})\boldsymbol{D} \tag{A.21}$$

擬スカラー

スカラーは一般に座標変換に対して不変であるが，空間反転に対して符号を変えるスカラーが存在する．そのようなスカラーを**擬スカラー** (pseudoscalar) という．たとえば 3 つの極性ベクトル $\boldsymbol{A}$，$\boldsymbol{B}$，$\boldsymbol{C}$ があるとき，$|\boldsymbol{A}|$ や $\boldsymbol{A} \cdot \boldsymbol{B}$ などは空間反転に対して不変だが，$\boldsymbol{A} \cdot (\boldsymbol{B} \times \boldsymbol{C})$ は空間反転に対して符号を変えるので擬スカラーである．

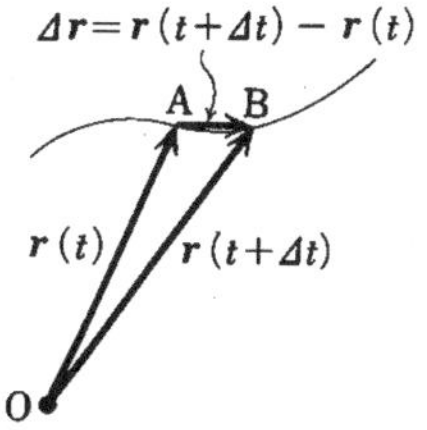

図 **A.8**　動径ベクトル

A.3　ベクトルの微分

図 A.8 のように，点 P の位置が刻々変化することを考えると，点 P の位置ベクトル $\boldsymbol{r} = (x, y, z)$ は時間の関数となる．これを $\boldsymbol{r}(t) = (x(t), y(t), z(t))$ と書く．このように刻々変化する位置ベクトルを**動径ベクトル** (radius vector) という．また点 P が時刻 t で点 A にあり，時間 Δt 後に点 B にあるとするとき，点 A を始点，点 B を終点とするベクトルを点 A から点 B への**変位ベクトル** (displacement) といい，それを $\Delta\boldsymbol{r}$ とすると

$$\Delta\boldsymbol{r} = \boldsymbol{r}(t + \Delta t) - \boldsymbol{r}(t) \tag{A.22}$$

と書ける．一般にベクトル $\boldsymbol{A}$ が時間の関数である場合，時刻 t から $t + \Delta t$ における $\boldsymbol{A}$ の変位ベクトルは，次のように表わされる．

$$\Delta\boldsymbol{A} = \boldsymbol{A}(t + \Delta t) - \boldsymbol{A}(t) \tag{A.23}$$

したがって，ベクトル $\boldsymbol{A}(t) = (A_x(t), A_y(t), A_z(t))$ の時間 t に関する微分は

$$\frac{d\boldsymbol{A}}{dt} = \lim_{\Delta t \to 0} \frac{\Delta\boldsymbol{A}}{\Delta t} = \left(\frac{dA_x}{dt}, \frac{dA_y}{dt}, \frac{dA_z}{dt}\right) \tag{A.24}$$

で与えられる．もし $\boldsymbol{A}$ が時間以外の関数でもあれば，微分は偏微分となる．

また，位置ベクトルが媒介変数 u を用いて $\boldsymbol{r} = (x(u), y(u), z(u))$ と表わされていれば，u が Δu だけ変化したときの $\boldsymbol{r}$ の変化の大きさは，次のように与えられる．

$$\begin{aligned}
\Delta l &= \sqrt{(x(u + \Delta u) - x(u))^2 + (y(u + \Delta u) - y(u))^2 + (z(u + \Delta u) - z(u))^2} \\
&= \sqrt{\left(\frac{dx}{du}\Delta u\right)^2 + \left(\frac{dy}{du}\Delta u\right)^2 + \left(\frac{dz}{du}\Delta u\right)^2} \\
&= \sqrt{\left(\frac{dx}{du}\right)^2 + \left(\frac{dy}{du}\right)^2 + \left(\frac{dz}{du}\right)^2}\,\Delta u \\
&= \left|\frac{d\boldsymbol{r}}{du}\right| \Delta u
\end{aligned} \tag{A.25}$$

付録 B　ベクトル解析の公式

B.1　勾配，発散，回転を含む公式

ϕ, ψをスカラー関数，$\boldsymbol{A}$, $\boldsymbol{B}$をベクトル関数とすると，次の諸式が成り立つ．

$$\text{grad}\ (\phi+\psi)=\text{grad}\ \phi+\text{grad}\ \psi \tag{B.1}$$

$$\text{div}\ (\boldsymbol{A}+\boldsymbol{B})=\text{div}\ \boldsymbol{A}+\text{div}\ \boldsymbol{B} \tag{B.2}$$

$$\text{rot}\ (\boldsymbol{A}+\boldsymbol{B})=\text{rot}\ \boldsymbol{A}+\text{rot}\ \boldsymbol{B} \tag{B.3}$$

$$\text{grad}\ (\phi\psi)=(\text{grad}\ \phi)\psi+\phi\text{grad}\ \psi \tag{B.4}$$

$$\text{div}\ (\phi\boldsymbol{A})=\text{grad}\ \phi\cdot\boldsymbol{A}+\phi\text{div}\ \boldsymbol{A} \tag{B.5}$$

$$\text{rot}\ (\phi\boldsymbol{A})=\text{grad}\ \phi\times\boldsymbol{A}+\phi\text{rot}\ \boldsymbol{A} \tag{B.6}$$

$$\nabla(\boldsymbol{A}\cdot\boldsymbol{B})=(\boldsymbol{A}\cdot\nabla)\boldsymbol{B}+(\boldsymbol{B}\cdot\nabla)\boldsymbol{A}+\boldsymbol{A}\times(\nabla\times\boldsymbol{B})+\boldsymbol{B}\times(\nabla\times\boldsymbol{A}) \tag{B.7}$$

$$\nabla\cdot(\boldsymbol{A}\times\boldsymbol{B})=\boldsymbol{B}\cdot(\nabla\times\boldsymbol{A})-\boldsymbol{A}\cdot(\nabla\times\boldsymbol{B}) \tag{B.8}$$

$$\nabla\times(\boldsymbol{A}\times\boldsymbol{B})=\boldsymbol{A}\nabla\cdot\boldsymbol{B}-\boldsymbol{B}\nabla\cdot\boldsymbol{A}+(\boldsymbol{B}\cdot\nabla)\boldsymbol{A}-(\boldsymbol{A}\cdot\nabla)\boldsymbol{B} \tag{B.9}$$

$$\text{rot grad}\ \phi=\boldsymbol{0} \tag{B.10}$$

$$\text{div rot}\ \boldsymbol{A}=0 \tag{B.11}$$

$$\text{div grad}\ \phi=\nabla^2\phi=\triangle\phi\ \ (\text{定義}) \tag{B.12}$$

$$\text{rot rot}\ \boldsymbol{A}=\text{grad div}\ \boldsymbol{A}-\nabla^2\boldsymbol{A} \tag{B.13}$$

ただし $\triangle\equiv\nabla^2$ は**ラプラシアン**である．また $(\boldsymbol{B}\cdot\nabla)\boldsymbol{A}$, $\nabla^2\boldsymbol{A}$ は，デカルト座標で，

$$(\boldsymbol{B}\cdot\nabla)\,\boldsymbol{A}\ =(\boldsymbol{B}\cdot\nabla A_x)\boldsymbol{i}+(\boldsymbol{B}\cdot\nabla A_y)\boldsymbol{j}+(\boldsymbol{B}\cdot\nabla A_z)\boldsymbol{k} \tag{B.14}$$

$$\nabla^2\boldsymbol{A}=(\nabla^2A_x)\boldsymbol{i}+(\nabla^2A_y)\boldsymbol{j}+(\nabla^2A_z)\boldsymbol{k} \tag{B.15}$$

のように定義され，式 (B.15) はベクトルラプラシアンと呼ばれる．なお，他の座標系におけるこれらの表式は簡単ではなく，ベクトルラプラシアンは，むしろ式 (B.13) によって定義される．ラプラシアンについて次の式が成り立つ．

$$\triangle(\phi+\psi)=\triangle\phi+\triangle\psi \tag{B.16}$$

$$\triangle(\phi\psi)=\psi\triangle\phi+\phi\triangle\psi+2(\nabla\phi)\cdot(\nabla\psi) \tag{B.17}$$

また，$\boldsymbol{r}$を位置ベクトル，その大きさ $|\boldsymbol{r}|$ を r，$\boldsymbol{r}$の単位ベクトルを$\hat{\boldsymbol{r}}$とすると，

$$\mathrm{div}\ \boldsymbol{r} = 3 \tag{B.18}$$

$$\mathrm{rot}\ \boldsymbol{r} = \boldsymbol{0} \tag{B.19}$$

$$\mathrm{grad}\ r = \boldsymbol{r}/r = \hat{\boldsymbol{r}} \tag{B.20}$$

n を整数とすると，

$$\mathrm{div}\ (r^n \hat{\boldsymbol{r}}) = (n+2)r^{n-1} \quad \text{特に}\ \ \mathrm{div}\left(\frac{\hat{\boldsymbol{r}}}{r^2}\right) = 4\pi\delta(r) \tag{B.21}$$

$$\mathrm{rot}\ (r^n \hat{\boldsymbol{r}}) = \boldsymbol{0} \tag{B.22}$$

$$\mathrm{grad}\ r^n = nr^{n-1}\hat{\boldsymbol{r}} \tag{B.23}$$

$$\triangle r^n = n(n+1)r^{n-2} \quad \text{特に}\ \ \triangle\frac{1}{r} = -4\pi\delta(r) \tag{B.24}$$

さらに，$\boldsymbol{J}$が定ベクトルなら，

$$\mathrm{div}\ (\boldsymbol{J} \times \boldsymbol{r}) = 0 \tag{B.25}$$

$$\mathrm{rot}\ (\boldsymbol{J} \times \boldsymbol{r}) = 2\boldsymbol{J} \tag{B.26}$$

$$\mathrm{grad}\ (\boldsymbol{J} \cdot \boldsymbol{r}) = \boldsymbol{J} \tag{B.27}$$

$$(\boldsymbol{A} \cdot \nabla)\, r = \boldsymbol{A} \tag{B.28}$$

B.2　積分公式

V を閉曲面 S に囲まれた体積，$\boldsymbol{n}$ を S 表面の単位法線ベクトルとすると，

$$\oint_S \boldsymbol{E} \cdot d\boldsymbol{S} = \int_V \mathrm{div}\ \boldsymbol{E} dV \qquad \text{(ガウスの定理)} \tag{B.29}$$

$$\oint_S (\boldsymbol{n} \times \boldsymbol{E}) dS = \int_V \mathrm{rot}\ \boldsymbol{E} dV \tag{B.30}$$

$$\oint_S \phi d\boldsymbol{S} = \int_V \mathrm{grad}\ \phi dV \tag{B.31}$$

また，S を閉曲線 C を縁とする曲面とすると，次式が成り立つ．

$$\oint_C \boldsymbol{E} \cdot d\boldsymbol{l} = \int_S \mathrm{rot}\ \boldsymbol{E} \cdot d\boldsymbol{S} \qquad \text{(ストークスの定理)} \tag{B.32}$$

$$\oint_C \phi d\boldsymbol{l} = \int_S (\boldsymbol{n} \times \mathrm{grad}\ \phi) dS \tag{B.33}$$

付録 C　直交曲線座標

座標軸が直交する座標系を**直交座標系** (orthogonal coordinate system) という．しかし軸は一般に曲線でもよいので，その意味もこめて直交曲線座標系というときもある．座標系は，調べたい現象が最も簡単に記述できるように選ぶことが重要であり，それに応じて，様々な座標系が考えられているが，ここでは最も代表的な，**デカルト座標** (Cartesian coordinates)，**球座標** (spherical coordinates)，**円筒座標** (cylindrical coordinates)，および一般の直交曲線座標について，簡単にまとめる．

C.1　デカルト座標 (x, y, z)

付録 A でも述べたように，これは，直交する 3 本の直線 x，y，z を座標軸とする，最も基本的な座標系であり，基本ベクトルを$\boldsymbol{i}$，$\boldsymbol{j}$，$\boldsymbol{k}$とおくと，

$$\text{位置ベクトル：} \boldsymbol{r} = x\boldsymbol{i} + y\boldsymbol{j} + z\boldsymbol{k} = (x, y, z) \tag{C.1}$$

$$\text{線素ベクトル：} d\boldsymbol{r} = dx\boldsymbol{i} + dy\boldsymbol{j} + dz\boldsymbol{k} \tag{C.2}$$

$$\text{面素ベクトル：} d\boldsymbol{S} = dydz\boldsymbol{i} + dzdx\boldsymbol{j} + dxdy\boldsymbol{k} \tag{C.3}$$

$$\text{体積素：} dV = dxdydz \tag{C.4}$$

である．ϕをスカラー関数，$\boldsymbol{A} = A_x\boldsymbol{i} + A_y\boldsymbol{j} + A_z\boldsymbol{k}$ をベクトル関数とすると

$$\text{grad}\ \phi = \frac{\partial\phi}{\partial x}\boldsymbol{i} + \frac{\partial\phi}{\partial y}\boldsymbol{j} + \frac{\partial\phi}{\partial z}\boldsymbol{k} = \left(\frac{\partial}{\partial x}\boldsymbol{i} + \frac{\partial}{\partial y}\boldsymbol{j} + \frac{\partial}{\partial z}\boldsymbol{k}\right)\phi \equiv \nabla\phi \tag{C.5}$$

$$\text{div}\ \boldsymbol{A} = \frac{\partial A_x}{\partial x} + \frac{\partial A_y}{\partial y} + \frac{\partial A_z}{\partial z} = \nabla\cdot\boldsymbol{A} \tag{C.6}$$

$$\begin{aligned}\text{rot}\ \boldsymbol{A} &= \left(\frac{\partial A_z}{\partial y} - \frac{\partial A_y}{\partial z}\right)\boldsymbol{i} + \left(\frac{\partial A_x}{\partial z} - \frac{\partial A_z}{\partial x}\right)\boldsymbol{j} + \left(\frac{\partial A_y}{\partial x} - \frac{\partial A_x}{\partial y}\right)\boldsymbol{k} \\ &= \nabla\times\boldsymbol{A} \\ &= \begin{vmatrix} \boldsymbol{i} & \boldsymbol{j} & \boldsymbol{k} \\ \dfrac{\partial}{\partial x} & \dfrac{\partial}{\partial y} & \dfrac{\partial}{\partial z} \\ A_x & A_y & A_z \end{vmatrix}\end{aligned} \tag{C.7}$$

$$\triangle\phi = \left(\frac{\partial^2}{\partial x^2} + \frac{\partial^2}{\partial y^2} + \frac{\partial^2}{\partial z^2}\right)\phi = \nabla^2\phi \tag{C.8}$$

$$\triangle\boldsymbol{A} = (\triangle A_x)\boldsymbol{i} + (\triangle A_y)\boldsymbol{j} + (\triangle A_z)\boldsymbol{k} = \nabla^2\boldsymbol{A} \tag{C.9}$$

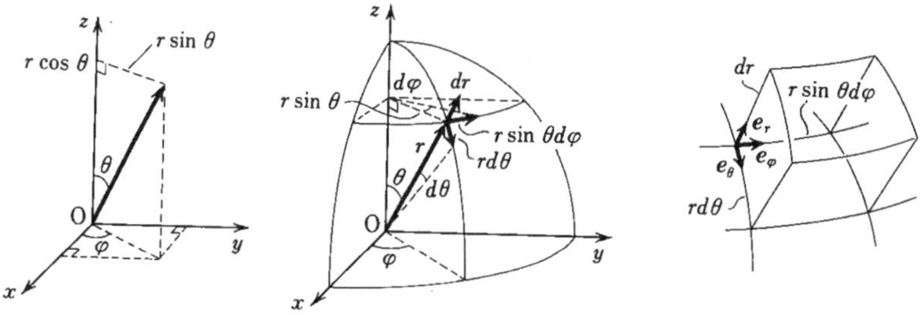

図 C.1　球座標

C.2　球座標 (r, θ, φ)

図 C.1 のような座標系で，デカルト座標との関係は

$$\begin{cases} x = r\sin\theta\cos\varphi \\ y = r\sin\theta\sin\varphi \\ z = r\cos\theta \end{cases} \tag{C.10}$$

である．基本ベクトルを$\boldsymbol{e}_r$，$\boldsymbol{e}_\theta$，$\boldsymbol{e}_\varphi$ とおくと，

$$\text{線素ベクトル}: d\boldsymbol{r} = dr\boldsymbol{e}_r + rd\theta\boldsymbol{e}_\theta + r\sin\theta d\varphi\boldsymbol{e}_\varphi \tag{C.11}$$

$$\text{面素ベクトル}: d\boldsymbol{S} = r^2\sin\theta d\theta d\varphi\boldsymbol{e}_r + r\sin\theta drd\varphi\boldsymbol{e}_\theta + rdrd\theta\boldsymbol{e}_\varphi \tag{C.12}$$

$$\text{体積素}: dV = r^2\sin\theta drd\theta d\varphi \tag{C.13}$$

である．ϕをスカラー関数，$\boldsymbol{A} = A_r\boldsymbol{e}_r + A_\theta\boldsymbol{e}_\theta + A_\varphi\boldsymbol{e}_\varphi$ をベクトル関数とすると，

$$\operatorname{grad}\phi = \frac{\partial\phi}{\partial r}\boldsymbol{e}_r + \frac{1}{r}\frac{\partial\phi}{\partial\theta}\boldsymbol{e}_\theta + \frac{1}{r\sin\theta}\frac{\partial\phi}{\partial\varphi}\boldsymbol{e}_\varphi \tag{C.14}$$

$$\operatorname{div}\boldsymbol{A} = \frac{1}{r^2}\frac{\partial}{\partial r}(r^2A_r) + \frac{1}{r\sin\theta}\frac{\partial}{\partial\theta}(\sin\theta A_\theta) + \frac{1}{r\sin\theta}\frac{\partial A_\varphi}{\partial\varphi} \tag{C.15}$$

$$\begin{aligned} \operatorname{rot}\boldsymbol{A} = &\frac{1}{r\sin\theta}\left[\frac{\partial}{\partial\theta}(\sin\theta A_\varphi) - \frac{\partial A_\theta}{\partial\varphi}\right]\boldsymbol{e}_r \\ &+\frac{1}{r}\left[\frac{1}{\sin\theta}\frac{\partial A_r}{\partial\varphi} - \frac{\partial}{\partial r}(rA_\varphi)\right]\boldsymbol{e}_\theta \\ &+\frac{1}{r}\left[\frac{\partial}{\partial r}(rA_\theta) - \frac{\partial A_r}{\partial\theta}\right]\boldsymbol{e}_\varphi \end{aligned} \tag{C.16}$$

$$\triangle\phi = \left[\frac{1}{r^2}\frac{\partial}{\partial r}(r^2\frac{\partial}{\partial r}) + \frac{1}{r^2\sin\theta}\frac{\partial}{\partial\theta}(\sin\theta\frac{\partial}{\partial\theta}) + \frac{1}{r^2\sin^2\theta}\frac{\partial^2}{\partial\varphi^2}\right]\phi \tag{C.17}$$

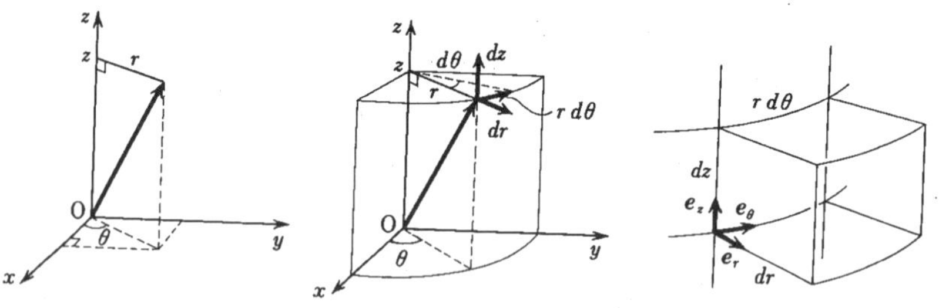

図 C.2　円筒座標

C.3　円筒座標 (r, θ, z)

図 C.2 のような座標系で，デカルト座標との関係は

$$\begin{cases} x = r\cos\theta \\ y = r\sin\theta \\ z = z \end{cases} \tag{C.18}$$

である．基本ベクトルを $\boldsymbol{e}_r$，$\boldsymbol{e}_\theta$，$\boldsymbol{e}_z$ とおくと，

$$\text{線素ベクトル}: d\boldsymbol{r} = dr\boldsymbol{e}_r + rd\theta\boldsymbol{e}_\theta + dz\boldsymbol{e}_z \tag{C.19}$$

$$\text{面素ベクトル}: d\boldsymbol{S} = rd\theta dz\boldsymbol{e}_r + drdz\boldsymbol{e}_\theta + rdrd\theta\boldsymbol{e}_z \tag{C.20}$$

$$\text{体積素}: dV = rdrd\theta dz \tag{C.21}$$

である．ϕをスカラー関数，$\boldsymbol{A} = A_r\boldsymbol{e}_r + A_\theta\boldsymbol{e}_\theta + A_z\boldsymbol{e}_z$ をベクトル関数とすると，

$$\text{grad}\ \phi = \frac{\partial\phi}{\partial r}\boldsymbol{e}_r + \frac{1}{r}\frac{\partial\phi}{\partial\theta}\boldsymbol{e}_\theta + \frac{\partial\phi}{\partial z}\boldsymbol{e}_z \tag{C.22}$$

$$\text{div}\ \boldsymbol{A} = \frac{1}{r}\frac{\partial}{\partial r}(rA_r) + \frac{1}{r}\frac{\partial A_\theta}{\partial\theta} + \frac{\partial A_z}{\partial z} \tag{C.23}$$

$$\begin{aligned} \text{rot}\ \boldsymbol{A} &= \left[\frac{1}{r}\frac{\partial A_z}{\partial\theta} - \frac{\partial A_\theta}{\partial z}\right]\boldsymbol{e}_r + \left[\frac{\partial A_r}{\partial z} - \frac{\partial A_z}{\partial r}\right]\boldsymbol{e}_\theta \\ &\quad + \frac{1}{r}\left[\frac{\partial}{\partial r}(rA_\theta) - \frac{\partial A_r}{\partial\theta}\right]\boldsymbol{e}_z \end{aligned} \tag{C.24}$$

$$\triangle\phi = \left[\frac{1}{r}\frac{\partial}{\partial r}(r\frac{\partial}{\partial r}) + \frac{1}{r^2}\frac{\partial^2}{\partial\theta^2} + \frac{\partial^2}{\partial z^2}\right]\phi \tag{C.25}$$

C.4　一般の直交曲線座標 (u, v, w)

一般の座標とデカルト座標との関係は，一般に次のように表わされる．

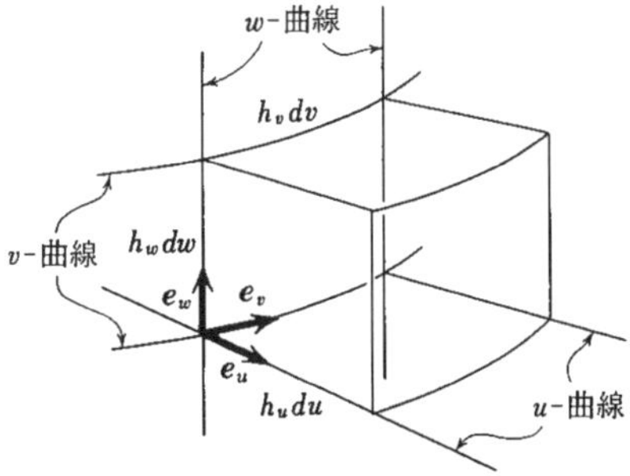

図 C.3　一般の直交曲線座標

$$\begin{cases} x = x(u, v, w) \\ y = y(u, v, w) \\ z = z(u, v, w) \end{cases} \tag{C.26}$$

直交座標では，u，v，w 方向の基本ベクトル$\boldsymbol{e}_u$，$\boldsymbol{e}_v$，$\boldsymbol{e}_w$ は互いに直交しており，

$$\text{線素ベクトル}：d\boldsymbol{r} = h_u du\boldsymbol{e}_u + h_v dv\theta\boldsymbol{e}_v + h_w dw\boldsymbol{e}_w \tag{C.27}$$

$$\text{面素ベクトル}：d\boldsymbol{S} = h_v h_w dvdw\boldsymbol{e}_u + h_w h_u dwdu\boldsymbol{e}_v + h_u h_v dudv\boldsymbol{e}_w \tag{C.28}$$

$$\text{体積素}：dV = h_u h_v h_w dudvdw \tag{C.29}$$

となる．ただし，h_u，h_v，h_w は，$\boldsymbol{r} = (x, y, z)$ とおくと，次のように与えられる．

$$h_u = \left|\frac{\partial \boldsymbol{r}}{\partial u}\right|,\ h_v = \left|\frac{\partial \boldsymbol{r}}{\partial v}\right|,\ h_w = \left|\frac{\partial \boldsymbol{r}}{\partial w}\right| \tag{C.30}$$

たとえば球座標では，$h_r = 1$，$h_\theta = r$，$h_\varphi = r\sin\theta$ となる．

ϕをスカラー関数，$\boldsymbol{A}$をベクトル関数とし，$\boldsymbol{A} = A_u\boldsymbol{e}_u + A_v\boldsymbol{e}_v + A_w\boldsymbol{e}_w$ とおくと，

$$\text{grad}\ \phi = \frac{1}{h_u}\frac{\partial\phi}{\partial u}\boldsymbol{e}_u + \frac{1}{h_v}\frac{\partial\phi}{\partial v}\boldsymbol{e}_v + \frac{1}{h_w}\frac{\partial\phi}{\partial w}\boldsymbol{e}_w \tag{C.31}$$

$$\text{div}\ \boldsymbol{A} = \frac{1}{h_u h_v h_w}\left[\frac{\partial}{\partial u}(h_v h_w A_u) + \frac{\partial}{\partial v}(h_w h_u A_v) + \frac{\partial}{\partial w}(h_u h_v A_w)\right] \tag{C.32}$$

$$\text{rot}\ \boldsymbol{A} = \frac{1}{h_u h_v h_w}\begin{vmatrix} h_u\boldsymbol{e}_u & h_v\boldsymbol{e}_v & h_w\boldsymbol{e}_w \\ \dfrac{\partial}{\partial u} & \dfrac{\partial}{\partial v} & \dfrac{\partial}{\partial w} \\ h_u A_u & h_v A_v & h_w A_w \end{vmatrix} \tag{C.33}$$

$$\triangle\phi = \frac{1}{h_u h_v h_w}\left[\frac{\partial}{\partial u}\left(\frac{h_v h_w}{h_u}\frac{\partial}{\partial u}\right) + \frac{\partial}{\partial v}\left(\frac{h_w h_u}{h_v}\frac{\partial}{\partial v}\right) + \frac{\partial}{\partial w}\left(\frac{h_u h_v}{h_w}\frac{\partial}{\partial w}\right)\right]\phi \tag{C.34}$$

付録 D　積　分

D.1　線 積 分

一般に図 D.1 のように，曲線 C 上の点 P に 1 つのスカラー $f(\mathrm{P})$ が対応するとき，この値を点 A から点 B まで曲線 C について積分したものを，点 A から点 B までの**線積分** (line integral, curvilinear integral) という．すなわち曲線 C を図のように微小部分 Δl_i（$i=1,\ ...,\ n$）にすき間なく分割し，各微小部分 Δl_i での代表点を P_i として，$f(\mathrm{P}_i)\Delta l_i$ を曲線 C に沿って点Aから点Bまで加え，長さ l を一定に保って $n\to\infty$, $\Delta l_i\to 0$ の極限をとれば求まる．すなわち，

$$\lim_{n\to\infty}\sum_{i=1}^{n} f(\mathrm{P}_i)\Delta l_i = \int_{A(C)}^{B} f(\mathrm{P})dl \tag{D.1}$$

である．ベクトル$\boldsymbol{F}$の線積分は$\boldsymbol{F}$の接線成分 $F_\mathrm{t} = \boldsymbol{F}\cdot\boldsymbol{t}$ を線積分したもので，

$$\int_C F_\mathrm{t} dl = \int_C \boldsymbol{F}\cdot\boldsymbol{t}dl = \int_C \boldsymbol{F}\cdot d\boldsymbol{l} \tag{D.2}$$

で与えられる[1]．ただし$\boldsymbol{t}$は曲線Cの単位接線ベクトルである．

なお，曲線 C が，媒介変数 u によって $\boldsymbol{r} = (x(u), y(u), z(u))$ と表わされている場合，式 (A.25) より，線素は次のように与えられる．

$$dl = \left|\frac{d\boldsymbol{r}}{du}\right| du \tag{D.3}$$

D.2　面 積 分

一般に図 D.2 のように，曲面 S 上の点 P に 1 つのスカラー $f(\mathrm{P})$ が対応するとき，この値を曲面 S について積分したものを曲面 S についての**面積分** (surface integral) という．すなわち曲面 S を図のように，微小面積 ΔS_i $(i=1,\ldots,n)$ にすき間なく分割し，各微小面積ΔS_i での代表点を P_i として，$f(\mathrm{P}_i)\Delta S_i$ を曲面 S 全体にわたって加え，面積 S を一定に保って $n\to\infty, \Delta S_i\to 0$ の極限をとれば求まる．すなわち

$$\lim_{n\to\infty}\sum_{i=1}^{n} f(\mathrm{P}_i)\Delta S_i = \int_S f(\mathrm{P})dS \tag{D.4}$$

である．ベクトル $\boldsymbol{F}$ の面積分は $\boldsymbol{F}$ の法線成分 $F_\mathrm{n} = \boldsymbol{F}\cdot\boldsymbol{n}$ を面積分したもので，

1　正しくは接線線積分という．

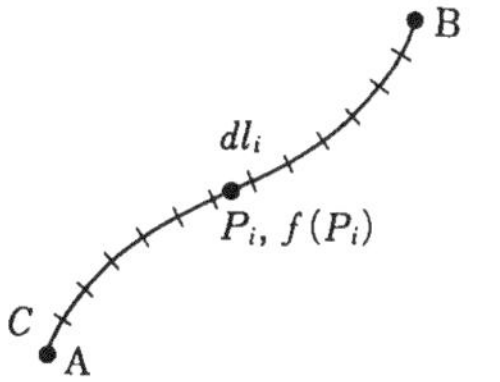

図 **D.1**　線積分

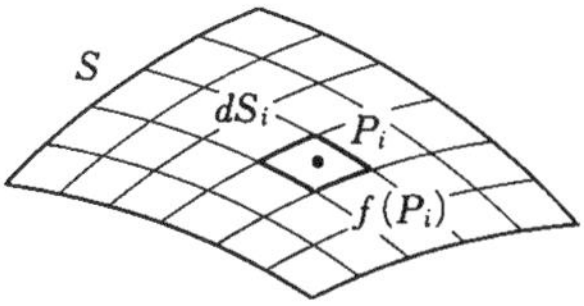

図 **D.2**　面積分

$$\int_S F_n dS = \int_S \boldsymbol{F} \cdot \boldsymbol{n} dS = \int_S \boldsymbol{F} \cdot d\boldsymbol{S} \tag{D.5}$$

で与えられる[2]．ただし $\boldsymbol{n}$ は曲面 S の単位法線ベクトルである．これを ベクトル $\boldsymbol{F}$ の**フラックス** (flux) という．

たとえば半径 a の球面 S についての面積分は，球座標 (r, θ, φ) で表わすと，$dS = a^2 \sin\theta d\theta d\varphi$ であるから，

$$\int_S f dS = \int_0^{2\pi}\int_0^{\pi} f(r, \theta, \varphi) a^2 \sin\theta d\theta d\varphi \tag{D.6}$$

となる．もし f が φ に依存しなければ，φ の積分は 2π に，さらにθ にも依存しなければ，θ の積分は 2 になるから，積分は $4\pi a^2 f = f \times$ (球の表面積) となる．

一般に曲面 S が，媒介変数 u，v によって$\boldsymbol{r} = (x(u,v), y(u,v), z(u,v))$ と表わされている場合，u，v 方向の線素ベクトルは，式 (D.3) より $d\boldsymbol{l}_u = (\partial \boldsymbol{r}/\partial u)du$，$d\boldsymbol{l}_v = (\partial \boldsymbol{r}/\partial v)dv$ であるから，面素は，外積によって次のように与えられる．

$$dS = |d\boldsymbol{l}_u \times d\boldsymbol{l}_v| = \left| \frac{\partial \boldsymbol{r}}{\partial u} \times \frac{\partial \boldsymbol{r}}{\partial v} \right| dudv \tag{D.7}$$

D.3　体 積 積 分

体積 V 内の点 P に 1 つのスカラー $f(\mathrm{P})$ が対応するとき，この値を体積 V について積分したものを体積 V についての**体積積分** (volume integral) という．すなわち体積 V を微小体積 $\varDelta V_i$　$(i = 1, \ldots, n)$ にすき間なく分割し，各微小体積 $\varDelta V_i$ での代表点を P_i として，$f(\mathrm{P}_i)\varDelta V_i$ を体積 V 全体にわたって加え，体積 V を一定に保って $n \to \infty, \varDelta V_i \to 0$ の極限をとれば求まる．すなわち次式で与えられる．

$$\lim_{n\to\infty} \sum_{i=1}^{n} f(\mathrm{P}_i)\varDelta V_i = \int_V f(\mathrm{P}) dV \tag{D.8}$$

2　正確には法線面積分という．

付録 E　立 体 角

E.1　弧 度 法

平面角 (angle) の大きさは，それを中心角とする単位円弧の長さで測ることができる．これを**弧度法**という (図 E.1 (a))．このとき単位円上の長さ 1 の弧に対する中心角を 1 [rad] (ラジアン) とする．よって弧度法では全平面角は単位円の全長 2π [rad] であるから，次の関係が成り立つ．

$$1[\mathrm{rad}] = \frac{180^\circ}{\pi}, \quad 1^\circ = \frac{\pi}{180}\ [\mathrm{rad}] \tag{E.1}$$

また，半径 a の円周上の長さ l の弧に対する角 θ は

$$\theta = \frac{l}{a} \tag{E.2}$$

である．なお [rad] は無次元の単位であり，書く必要はない．

E.2　立 体 角

同様に**立体角** (solid angle) の大きさは，その立体角を頂角とする錐体で切り取られる半径 1 の球面上の面積で測ることができる (図 E.1 (b))．すなわち，半径 1 の球面上の面積 1 に対応する立体角を 1 [sterad] (ステラジアン) とする．よって全立体角は，半径 1 の球の表面積であるから 4π [sterad] である．立体角は錐体の形とは関係ない．また，半径 r の球面上の面積 S に対する立体角 Ω は

$$\Omega = \frac{S}{r^2} \tag{E.3}$$

である．なお [sterad] は無次元の単位であり，書く必要はない．

微小面積を見込む立体角

図 E.1 (c) のように，原点から距離 r 離れた微小面積 dS を見込む立体角 $d\Omega$ は，微小面積の法線と距離方向とのなす角を θ とすると，$dS\cos\theta = \hat{\boldsymbol{r}} \cdot d\boldsymbol{S}$ であるから，

$$d\Omega = \frac{dS\cos\theta}{r^2} = \frac{\hat{\boldsymbol{r}} \cdot d\boldsymbol{S}}{r^2} \tag{E.4}$$

で与えられる．なお，球座標 (r, θ, φ) の微小角 $d\theta$，$d\varphi$ によって作られる立体角は，

$$d\Omega = \sin\theta d\theta d\varphi \tag{E.5}$$

である．

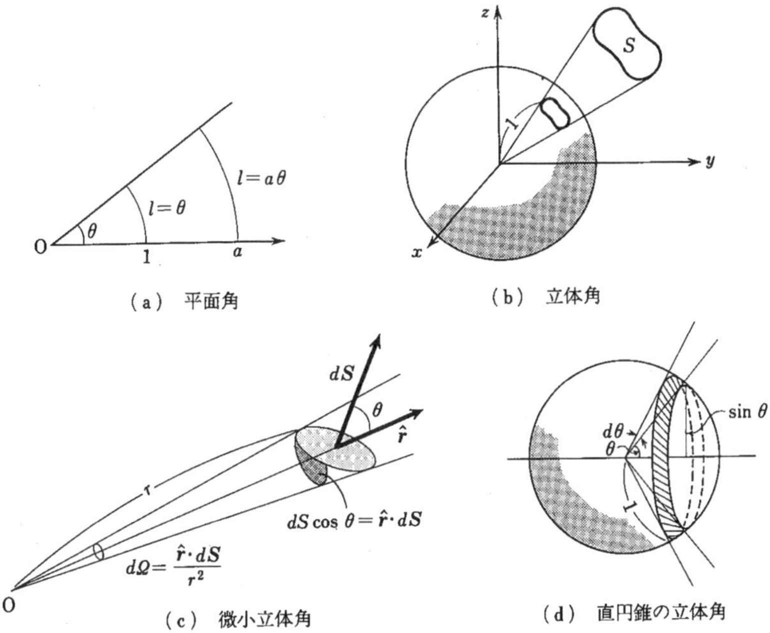

図 E.1

直円錐の立体角

図 E.1 (d) のように，$\theta \sim \theta + d\theta$ が作る微小立体角 (図の網かけの面積) は

$$d\Omega = 2\pi \sin\theta d\theta \tag{E.6}$$

であるから，半頂角 θ の円錐が作る立体角は

$$\Omega(\theta) = \int_0^\theta 2\pi \sin\theta d\theta = 2\pi(1 - \cos\theta) \tag{E.7}$$

である．$\theta = \pi$ とすればもちろん全立体角 4π を得る．したがって底面の半径 a，高さ h の直円錐の頂点の立体角は次式で与えられる．

$$\Omega = 2\pi\left(1 - \frac{h}{\sqrt{h^2 + a^2}}\right) \tag{E.8}$$

付録 F　電磁気学における単位系

力学における単位系には，距離，質量，時間の単位をそれぞれ m (メートル)，kg (キログラム)，s (秒) とする **MKS 単位系**と，cm，g，s を用いる **CGS 単位系**があるが，電磁気学における単位系には，CGS 単位系をベースにした，**CGS 静電単位系** (CGSesu)，**CGS 電磁単位系** (CGSemu)，**ガウス単位系**，および，MKS 単位系をベースとした **MKSA 単位系**がある．MKSA 単位系は，**国際単位系 (SI 単位系)**(Le Système International d'Unités) に準拠しており，アンペールの法則から定まる電流の単位 A (アンペア) を，電磁気の基本単位として採用している (6 章)．

静電単位系，電磁単位系はそれぞれ，クーロンの法則 (式 (1.3) あるいは式 (6.1)) の係数が 1 なるように電荷または磁荷の単位を定め，それを基準に他の単位を組み立てたもの，ガウス単位系は，電気に関しては静電単位，磁気に関しては電磁単位を用いるもので，物理関係では，現在でも使われることが多い．

表 F.1 に，SI 単位系とガウス単位系における主な法則の比較を示す．このように，ガウス単位系では，マクスウェル方程式に 4π が現われ，媒達説での記述が複雑となる．そこで MKSA 単位系では，マクスウェル方程式に 4π が現れないように係数が選ばれる (クーロンの法則の $1/4\pi$)．これを**有理化**という (MKSA 有理単位系)．これに対して従来の単位系は，CGS 非有理単位系と呼ばれる．表 F.2 に換算表を掲げる．

真空の誘電率および透磁率をそれぞれ ε_0，μ_0 とし，単位系で決まる定数 γ を用いて光速を $c = \dfrac{\gamma}{\sqrt{\varepsilon_0\mu_0}}$ と表わすとき，以上の単位系は，次のようにまとめられる．

静電単位系：　$\varepsilon_0 = 1,\ \ \mu_0 = \dfrac{1}{c^2} = \dfrac{1}{9} \times 10^{-20}\mathrm{s^2/cm^2},\ \ \gamma = 1$

電磁単位系：　$\varepsilon_0 = \dfrac{1}{c^2} = \dfrac{1}{9} \times 10^{-20}\mathrm{s^2/cm^2},\ \ \mu_0 = 1,\ \ \gamma = 1$

ガウス単位系：　$\varepsilon_0 = 1,\ \ \mu_0 = 1,\ \ \gamma = c = 3 \times 10^{10}\mathrm{cm/s}$

SI 単位系：　$\varepsilon_0 = \dfrac{10^7}{4\pi c^2} = 8.85 \times 10^{-12}\mathrm{F/m},\ \ \mu_0 = 4\pi \times 10^{-7}\mathrm{H/m},\ \ \gamma = 1$

なお 6 章で触れたように，電磁気学には E-H 対応と E-B 対応があり，磁化などの単位に違いが現れる (7 章)．E-H 対応では，電気と磁気の対応は対称的となるが，E-B 対応は，次のような対応に基づいており，電気と磁気は対称的ではない．しかし，磁荷が発見されないという理由から，E-B 対応を用いることが多い．

$$\boldsymbol{E} = -\mathrm{grad}\ \phi \quad \leftrightarrow \quad \boldsymbol{B} = \mathrm{rot}\ \boldsymbol{A} \tag{F.1}$$

$$\mathrm{div}\ \boldsymbol{D} = \rho \quad \leftrightarrow \quad \mathrm{rot}\ \boldsymbol{H} = \boldsymbol{j} \tag{F.2}$$

$$\boldsymbol{D} = \varepsilon_0\boldsymbol{E} + \boldsymbol{P} \quad \leftrightarrow \quad \boldsymbol{H} = \frac{1}{\mu_0}\boldsymbol{B} - \boldsymbol{M} \tag{F.3}$$

表 F.1　SI 単位系とガウス単位系における表式の比較

SI 単位系 (有理, E-B 対応)	ガウス単位系 (非有理, E-H 対応)
$\boldsymbol{F} = \frac{1}{4\pi\varepsilon_0}\frac{qQ}{r^2}\hat{\boldsymbol{r}} \quad \boldsymbol{F} = \frac{\mu_0}{4\pi}\frac{q_{\mathrm{m}}Q_{\mathrm{m}}}{r^2}\hat{\boldsymbol{r}}$	$\boldsymbol{F} = \frac{qQ}{r^2}\hat{\boldsymbol{r}} \quad \boldsymbol{F} = \frac{q_{\mathrm{m}}Q_{\mathrm{m}}}{r^2}\hat{\boldsymbol{r}}$
$d\boldsymbol{B} = \frac{\mu_0}{4\pi}\frac{Idl \times \hat{\boldsymbol{r}}}{r^2}$	$d\boldsymbol{B} = \frac{1}{c}\frac{Idl \times \hat{\boldsymbol{r}}}{r^2}$
$\mathrm{div}\ \boldsymbol{D} = \rho \quad \mathrm{rot}\ \boldsymbol{E} = -\frac{\partial \boldsymbol{B}}{\partial t}$	$\mathrm{div}\ \boldsymbol{D} = 4\pi\rho \quad \mathrm{rot}\ \boldsymbol{E} = -\frac{1}{c}\frac{\partial \boldsymbol{B}}{\partial t}$
$\mathrm{div}\ \boldsymbol{B} = 0 \quad \mathrm{rot}\ \boldsymbol{H} = \boldsymbol{j} + \frac{\partial \boldsymbol{D}}{\partial t}$	$\mathrm{div}\ \boldsymbol{B} = 0 \quad \mathrm{rot}\ \boldsymbol{H} = \frac{4\pi}{c}\boldsymbol{j} + \frac{1}{c}\frac{\partial \boldsymbol{D}}{\partial t}$
$\boldsymbol{D} = \varepsilon_0\boldsymbol{E} + \boldsymbol{P} \quad \boldsymbol{H} = \frac{1}{\mu_0}\boldsymbol{B} - \boldsymbol{M}$	$\boldsymbol{D} = \boldsymbol{E} + 4\pi\boldsymbol{P} \quad \boldsymbol{B} = \boldsymbol{H} + 4\pi\boldsymbol{M}$

表 F.2　SI 単位から CGS 静電単位・CGS 電磁単位への換算表

物理量	記号	MKSA 有理化単位系 (SI 単位)	CGS 非有理化単位系	
			静電単位 (esu)	電磁単位 (emu)
電荷	q	$1\ \mathrm{C} = 1\ \mathrm{A{\cdot}s}$	3×10^9	10^{-1}
電場	$\boldsymbol{E}$	$1\ \mathrm{V/m}$	$10^{-4}/3$	10^6
電束密度	$\boldsymbol{D}$	$1\ \mathrm{C/m^2}$	$12\pi \times 10^5$	$4\pi \times 10^{-5}$
分極	$\boldsymbol{P}$	$1\ \mathrm{C/m^2}$	3×10^5	10^{-5}
誘電率	ε	$1\ \mathrm{F/m}$	$36\pi \times 10^9$	$4\pi \times 10^{-11}$
電気容量	C	$1\ \mathrm{F} = 1\ \mathrm{C/V}$	9×10^{11}	10^{-9}
電流	I	$1\ \mathrm{A}$	3×10^9	10^{-1}
電圧	V	$1\ \mathrm{V} = 1\ \mathrm{W/A}$	$10^{-2}/3$	10^8
電気抵抗	R	$1\ \Omega = 1\ \mathrm{V/A}$	$10^{-11}/9$	10^9
磁場	$\boldsymbol{H}$	$1\ \mathrm{A/m}$	$12\pi \times 10^7$	$4\pi \times 10^{-3}\ \mathrm{Oe}$
磁束密度	$\boldsymbol{B}$	$1\ \mathrm{T} = 1\ \mathrm{Wb/m^2}$	$10^{-6}/3$	$10^4\ \mathrm{G}$
磁束	Φ_{m}	$1\ \mathrm{Wb} = 1\ \mathrm{V{\cdot}s}$	$10^{-2}/3$	$10^8\ \mathrm{Mx}$
磁荷	q_{m}	$1\ \mathrm{A{\cdot}m}$ (E-B)	3×10^{11}	10
		$1\ \mathrm{Wb}$ (E-H)	$10^{-2}/12\pi$	$10^8/4\pi$
磁化	$\boldsymbol{M}$	$1\ \mathrm{A/m}$ (E-B)	3×10^7	10^{-3}
		$1\ \mathrm{Wb/m^2}$ (E-H)	$10^{-6}/12\pi$	$10^4/4\pi$
透磁率	μ	$1\ \mathrm{H/m}$	$10^{-13}/36\pi$	$10^7/4\pi$
インダクタンス	L, M	$1\ \mathrm{H} = 1\ \Omega{\cdot}\mathrm{s}$	$10^{-11}/9$	10^9

註 1) 表の値を SI 単位で表わした数値にかけると，CGS 単位になる．
たとえば，$1\ \mathrm{C} = 3 \times 10^9\ \mathrm{esu}$，$1\ \mathrm{T} = 10^4\ \mathrm{G}$ である．

註 2) ガウス単位系は，電気は静電単位，磁気は電磁単位にそれぞれ一致する．

註 3) 静電単位は stat-，電磁単位は ab- をつけることもある．たとえば，電荷の静電単位および電磁単位は，それぞれ statcoulomb，abcoulomb と書くこともある．

演習問題解答

1.1 (1) 8 N ($-z$ 方向) (2) 1 N ($-z$ 方向) (3) 1 N ($-z$ 方向)

1.2 (1) $4q$ と q を結ぶ線分を q 側に r だけ延長した点. (2) $q' = 4q$. (3) 不安定.

1.3 $\theta_1 = 0$, $\theta_2 = \tan^{-1}\dfrac{qE}{m_2 g}$.

1.4 9.8×10^{-11} C 以上.

1.5 $q = \dfrac{6\pi\eta(v_0 - v_1)}{E}\sqrt{\dfrac{9}{2}\dfrac{\eta v_0}{g(\rho - \rho_0)}}$

1.6 図 **1.18** のように, 円板の中心から半径 r の点に微小面積 $dS = rd\theta dr$ を考えると, そこに含まれる電荷は $dQ = \sigma r d\theta dr$, それと点 P との距離は $R = \sqrt{r^2 + h^2}$ であるから, それが点 P に作る電場 $d\boldsymbol{E}$ の軸方向成分は, $d\boldsymbol{E}$ と中心軸とのなす角を ϕ とすると, $dE = (dQ/4\pi\varepsilon_0 R^2)\cos\phi$ である. ただし $\cos\phi = h/\sqrt{r^2 + h^2}$ である. よって円板全体の電荷による軸方向の電場は,

$$E = \int dE = \frac{\sigma h}{4\pi\varepsilon_0}\int_0^{2\pi} d\theta \int_0^a \frac{rdr}{(\sqrt{r^2 + h^2})^3} = \frac{\sigma}{2\varepsilon_0}\left(1 - \frac{h}{\sqrt{h^2 + a^2}}\right)$$

となる. 一方, $d\boldsymbol{E}$ の軸に垂直な成分は, 系の軸対称性から積分すると零となる.

1.7 演習問題 1.6 の結果で $a \to \infty$ または $\Omega = 2\pi$ とおく.

1.8 面上で点 P から 距離 $2h$ 以内にある部分を見込む立体角は, 半頂角が $\theta = 60°$ の円錐の立体角 $\Omega = 2\pi(1 - \cos\theta) = \pi$ に等しい.

1.9 λ_1 から距離 d の点の電場は $E = \dfrac{\lambda_1}{2\pi\varepsilon_0 d}$ であるから, $F = \lambda_2 E = \dfrac{\lambda_1\lambda_2}{2\pi\varepsilon_0 d}$

1.10 9 J.

1.11 $v = \sqrt{\dfrac{2eV}{m}}$.

1.12 (1) $r = C$ (同心球), (2) $z = C$ (z 軸に垂直な平面), (3) $r = C$ (同心球), (4) $xy = C$ (直角双曲面)

1.13 (1) $x^2 + y^2 = C$ (同心円), (2) $x^2 - y^2 = C$ (直角双曲線), (3) $y = Cx$ (z 軸に垂直な放射状の直線)

1.14 等電位面は電場 $\boldsymbol{E} = (E_x, E_y, E_z)$ と垂直だから, 等電位面内の微小変位を $d\boldsymbol{l} = (dx, dy, dz)$ とすると, 内積は $\boldsymbol{E} \cdot d\boldsymbol{l} = 0$ である.

1.15 1 本の線電荷 λ による電位は, $r = r_0$ を基準にすると, $\phi = \dfrac{\lambda}{2\pi\varepsilon_0}\ln\dfrac{r_0}{r}$ であるから, 線電荷 $\pm\lambda$ による電位は, $\phi = \dfrac{\lambda}{2\pi\varepsilon_0}\ln\dfrac{r_-}{r_+}$ である. ただし
$r_\pm = \sqrt{r^2 + (d/2)^2 \mp rd\cos\theta} \fallingdotseq r(1 \mp \dfrac{d}{2r}\cos\theta)$ ($r \gg d$, 複号同順) であるから

$$\phi \doteqdot \frac{\lambda}{2\pi\varepsilon_0} \ln \frac{1+\dfrac{d}{2r}\cos\theta}{1-\dfrac{d}{2r}\cos\theta} \doteqdot \frac{\lambda d}{2\pi\varepsilon_0 r}\cos\theta = \frac{\boldsymbol{p}\cdot\hat{\boldsymbol{r}}}{2\pi\varepsilon_0 r}$$

となる．ただし $\hat{\boldsymbol{r}}$ は r 方向の単位ベクトル，$\boldsymbol{p} = \lambda \boldsymbol{d}$ である．

1.16 これを電気 2 重層と見なして，$\phi = \dfrac{\sigma t}{4\pi\varepsilon_0}\Omega = \dfrac{\sigma t}{2\varepsilon_0}\left(1 - \dfrac{r}{\sqrt{r^2+a^2}}\right)$

1.17 内部は $\Omega = 4\pi$ より，$\phi = \dfrac{\sigma t}{\varepsilon_0}$．外部は $\phi = 0$.

1.18 原点 O に電荷 q を置き，そこから距離 R の点 C を中心とする半径 a $(a < R)$ の球面 S を考える．このとき球面上の点 P と原点との距離を r とおくと，点 P の電位は$\phi = \dfrac{q}{4\pi\varepsilon_0 r}$ である．また，CP が OC となす角を θ，OC のまわり角を φ とすると，球面上の面素は $dS = a^2 \sin\theta d\theta d\varphi$ であるから，球面上の電位の平均は，

$$\phi_{\text{平均}} = \frac{\displaystyle\oint_S \phi dS}{\displaystyle\oint_S dS} = \frac{q}{8\pi\varepsilon_0}\int_0^\pi \frac{\sin\theta d\theta}{r} = \frac{q}{8\pi\varepsilon_0 aR}\int_{R-a}^{R+a} dr = \frac{q}{4\pi\varepsilon_0 R}$$

となる．ただし $r^2 = a^2 + R^2 - 2aR\cos\theta$ より $rdr = aR\sin\theta d\theta$ であることを用いた．これは球の中心 C の電位にほかならない．

1.19 $U = -\dfrac{q^2}{4\pi\varepsilon_0 a}(4-\sqrt{2})$.

1.20 $\dfrac{e^2}{8\pi\varepsilon_0 R} = \dfrac{m_e c^2}{2}$ より直ちに求まる．

2.1 (1) $(\text{rot grad } \phi)_x = \dfrac{\partial}{\partial y}\dfrac{\partial \phi}{\partial z} - \dfrac{\partial}{\partial z}\dfrac{\partial \phi}{\partial y} = 0$．他の成分も同様に 0.
(2) div rot $\boldsymbol{A}$ =

$$\frac{\partial}{\partial x}\left(\frac{\partial A_z}{\partial y} - \frac{\partial A_y}{\partial z}\right) + \frac{\partial}{\partial y}\left(\frac{\partial A_x}{\partial z} - \frac{\partial A_z}{\partial x}\right) + \frac{\partial}{\partial z}\left(\frac{\partial A_y}{\partial x} - \frac{\partial A_x}{\partial y}\right) = 0$$

2.2 (1) 略． (2) 略． (3) 略． (4) 略．

2.3 略．

2.4 略．

2.5 (1) $\boldsymbol{E} = \boldsymbol{0}$ (2) $\boldsymbol{E} = (0, 0, -k)$ (3) $\boldsymbol{E} = (-ky, -kx, 0)$
(4) $\boldsymbol{E} = -k(x, y, z) = -k\boldsymbol{r}$ (5) $\boldsymbol{E} = \dfrac{q}{4\pi\varepsilon_0 r^2}\hat{\boldsymbol{r}}$ (6) $\boldsymbol{E} = (kA\sin kx, 0, 0)$

2.6 双極子モーメントによる電位は，式 (1.36) より $\phi = \dfrac{\boldsymbol{p}\cdot\boldsymbol{r}}{4\pi\varepsilon_0 r^3}$ である．これを $\boldsymbol{E} = -\mathrm{grad}\ \phi$ に代入し，ベクトル解析の公式 $\mathrm{grad}\ (\phi\psi) = (\mathrm{grad}\ \phi)\psi + \phi\mathrm{grad}\ \psi$, $\mathrm{grad}\ r^n = nr^{n-1}\hat{\boldsymbol{r}}$ および定ベクトル $\boldsymbol{p}$ に対して $\mathrm{grad}\ (\boldsymbol{p}\cdot\boldsymbol{r}) = \boldsymbol{p}$ であることを用いる．

2.7 (1) $\mathrm{div}\ \boldsymbol{F} = \dfrac{df(x)}{dx}$, $\mathrm{rot}\ \boldsymbol{F} = \boldsymbol{0}$ (2) $\mathrm{div}\ \boldsymbol{F} = 0$, $\mathrm{rot}\ \boldsymbol{F} = (0, 0, -\dfrac{df(y)}{dy})$
(3) $\mathrm{div}\ \boldsymbol{F} = 0$, $\mathrm{rot}\ \boldsymbol{F} = \left(\dfrac{df(x)}{dx} - \dfrac{df(y)}{dy}\right)k$ (4) $\mathrm{div}\ \boldsymbol{F} = (n+2)r^{n-1}$, $\mathrm{rot}\ \boldsymbol{F} = \boldsymbol{0}$

(5) $\mathrm{div}\ \boldsymbol{F} = 0$, $\mathrm{rot}\ \boldsymbol{F} = (n+1)r^{n-1}\boldsymbol{e}_z$ (6) $\mathrm{div}\ \boldsymbol{F} = 0$, $\mathrm{rot}\ \boldsymbol{F} = (0, kE\cos kz, 0)$

2.8 向きは半径方向で大きさは $E = \dfrac{rQ}{4\pi\varepsilon_0 a^3}$ $(r \leqq a)$, $E = \dfrac{Q}{4\pi\varepsilon_0 r^2}$ $(r \geqq a)$

2.9 向きは半径方向で大きさは $E = \dfrac{Q}{4\pi\varepsilon_0}\left(\dfrac{1}{r^2} - \dfrac{r}{a^3}\right)$ $(r \leqq a)$, $E = 0$ $(r \geqq a)$

2.10 向きは半径方向で大きさは $E = \dfrac{Q}{4\pi\varepsilon_0 ar}$ $(r \leqq a)$, $E = \dfrac{Q}{4\pi\varepsilon_0 r^2}$ $(r \geqq a)$

2.11 向きは半径方向で大きさは $E = \dfrac{\lambda r}{2\pi\varepsilon_0 a^2}$ $(r \leqq a)$, $E = \dfrac{\lambda}{2\pi\varepsilon_0 r}$ $(r \geqq a)$

2.12 ストークスの定理より，$\displaystyle\oint_C \boldsymbol{E}\cdot d\boldsymbol{l} = \int_S \mathrm{rot}\ \boldsymbol{E}\cdot d\boldsymbol{S} = 0.$

2.13 $\boldsymbol{B} = \mathrm{rot}\ \boldsymbol{A}$ およびストークスの定理を用いれば，

$$\int_S \boldsymbol{B}\cdot d\boldsymbol{S} = \int_S \mathrm{rot}\ \boldsymbol{A}\cdot d\boldsymbol{S} = \oint_C \boldsymbol{A}\cdot d\boldsymbol{l}$$

2.14 $\mathrm{div}\ \boldsymbol{E} = \mathrm{div}\ (\boldsymbol{a}\times\boldsymbol{A}) = \boldsymbol{A}\cdot(\nabla\times\boldsymbol{a}) - \boldsymbol{a}\cdot(\nabla\times\boldsymbol{A}) = -\boldsymbol{a}\cdot(\nabla\times\boldsymbol{A})$ ($\because$ $\boldsymbol{a}$は定ベクトル)．$\boldsymbol{E}\cdot d\boldsymbol{S} = (\boldsymbol{a}\times\boldsymbol{A})\cdot d\boldsymbol{S} = -\boldsymbol{a}\cdot(d\boldsymbol{S}\times\boldsymbol{A}) = -\boldsymbol{a}\cdot(\boldsymbol{n}\times\boldsymbol{A})dS$．よってこれらをガウスの定理に代入して

$$\boldsymbol{a}\cdot\int_V (\nabla\times\boldsymbol{A})dV = \boldsymbol{a}\cdot\oint_S (\boldsymbol{n}\times\boldsymbol{A})dS$$

ここで$\boldsymbol{a}$ は任意のベクトルだから，これが恒等的に成り立つためには

$$\int_V (\nabla\times\boldsymbol{A})dV = \oint_S (\boldsymbol{n}\times\boldsymbol{A})dS$$

2.15 (1) 0 (2) 6 (3) 6

2.16 球座標のラプラシアンを用いて，$\dfrac{1}{r^2}\dfrac{\partial}{\partial r}r^2\dfrac{\partial}{\partial r}f(r) = f''(r) + \dfrac{2}{r}f'(r).$

2.17 (1) $\dfrac{2}{r}$ (2) $e^r\left(1 + \dfrac{2}{r}\right)$

2.18 (1) ポアソン方程式より，

$$\rho(r) = -\varepsilon_0 \triangle \phi(r) = -\frac{q}{4\pi} \triangle \frac{e^{-r/\lambda}}{r} = -\frac{q}{4\pi} \frac{1}{r^2} \frac{\partial}{\partial r} \left(r^2 \frac{\partial}{\partial r} \frac{e^{-r/\lambda}}{r} \right) = -\frac{q}{4\pi\lambda^2} \frac{e^{-r/\lambda}}{r}$$

(2) $\displaystyle\int_0^\infty \rho(r) 4\pi r^2 dr = -\frac{q}{\lambda^2} \int_0^\infty r e^{-r/\lambda} dr = -q$ であるから，求める全電気量は $-q$.

(3) 対称性から，電場は半径方向であり，その大きさは，

$$E(r) = -\frac{\partial \phi(r)}{\partial r} = \frac{q}{4\pi\varepsilon_0} \left(1 + \frac{r}{\lambda} \right) \frac{e^{-r/\lambda}}{r^2}$$

であるから，原点を中心とする半径 a の球面 S について電気力束は，

$$\varPhi = \oint_S \boldsymbol{E} \cdot d\boldsymbol{S} = E(a) \oint_S dS = 4\pi a^2 E(a) = \frac{q}{\varepsilon_0} \left(1 + \frac{a}{\lambda} \right) e^{-a/\lambda}$$

である．ガウスの法則よりこれは (S 内部の電荷)$/\varepsilon_0$ に等しいが，$a \to 0$ に対して，$\varPhi \to \dfrac{q}{\varepsilon_0}$ となるので，これは中心に点電荷 q があることを意味する．

2.19 系は球対称だから，球座標のポアソン方程式を用いると

$$\frac{1}{r^2} \frac{d}{dr} \left(r^2 \frac{d\phi}{dr} \right) = -\frac{Q\delta(r)}{\varepsilon_0}$$

となる．r^2 を払って $r = 0$ から r まで 1 回積分すると，式 (2.55) を用いて，

$$r^2 \frac{d\phi}{dr} = -\frac{Q}{4\pi\varepsilon_0}$$

となる．よってこれを境界条件 ($r \to \infty$ で $\phi = 0$) のもとで積分すると

$$\phi = \frac{Q}{4\pi\varepsilon_0 r}$$

2.20 まず $\theta(x)$ は原点以外では一定値だから，$\dfrac{d\theta(x)}{dx} = 0$ $(x \neq 0)$．また，$\displaystyle\int_{-\infty}^\infty \frac{d\theta(x)}{dx} = [\theta(x)]_{-\infty}^\infty = 1 - 0 = 1$．よって δ 関数の条件を満たす．

2.21 系は x 軸対称であるから，電気力線も軸対称である．力線上の点 P を x 軸のまわりに回転してできる円を考えると，点 P_i にある点電荷 q_i から出る電気力線のうち，その円内を貫く本数は$\varPhi_i = \dfrac{\omega_i}{4\pi} \dfrac{q_i}{\varepsilon_0}$ である．ここで ω_i は点 P_i から円を見込む立体角であり，$\omega_i = 2\pi(1 - \cos\theta_i)$ である．よって，点電荷 $q_1, q_2, \cdots, q_n$ から出る電気力線のうち円内を貫く本数は

$$\varPhi = \sum_{i=1}^n \varPhi_i = \frac{1}{2\varepsilon_0} \sum_{i=1}^n q_i (1 - \cos\theta_i)$$

である．さて，電気力線は互いに交わらないので，点 P の位置を動かしても，他の電気力線を横切ることはない．したがって点 P が作る円を貫く電気力線の本数は，点 P の位置によらず一定となる．ここで $\displaystyle\sum_{i=1}^n q_i$ は一定だから，$\displaystyle\sum_{i=1}^n q_i \cos\theta_i =$ 一定．

2.22 式 (2.89) より $\cos\theta_1 + \cos\theta_2 = C$ で，$\theta_1 = 0$，$\theta_2 = \pi/2$ とおくと，$C = 1$. 無限遠では$\theta_1 = \theta_2 = \theta$ であるから，$\cos\theta = 1/2$. よって，$\theta = 60°$.

2.23 式 (2.89) より $4\cos\theta_1 - \cos\theta_2 = C$ で，電荷 $4q$ から角度 α で出る電気力線の生え際の条件から$\theta_1 = \alpha$，$\theta_2 = \pi$ とおくと，$C = 4\cos\alpha + 1$. 電気力線が無限遠に伸びるか否かの境目では $\theta_1 = \theta_2 = 0$ であるから，$\cos\alpha = 1/2$. よって $\alpha = 60°$.

3.1 電荷がないのでラプラス方程式を満たすが，演習問題 1.18 より，この解は極大極小を持たないので，導体内面で等電位という境界条件を満たす解は空洞全体が等電位という解のみである．よって電場はない．

3.2 $Q = 3 \times 10^{-3}$ C

3.3 (1) 電荷分布: 球 A の外表面に Q が一様に分布．球 B の表面には電荷は現れない．電位: $\phi_A = \phi_B = \dfrac{Q}{4\pi\varepsilon_0 R}$

(2) 電荷分布: 球 B の表面に Q，球 A の内表面に $-Q$，球 A の外表面に Q がそれぞれ一様に分布．電位: $\phi_A = \dfrac{Q}{4\pi\varepsilon_0 R}$，$\phi_B = \dfrac{Q}{4\pi\varepsilon_0 R} - \dfrac{Q}{4\pi\varepsilon_0 a} + \dfrac{Q}{4\pi\varepsilon_0 r}$

(3) 電荷分布: 球 B の表面に Q_B，球 A の内表面に $-Q_B$，球 A の外表面に $Q_A + Q_B$ がそれぞれ一様に分布．
電位: $\phi_A = \dfrac{Q_A + Q_B}{4\pi\varepsilon_0 R}$，$\phi_B = \dfrac{Q_A + Q_B}{4\pi\varepsilon_0 R} - \dfrac{Q_B}{4\pi\varepsilon_0 a} + \dfrac{Q_B}{4\pi\varepsilon_0 r}$

(4) 電荷分布: 球 B の表面に Q_B，球 A の内表面に $-Q_B$ がそれぞれ一様に分布．球 A の外表面には電荷は現れない．電位: $\phi_A = 0$，$\phi_B = -\dfrac{Q_B}{4\pi\varepsilon_0 a} + \dfrac{Q_B}{4\pi\varepsilon_0 r}$

(5) 電荷分布: 球 B の表面に $Q'_B = -\dfrac{ar}{ar - rR + Ra} Q_A$，球 A の内表面に $-Q'_B$，球 A の外表面に $Q_A + Q'_B = \dfrac{R(a-r)}{ar - rR + Ra} Q_A$ がそれぞれ一様に分布．電位: $\phi_A = \dfrac{Q_A + Q'_B}{4\pi\varepsilon_0 R}$，$\phi_B = 0$

(6) 電荷分布: 球 A の外表面に $Q_A + Q_B$ が一様に分布．
電位: $\phi_A = \phi_B = \dfrac{Q_A + Q_B}{4\pi\varepsilon_0 R}$

3.4 導体球の半径を a とすれば，電気容量は $C = \dfrac{Q}{\phi} = 4\pi\varepsilon_0 a$，表面の電場は $E = \dfrac{Q}{4\pi\varepsilon_0 a^2}$ であるから，表面電荷密度は$\sigma = \varepsilon_0 E(a) = \varepsilon_0 \dfrac{\phi}{a}$

3.5 $\phi = \dfrac{\phi_1 r_1 + \phi_2 r_2}{r_1 + r_2}$.

3.6 $C = 4\pi\varepsilon_0 a = 7.086 \times 10^{-4}$ F

3.7　$C=(n-1)\varepsilon_0\dfrac{S}{d}$.

3.8　内外の導体にそれぞれ単位長さ当たり $\pm\lambda$ の電荷を与えると，導体の電位差は $V=\dfrac{\lambda}{2\pi\varepsilon_0}\ln\dfrac{b}{a}$ であるから，単位長さ当たりの電気容量は $C=\dfrac{\lambda}{V}=\dfrac{2\pi\varepsilon_0}{\ln(b/a)}$.

3.9　導線を A，B とする．導線 A，B にそれぞれ単位長さ当たり $\pm\lambda$ の電荷を与えると，A，B の中心軸で囲まれる平面上で A の中心軸から距離 x の点の電場は

$$E=\frac{\lambda}{2\pi\varepsilon_0 x}+\frac{\lambda}{2\pi\varepsilon_0(d-x)}$$

となるから電位差は

$$V=\int_a^{d-a}Edx=\frac{\lambda}{2\pi\varepsilon_0}\int_a^{d-a}\left(\frac{1}{x}+\frac{1}{d-x}\right)=\frac{\lambda}{\pi\varepsilon_0}\ln\left(\frac{d-a}{a}\right)$$

である．よって単位長さ当たりの電気容量は

$$C=\frac{\lambda}{V}=\frac{\pi\varepsilon_0}{\ln\left(\dfrac{d-a}{a}\right)}\doteqdot\frac{\pi\varepsilon_0}{\ln\dfrac{d}{a}}.$$

3.10　(1)　$C_{11}=4\pi\varepsilon_0\dfrac{ab}{b-a}$，$C_{12}=C_{21}=-4\pi\varepsilon_0\dfrac{ab}{b-a}$，$C_{22}=4\pi\varepsilon_0\left(c+\dfrac{ab}{b-a}\right)$　(2)　$Q_1=C_{11}\phi_1+C_{12}\phi_2=4\pi\varepsilon_0\dfrac{ab}{b-a}(\phi_1-\phi_2)$，$Q_2=C_{21}\phi_1+C_{22}\phi_2=4\pi\varepsilon_0\dfrac{ab}{b-a}(\phi_2-\phi_1)+4\pi\varepsilon_0 c\phi_2$

3.11　たとえばある導体に正電荷 q を与えると，他の導体には負電荷が誘導される．よって他の導体の電位はその分減る．すなわち誘導係数は負である．

3.12　端子 1 の電位を ϕ_1，端子 2 の電位を 0 とすると，C_0，C_1 にはそれぞれ $C_0\phi_1$，$C_1\phi_1$ の電荷が蓄えられる．よって端子 1 の導体の電荷は $Q_1=C_0\phi_1+C_1\phi_1=(C_0+C_1)\phi_1$ であるから，$c_{11}=C_0+C_1$．また端子 2 の導体の電荷は，C_0 の $-$ 極の電荷より，$Q_2=-C_0\phi_1$ であるから，$c_{21}=-C_0$．同様に，端子 1 の電位を 0，端子 2 の電位を ϕ_2 とすると $c_{12}=-C_0$，$c_{22}=C_0+C_2$.

3.13　$\dfrac{2}{3}C$.

3.14　C

3.15　$U=\dfrac{1}{2}\dfrac{Q^2}{C}=\dfrac{Q^2(b-a)}{8\pi\varepsilon_0 ab}$.

空間のエネルギーから求めると，電場は $E=\dfrac{Q}{4\pi\varepsilon_0 r^2}$ $(a<r<b)$ で，それ以外は零より，

$$U=\int_V udV=\int_a^b\int_0^\pi\int_0^{2\pi}\frac{1}{2}\varepsilon_0\left(\frac{Q}{4\pi\varepsilon_0 r^2}\right)^2 r^2\sin\theta d\phi d\theta dr=\frac{Q^2(b-a)}{8\pi\varepsilon_0 ab}$$

3.16 $U = \int_V \frac{1}{2}\varepsilon_0 E^2 dV = \frac{1}{2}\varepsilon_0 \int_R^\infty \left(\frac{Q}{4\pi\varepsilon_0 r^2}\right)^2 4\pi r^2 dr = \frac{Q^2}{8\pi\varepsilon_0 R}$

3.17 ガウスの法則より，$\rho = \varepsilon_0 \mathrm{div}\, \boldsymbol{E}$ であるから，

$$U = \frac{1}{2}\int_V \phi\rho dV = \frac{1}{2}\varepsilon_0 \int_V \phi\ \mathrm{div}\ \boldsymbol{E} dV$$

となる．ここで公式 $\mathrm{div}\ (\phi \boldsymbol{E}) = (\mathrm{grad}\ \phi)\cdot \boldsymbol{E} + \phi\ \mathrm{div}\ \boldsymbol{E}$ を用いて変形すると

$$\begin{aligned} U &= \frac{1}{2}\varepsilon_0 \int_V \{\mathrm{div}\ (\phi\boldsymbol{E}) - (\mathrm{grad}\ \phi)\cdot\boldsymbol{E}\} dV \\ &= \frac{1}{2}\varepsilon_0 \int_V \mathrm{div}\ (\phi\boldsymbol{E}) dV + \frac{1}{2}\varepsilon_0 \int_V \boldsymbol{E}\cdot\boldsymbol{E} dV \end{aligned}$$

となる．ここで第 1 項は，ガウスの定理を用いて面積分にすると

$$\int_V \mathrm{div}\ (\phi\boldsymbol{E}) dV = \oint_S \phi\boldsymbol{E}\cdot d\boldsymbol{S}$$

となるが，電荷分布が有限な領域内に限られる場合，その領域から十分遠くの点では，ϕ は $1/r$ に，$\boldsymbol{E}$ は $1/r^2$ に比例するので，ϕE は $1/r^3$ に比例する．したがって，S を十分大きくとると，この面積分は零になる．よって第 2 項のみが残り

$$U = \int_V \frac{1}{2}\varepsilon_0 E^2 dV$$

3.18 空洞内の電場は，導体の代わりに半直線 OA 上の O から距離 $b = \dfrac{R^2}{a}$ の点に鏡像電荷 $q' = -\dfrac{R}{a}q$ を置いたときの q，q' の作る電場に等しい．よって電荷 q が受ける力は，鏡像電荷 q' から受ける力に等しく，それは引力で大きさは

$$F = \frac{q^2}{4\pi\varepsilon_0 a^2}\frac{R/a}{((R/a)^2-1)^2}.$$

3.19 円柱の表面が電位 0 の等電位面であるという境界条件は，円柱の軸に平行で，中心軸から λ の方向に $b = \dfrac{R^2}{a}$ の距離に線電荷密度 $\lambda' = -\dfrac{R}{a}\lambda$ の鏡像電荷を置いても得られる．よって円柱外部の電場は 2 本の線電荷密度λ，λ' の作る電場に等しい．よって単位長さあたりに働く力は引力で，その大きさは演習問題 1.9 より，

$$F = \frac{\lambda^2}{2\pi\varepsilon_0 a}\frac{R/a}{1-(R/a)^2}$$

3.20 境界条件は図解.1 のように 3 つの鏡像電荷を考えれば満たされる．それらから受ける鏡像力はそれぞれ

$$F_1 = \frac{q^2}{16\pi\varepsilon_0 a^2},\quad F_2 = \frac{q^2}{16\pi\varepsilon_0 b^2},\quad F_3 = \frac{q^2}{16\pi\varepsilon_0 (a^2+b^2)}$$

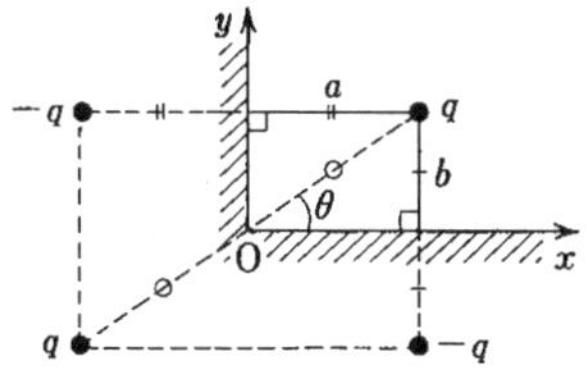

図 解.1

である．よって a 方向を x 軸，b 方向を y軸 とすると，

$$F_x = -F_1 + F_3\cos\theta = -\frac{q^2}{16\pi\varepsilon_0 a^2}\left\{1-\left(\frac{a}{\sqrt{a^2+b^2}}\right)^3\right\}$$

$$F_y = -F_2 + F_3\sin\theta = -\frac{q^2}{16\pi\varepsilon_0 b^2}\left\{1-\left(\frac{b}{\sqrt{a^2+b^2}}\right)^3\right\}$$

3.21　球表面には静電誘導により式 (3.79) で与えられる表面電荷密度が生じる．これを半球について積分すると，半球の電気量は

$$Q_{半球} = \int_0^{\frac{\pi}{2}} \sigma 2\pi a^2 \sin\theta d\theta = 3\pi a^2 \varepsilon_0 E_0 \int_0^{\frac{\pi}{2}} \sin 2\theta d\theta = 3\pi a^2 \varepsilon_0 E_0$$

である．他方の半球の電気量は $-Q_{半球}$ である．電場を切るとこれらが間隙の両側に一様に分布するので，その電荷密度は$\sigma_{間隙} = \dfrac{Q_{半球}}{\pi a^2} = 3\varepsilon_0 E_0$ である．よって電場は $E_{間隙} = \dfrac{\sigma_{間隙}}{\varepsilon_0} = 3E_0$ である．

3.22　この状況は演習問題 3.19 で線電荷を円柱の両側に置いて円柱付近の電場を保つように線密度を大きくしながら遠ざけて行っても得られ，この場合，鏡像電荷は 2 次元双極子となる (演習問題 1.15)．よってそれを p とおくと，導体外の電位は円柱座標で

$$\phi(r,\theta) = -E_0 r\cos\theta + \frac{p\cos\theta}{2\pi\varepsilon_0 r}$$

と書ける．ここで境界条件 ($r = R$ で $\phi = 0$) より，

$$p = 2\pi\varepsilon_0 a^2 E_0, \qquad \phi = E_0\left(\frac{a^2}{r^2} - 1\right) r\cos\theta$$

であるから，表面電荷密度は

$$\sigma = \varepsilon_0 E_r = -\varepsilon_0\left(\frac{\partial\phi}{\partial r}\right)_{r=R} = 2\varepsilon_0 E_0\cos\theta.$$

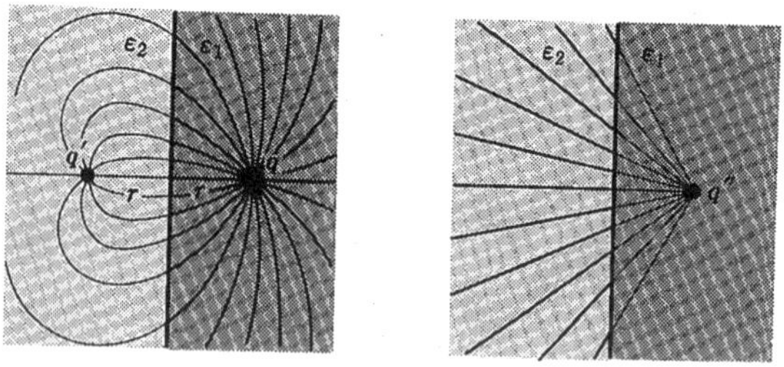

(a) (b)

図 解.2

4.1 (1) 分極電荷は $\sigma = P$ であるから，それによる電場は $E = \dfrac{\sigma}{\varepsilon_0} = \dfrac{P}{\varepsilon_0}$ であり，向きは $\boldsymbol{P}$ と逆である．すなわち反電場は$\boldsymbol{E}_{反} = -\dfrac{\boldsymbol{P}}{\varepsilon_0}$ である．
(2) $\boldsymbol{P} = \varepsilon_0 \chi_e \boldsymbol{E}_{内}$，$\boldsymbol{E}_{内} = \boldsymbol{E}_0 + \boldsymbol{E}_{反}$ および上の結果から $\boldsymbol{E}_{内} = \dfrac{\boldsymbol{E}_0}{\varepsilon_r}$．また，$\boldsymbol{E}_{外} = \boldsymbol{E}_0$．電束密度は内外ともに $\boldsymbol{D} = \varepsilon_0 \boldsymbol{E}_0$．

4.2 誘電体の境界面には分極電荷が現れるが，これを鏡像電荷で置き換えることを考える．まず誘電体 1 内の電場は，図解.2 (a) のように電荷 q とその鏡像電荷 q' で作られると考えると，境界での電束密度 D の法線成分および電場 E の接線成分はそれぞれ $D_{1\mathrm{n}} = (q - q')\cos\theta/(4\pi r^2)$，$E_{1\mathrm{t}} = (q + q')\sin\theta/(4\pi\varepsilon_1 r^2)$ である．次に誘電体 2 内の電場は，図解.2 (b) のように鏡像電荷 q'' で作られると考えると，境界での電束密度 D の法線成分および電場 E の接線成分はそれぞれ $D_{2\mathrm{n}} = q''\cos\theta/(4\pi r^2)$，$E_{2\mathrm{t}} = q''\sin\theta/(4\pi\varepsilon_2 r^2)$ である．境界条件より $D_{1\mathrm{n}} = D_{2\mathrm{n}}$，$E_{1\mathrm{t}} = E_{2\mathrm{t}}$ であるから，$q - q' = q''$，$(q + q')/\varepsilon_1 = q''/\varepsilon_2$ である．よって

$$q' = -\frac{\varepsilon_2 - \varepsilon_1}{\varepsilon_2 + \varepsilon_1} q, \quad q'' = \frac{2\varepsilon_2}{\varepsilon_2 + \varepsilon_1} q.$$

4.3 $x = 0$ の面および側面には分極電荷は現れない．$x = l$ の面の分極電荷は表面密度 $\sigma = kl$．内部の分極電荷は体積密度 $\rho = -k$．全電荷は $\sigma S + \rho l S = 0$．

4.4 表面の分極電荷の面密度は $\sigma = ka$．内部の分極電荷の体積密度は $\rho = -3k$．全電荷は $4\pi a^2 \sigma + \frac{4}{3}\pi a^3 \rho = 0$．

4.5 1.1×10^{-40} C·m

4.6 2.02×10^{-29} C·m

4.7 5.5×10^3 V

4.8 誘電率が軸からの距離 r の関数として$\varepsilon(r)$ が $\dfrac{1}{r}$ で変化する誘電体をつめる．

4.9 (1) $C = \dfrac{\varepsilon_0 + \varepsilon}{2}\dfrac{S}{d}$ (2) $C = \dfrac{2\varepsilon_0\varepsilon}{\varepsilon_0 + \varepsilon}\dfrac{S}{d}$

4.10 $C = \dfrac{\varepsilon_2 - \varepsilon_1}{\ln(\varepsilon_2/\varepsilon_1)}\dfrac{S}{d}$

4.11 $C = \dfrac{2\pi\varepsilon}{\ln(b/a)}$.

4.12 電気容量は $C = (\varepsilon_0(a-x) + \varepsilon x)\dfrac{b}{d}$ であるから，一定電圧 V を与えたときの静電エネルギーは，$U = \dfrac{1}{2}CV^2$．よって働く力は x 方向 (引力) で大きさは

$$F = \frac{dU}{dx} = \frac{d}{dx}\frac{1}{2}(\varepsilon_0(a-x) + \varepsilon x)\frac{b}{d}V^2 = \frac{1}{2}(\varepsilon - \varepsilon_0)\frac{b}{d}V^2 = \frac{1}{2}(\varepsilon - \varepsilon_0)E^2 \cdot bd$$

である．ただし，$E = V/d$ である．

4.13 ε_1 から ε_2 に向かう方向を正とすると，(1) $F = \dfrac{1}{2}\left(\dfrac{1}{\varepsilon_2} - \dfrac{1}{\varepsilon_1}\right)D^2$, (2) $F = \dfrac{1}{2}(\varepsilon_1 - \varepsilon_2)E^2$ となる．いずれも誘電率の大きな方から小さな方に力を受ける．

4.14 $U = \dfrac{1}{2}CV^2 = \dfrac{2\pi\varepsilon ab}{b-a}V^2$

4.15 $\boldsymbol{p}_0 // x$ のとき，$\boldsymbol{p}_1$ は $\boldsymbol{p}_0$ と平行．$\boldsymbol{p}_0 \perp x$ のとき，$\boldsymbol{p}_1$ と $\boldsymbol{p}_0$ 反平行．

5.1 運動方程式は $m\dfrac{d\boldsymbol{v}}{dt} = e\boldsymbol{E} - k\boldsymbol{v}$ となる．このとき終端速度は $\boldsymbol{v} = \dfrac{e}{k}\boldsymbol{E}$ であるから，式 (5.18) と比べて $k = \dfrac{m}{\tau}$.

5.2 (1) 銀 1 mol ($= 6.02 \times 10^{23}$ 個) の質量は 108 g であり，その体積は $108/10.5\ \mathrm{cm}^3$である．よって伝導電子数密度は
$n = 6.02 \times 10^{23}/(108/10.5) = 5.85 \times 10^{22}$ 個$/\mathrm{cm}^3 = 5.85 \times 10^{28}$ 個$/\mathrm{m}^3$ である．
(2) $\mu = 1/(ne\rho) = 6.59 \times 10^{-3}\ \mathrm{m^2/V{\cdot}s}$ (3) $\tau = m/(ne^2\rho) = 3.75 \times 10^{-14}$ s
(4) 電流密度は $j = 1 \times 10^6\ \mathrm{A/m^2}$ であるから，$v_\mathrm{d} = j/(ne) = 1.07 \times 10^{-4}$ m/s.
これより，電子の平均的な移動速度は意外に遅いことが分かる．

5.3 $r = \dfrac{V}{I} - R$

5.4 $R = r$．そのとき $P_{\max} = \dfrac{V^2}{4r}$.

5.5 (1) 25 Ω (2) 500 W

5.6 2 分.

5.7 導体内部には等電位面が円柱の軸に垂直に等間隔に並ぶから，電場 $\boldsymbol{E}$ は一様である．よって $\boldsymbol{j} = \sigma \boldsymbol{E}$ より，電流分布も一様である．なお電流が大きくなると，6章で学ぶように導線内部に磁場が生じ，ローレンツ力によって電流が中心に集まる (**ピンチ効果** (pinch effect))．また本書では省略するが，一般に高周波の電流を流すと，電流は表面付近を流れるようになる (**表皮効果** (skin effect))．

5.8 誘電率 ε_1 の誘電体に，誘電率 ε_2，半径 a の誘電体球が埋め込まれている場合，一様な電場 $\boldsymbol{E}_0$ をかけたときの球内の電束密度は一様で，例題 4.4 より

$$D_{\text{球内}} = \frac{3\varepsilon_2}{2\varepsilon_1 + \varepsilon_2}\varepsilon_1 E_0$$

であるから，D，ε をそれぞれ j，σ で置き換えれば，

$$j_{\text{球内}} = \frac{3\sigma_2}{2\sigma_1 + \sigma_2}\sigma_1 E_0 = \frac{3\sigma_2}{2\sigma_1 + \sigma_2} j_0$$

となる．完全導体球の場合，$\sigma_2 \to \infty$ であるから，$j_{\text{球内}} = 3j_0$ となる．また絶縁体では $\sigma_2 = 0$ だから，$j_{\text{球内}} = 0$ である．なお，完全導体中に埋め込まれた導体球の場合，$\sigma_1 \to \infty$ より，やはり球内には電流は流れない．

5.9 電極から電流 I を流すと，中心 O から距離 r の地中の電流密度は

$$j = \frac{I}{2\pi r^2}$$

であり，電場は $E = \rho j$ より求まるから，接地電極の電位は

$$V = -\int_{\infty}^{a} E dr = -\frac{\rho I}{2\pi}\int_{\infty}^{a}\frac{dr}{r^2} = \frac{\rho I}{2\pi a}$$

である．よって接地抵抗は

$$R = \frac{V}{I} = \frac{\rho}{2\pi a}$$

5.10 $\frac{3}{2}R$.

5.11 $\frac{5}{6}R$. 各抵抗に電流を仮定して解く．対称性を使うと簡単になる．

5.12 R.

5.13 $R_1 R_4 = R_2 R_3$.

5.14 略.

6.1 (1) 図 6.25 のように座標をとると，$d\boldsymbol{l} = (dx, dy, 0)$，$\boldsymbol{B} = (B_x, 0, B_z)$ と書ける．このとき $d\boldsymbol{F} = Id\boldsymbol{l} \times \boldsymbol{B} = I(dyB_z, -dxB_z, -dyB_x)$. (2) 電流素 $Id\boldsymbol{l}$ が受ける原点のまわりの偶力のモーメント $d\boldsymbol{N}$ は，電流素の位置ベクトルを $\boldsymbol{r} = (x, y, 0)$ とすると

$$dN = r \times dF = I(-ydyB_x, xdyB_x, -(xdx + ydy)B_z)$$

となる．ここで $\boldsymbol{B}$ は一様だから，ループ C について $d\boldsymbol{N}$ を周回積分すると，$\oint_C xdx = 0$, $\oint_C ydy = 0$, $\oint_C xdy = S$ などに注意すれば，電流ループ全体が受けるトルクは，$\boldsymbol{N} = (0, ISB_x, 0) = (0, ISB\sin\theta, 0)$ となる．すなわち y 軸のまわりに回転させるようなトルクを受ける．ところで，ループ C の面積ベクトルは $\boldsymbol{S} = (0, 0, S)$ とおけるので，$\boldsymbol{N} = I\boldsymbol{S} \times \boldsymbol{B}$ と書くことができ，これは式 (6.10) にほかならない．

6.2 $N = \pi a^2 IB\sin\theta$

6.3 対称性からトルクのみが働く．電流 I_2 上で点 O から距離 x の微小部分 dx に働く力は，2 電流を含む面内で I_2 に垂直であり，大きさは
$dF = I_2 B dx = I_2 \dfrac{\mu_0 I_1}{2\pi x \sin\theta}$ である．点 O のまわりの力のモーメントは $dN = xdF$ で与えられるから，求めるトルクはこれを積分して

$$N = \int_{-l}^{l} \frac{\mu_0 I_1 I_2}{2\pi \sin\theta} dx = \frac{\mu_0 I_1 I_2}{\pi \sin\theta} l.$$

6.4 電流 I_1 の微小区間 $d\boldsymbol{l}_1$ が，電流 I_2 全体から受ける力は，I_2 全体がそこに作る磁場を $\boldsymbol{B}_1$ とすると，式 (6.8) より，$d\boldsymbol{F} = I_1 d\boldsymbol{l}_1 \times \boldsymbol{B}_1$ で与えられるが，ビオ-サバールの法則 (式 (6.24)) より，$\boldsymbol{B}_1 = \dfrac{\mu_0 I_2}{4\pi} \oint_{C_2} \dfrac{d\boldsymbol{l}_2 \times \hat{\boldsymbol{r}}}{r^2}$ であるから，I_1 全体が I_2 全体から受ける力は，これを上式に代入して，それを C_1 全体について線積分すれば求まる．

6.5 (1) $v = \sqrt{\dfrac{2qV}{m}}$．(エネルギー保存則) (2) $V = \dfrac{qr^2B^2}{2m}$

6.6 (1) 円運動の半径は $r = \dfrac{mv}{eB}$ であるから，単位時間あたりの回転数は
$f = \dfrac{v}{2\pi r} = \dfrac{eB}{2\pi m}$ である．よって電流の大きさは $I = ef = \dfrac{e^2 B}{2\pi m}$ である．
(2) 電子は磁場の方向に対して右ねじの方向に円運動するが，電子の電荷は負だから，円電流の向きはそれと逆である．よって円電流の作る磁場はもとの磁場と逆向き．

6.7 (1) $L = mav = ma^2\omega$. (2) 電流は電子の運動と逆向きで，大きさは $I = \dfrac{\omega e}{2\pi}$ であるから，磁気モーメントの向きは角運動量の向きと逆で，角運動量の向きを正とすれば，大きさは符号も含めて $\mu = -\pi a^2 I = -\dfrac{1}{2}\omega e a^2$. (3) $\gamma = \mu/L = -\dfrac{e}{2m}$.

6.8 円軌道の向きを，磁束密度に対して右まわりと左まわりで分類して考える．まず右まわりを考えると，磁場をかける前の中心力は，$ma\omega^2$ であるが，磁場をかけると中心力にはローレンツ力 $ea\omega B$ が中心方向に加わるので，そのときの角速度を ω'_+ とすると $ma{\omega'_+}^2 = ma\omega^2 + ea\omega B$ である．よって

$$\omega_+ = \omega\sqrt{1+\frac{eB}{m\omega}} \fallingdotseq \omega\left(1+\frac{eB}{2m}\right)$$

である．よって新しい磁気モーメントは

$$\mu'_+ = -\frac{1}{2}\omega_+ ea^2 = \mu_+ - \frac{1}{2}ea^2\frac{eB}{m}$$

である．同様に左まわりを考えると，磁場をかける前の中心力は，$ma\omega^2$ であるが，磁場をかけると中心力にはローレンツ力 $ea\omega B$ が外向きに加わるので，そのときの角速度をω'_- とすると $ma\omega'_-{}^2 = ma\omega^2 - ea\omega B$ である．よって

$$\omega_- = \omega\sqrt{1-\frac{eB}{m\omega}} \fallingdotseq \omega\left(1-\frac{eB}{2m}\right)$$

である．よって新しい磁気モーメントは

$$\mu'_- = \frac{1}{2}\omega_+ ea^2 = \mu_- - \frac{1}{2}ea^2\frac{eB}{m}$$

である．すなわちどちら向きでも磁場と反対向きの磁気モーメントが生じる．なお μ_+ と μ_- は逆向きで大きさは等しいから，両者の平均の磁気モーメントは

$$\mu = -\frac{1}{2}ea^2\frac{eB}{m}.$$

6.9 軌道角運動量は $L = ma^2\omega$ であるから，軌道磁気モーメントは

$$\mu = -\frac{1}{2}ea^2\omega = -\frac{e}{2m}L = -\frac{e\hbar}{2m}n$$

となる．よって最低準位 $(n=1)$ の磁気モーメントは

$$\mu_{\mathrm{B}} = -\frac{e\hbar}{2m} = -9.27\times10^{-24}\,\mathrm{A\cdot m^2}.$$

6.10 負．

6.11 図6.28のように ϕ をとると，ビオ-サバールの法則より，電流素 Idl が焦点 F に作る磁束密度は $dB = \dfrac{\mu_0}{4\pi}\dfrac{Idl\sin\phi}{r^2}$ であるが，さらに図のように r，θ を定めると，放物線上の点 P の座標は $x = r\cos\theta - a$，$y = r\sin\theta$ であるから，$y^2 = 4ax$ に代入して整理すると，$r = \dfrac{2a}{1-\cos\theta}$ である．また，$dl\sin\phi = rd\theta$ であるから，$dB = \dfrac{\mu_0}{4\pi}\dfrac{I}{2a}(1-\cos\theta)d\theta$ と変形できる．これを放物線全体について積分すると，

$$B = \int_{2\pi}^{0}\frac{\mu_0}{4\pi}\frac{I}{2a}(1-\cos\theta)d\theta = -\frac{\mu_0 I}{4a}$$

となる．向きは $-z$ 方向，すなわち紙面の表から裏の向きである．

6.12 直線部分が半円の中心に作る磁束密度は，ビオサバールの法則で $d\boldsymbol{l}$ と $\hat{\boldsymbol{r}}$ が平行でその外積は零だから，$B=0$．半円が中心に作る磁束密度は円が作る磁束密度 $(B = \dfrac{\mu_0 I}{2a})$ の半分だから，求める磁束密度は $B = \dfrac{\mu_0 I}{4a}$.

6.13 正 n 角形の 1 辺が中心に作る磁束密度は，例題 6.3 より $B_{一辺} = \dfrac{\mu_0 I}{4\pi r} 2\cos\theta$ である．ただし，r は辺と中心との距離，θ は中心と頂点を結ぶ線分と辺とのなす角であり，$r = a\cos\dfrac{\pi}{n}$，$\theta = \left(\dfrac{\pi}{2} - \dfrac{\pi}{n}\right)$ である．よって $B_{一辺} = \dfrac{\mu_0 I}{2\pi a}\tan\dfrac{\pi}{n}$ である．よって正 n 角形全体が作る磁束密度は，$B_n = \dfrac{\mu_0 In}{2\pi a}\tan\dfrac{\pi}{n}$ である．なお，$\displaystyle\lim_{n\to\infty}\frac{\tan(\pi/n)}{\pi/n} = 1$ であるから，$n\to\infty$ に対して $B_n \to \dfrac{\mu_0 I}{2a}$ であり，半径 a の円電流が中心に作る磁束密度に近づく．

6.14 $\displaystyle\oint_C Bdl = \int_0^{2\pi}\frac{\mu_0 I}{2\pi a} ad\theta = \mu_0 I.$

一方，$\displaystyle\oint_{C'} Bdl = \int_0^{2\pi}\frac{\mu_0 I}{2\pi a} ad\theta + \int_{C''} Bdl + \int_{2\pi}^{0}\frac{\mu_0 I}{2\pi b} bd\theta - \int_{C''} Bdl = 0.$

6.15 向きは電流の方向に対して右まわりで，大きさは中心からの距離を r とすると，$B = 0\ (r < R)$　$B = \dfrac{\mu_0 I}{2\pi r}\ (r > R)$.

6.16 向きは中心軸の電流の方向に対して右まわりで，大きさは中心からの距離を r とすると，$B = \dfrac{\mu_0 I}{2\pi r}\ (r < R)$，$B = 0\ (r > R)$.

6.17 面間は $B = \mu_0 K$ で一様．外側の磁場は零.

7.1 $\phi_{\mathrm{m}} = \dfrac{\mu_0 Mb}{2}\left(1 - \dfrac{x}{\sqrt{a^2 + x^2}}\right)$，$B = \dfrac{\mu_0 Ma^2 b}{2(a^2 + x^2)^{3/2}}$.

7.2 磁化電流は側面に沿って流れ，その表面電流密度を J_{m} とすると，この磁石の作る磁束密度は，同じサイズで表面電流密度 $nI = J_{\mathrm{m}}$ のソレノイドのつくるものと等価である．したがって，底面の中心の磁束密度は，式 (6.34) より，
$B = \dfrac{\mu_0 nI}{2}(\cos\theta_2 - \cos\theta_1) = \dfrac{\mu_0 J_{\mathrm{m}}}{2}(\cos 45^\circ - \cos 90^\circ) = \dfrac{\mu_0 J_{\mathrm{m}}}{2}\dfrac{1}{\sqrt{2}}$ である．これが 1300 G $= 0.13$ T に等しいから，$J_{\mathrm{m}} = 2.9\times 10^5$ A/m となる．よって，1 mm の幅を流れる磁化電流は，290 A である．

7.3 反磁場係数が 1/2 であるから，棒内の磁場は $H = H_0 - \dfrac{1}{2}M$ であり，これが磁化の原因であって $M = \chi_{\mathrm{m}} H$ であるから，この両者より

$$H = \frac{2}{2+\chi_{\mathrm{m}}}H_0 = \frac{2}{1+\mu_r}H_0,\quad M = \chi_{\mathrm{m}} H = \frac{2\chi_{\mathrm{m}}}{2+\chi_{\mathrm{m}}}H_0 = \frac{2(\mu_{\mathrm{r}} - 1)}{1+\mu_{\mathrm{r}}}H_0.$$

7.4 中心 O を頂点とし，回転軸を軸とする半頂角 θ および$\theta + d\theta$ の円錐面が球面から切りとる円環を考えると，表面電荷密度は$\sigma = Q/(4\pi a^2)$ であるから，それが角速度 ω で回転したことによる表面電流密度は

$$J = 2\pi a\sin\theta\sigma\frac{\omega}{2\pi} = \frac{Q\omega}{4\pi a}\sin\theta$$

である．これは一様に磁化 $M = \dfrac{Q\omega}{4\pi a}$ で磁化した同じ半径の球形磁石の磁化電流に等しく，よって両者の磁場は同じである．

7.5 上問よりこれは一様に磁化 $M = \dfrac{-e\omega}{4\pi a}$ で磁化した同じ半径の球形磁石の磁場に等しいので，磁気モーメントは $\mu = \dfrac{4}{3}\pi a^3 M = -\dfrac{1}{3}ea^2\omega$ である．一方，球の慣性モーメントは $I = \dfrac{2}{5}ma^2$ であるから，角運動量は $L = I\omega = \dfrac{2}{5}ma^2\omega$ である．よって磁気角運動量比は $\gamma = -\dfrac{5e}{6m}$ である．

7.6 $F = -\dfrac{3\mu_0 m_1 m_2}{2\pi r^4}$ で引力．反平行のときは斥力．

7.7 運動方程式は $I\dfrac{d^2\theta}{dt^2} = -mB\sin\theta$ である．ここで $\theta \ll 1$ とすれば $\sin\theta = \theta$ であるから単振動の運動方程式となり，周期 $T = 2\pi\sqrt{\dfrac{I}{mB}}$

7.8 小球の磁化は

$$\boldsymbol{M} = \frac{3\chi_{\mathrm{m}}}{\chi_{\mathrm{m}}+3}\boldsymbol{H} = \frac{3\chi_{\mathrm{m}}}{\chi_{\mathrm{m}}+3}\frac{\boldsymbol{B}}{\mu_0}$$

である．よって単位体積当たり働く力は

$$\boldsymbol{F} = (\boldsymbol{M}\cdot\nabla)\boldsymbol{B} = \frac{1}{\mu_0}\frac{3\chi_{\mathrm{m}}}{\chi_{\mathrm{m}}+3}(\boldsymbol{B}\cdot\nabla)\boldsymbol{B} = \frac{1}{2\mu_0}\frac{3\chi_{\mathrm{m}}}{\chi_{\mathrm{m}}+3}\nabla(B^2) \doteqdot \frac{1}{2\mu_0}\chi_{\mathrm{m}}\nabla(B^2)$$

ただし，空間には電流がないので $\mathrm{rot}\,\boldsymbol{B} = 0$ であるから，ベクトル解析の公式 (付録の式 (B.7)) より $(\boldsymbol{B}\cdot\nabla)\boldsymbol{B} = \dfrac{1}{2}\nabla(B^2)$ である．

7.9 磁気モーメントは磁束密度 $\boldsymbol{B}$ によってトルク $\boldsymbol{N} = \boldsymbol{m}\times\boldsymbol{B} = \gamma\boldsymbol{L}\times\boldsymbol{B}$ を受けるので，角運動量の運動方程式は

$$\frac{d\boldsymbol{L}}{dt} = \boldsymbol{N} = \gamma\boldsymbol{L}\times\boldsymbol{B}$$

となる．$\boldsymbol{B}$ の方向を z 軸とすると，

$$\frac{dL_x}{dt} = \gamma L_y B,\quad \frac{dL_y}{dt} = -\gamma L_x B,\quad \frac{dL_z}{dt} = 0$$

となる．よって $L_z = (\text{一定})$，$L_x = L_\perp \sin\omega_{\mathrm{L}}t$，$L_y = L_\perp\cos\omega_{\mathrm{L}}t$ である．ただし $\omega_{\mathrm{L}} = \gamma B$，$L_\perp^2 = L^2 - L_z^2$ である．よって $\boldsymbol{L}$ は $\boldsymbol{B}$ のまわりを角運動量 $\omega_{\mathrm{L}} = \gamma B$ で歳差運動する．電子の軌道運動の場合，演習問題 6.7 で求めたように $\gamma = -e/(2m)$ であるから，$\omega_{\mathrm{L}} = eB/(2m)$ となる．これはサイクロトロン周波数の半分である．

7.10 すきま: $U_{\mathrm{m}} = \dfrac{B^2}{2\mu_0}aS$，コア: $U_{\mathrm{m}} = \dfrac{B^2}{2\mu}lS$ である．ただし B は 式 (7.53) で与えられる．また，$\mu \gg \mu_0$ の場合は，ほとんどのエネルギーがすき間に蓄えられる．

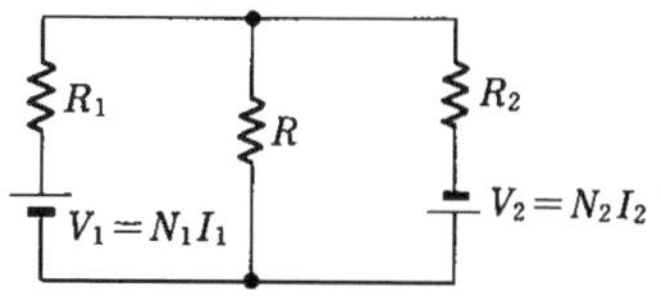

図 解.3

7.11 マクスウェルの応力より，$F = \dfrac{B^2}{2\mu_0}S$．ただし B は 式 (7.53) で与えられる．

7.12 図解.3のように電気回路に置き換えると，磁気抵抗は
$R_1 = R_2 = \dfrac{a+b}{S\mu}$，$R = \dfrac{b}{S\mu}$ である．よってキルヒホッフの法則より
$\Phi = \dfrac{R_1 N_2 I_2 - R_2 N_1 I_1}{R_1 R_2 + R_1 R + R_2 R} = \dfrac{S\mu(N_2 I_2 - N_1 I_1)}{a+3b}$ である．よって求める磁束密度は，

$$B = \frac{\Phi}{S} = \frac{\mu(N_2 I_2 - N_1 I_1)}{a+3b}.$$

8.1 例題8.3の結果から，発生する電圧は $V = nab\omega B \sin\omega t$ であるから，流れる電流は $I = V/R = (nab\omega B/R)\sin\omega t$ となる．したがって回転子の長さ a の辺にかかる力は $F = nIaB = (n^2a^2b\omega B^2/R)\sin\omega t$ であるから，よってこれによるトルクは，$N = bF\sin\omega t = (n^2a^2b^2\omega B^2/R)\sin^2\omega t$ である．

8.2 誘電体の半径 r の点の速さは $v = r\omega$ であるから，そこにある電荷 q に働くローレンツ力は，$F = qvB = qr\omega B$ である．これは誘電体の半径 r の位置に電場 $E = r\omega B$ があると考えてもよいから，分極は

$$P = \varepsilon_0\chi_e E = (\varepsilon - \varepsilon_0)E = (\varepsilon - \varepsilon_0)r\omega B \tag{解.4}$$

となる．ただし反電場や，分極電荷がつくる磁場を無視する．よって分極電荷は半径 a の側面に

$$\sigma = P|_{r=a} = (\varepsilon - \varepsilon_0)a\omega B \tag{解.5}$$

半径 r の内部に

$$\rho = -\frac{1}{r}\frac{d}{dr}(rP) = -2(\varepsilon - \varepsilon_0)\omega B \tag{解.6}$$

である．すなわち内部は一様に負の分極電荷が現れ，それと等量の正の分極電荷が半径 a の側面に現れる．

8.3 直線導線に電流 I を流すと，それによる磁束のうち長方形コイル内を通る本数は

$$\Phi = \int_l^{l+a} \frac{\mu_0 I}{2\pi r} b dr = \frac{\mu_0 I b}{2\pi} \ln\left(1 + \frac{a}{l}\right)$$

である．よって相互インダクタンスは

$$M = \frac{\Phi}{I} = \frac{\mu_0 b}{2\pi} \ln\left(1 + \frac{a}{l}\right)$$

8.4 直線導線のまわりの磁束密度は，$B(r) = \dfrac{\mu_0 I_1}{2\pi r}$ であるから，遠ざかる方向を正にすると，力は $F = I_2 bB(l) - I_2 bB(l+a) = \dfrac{\mu_0 I_1 I_2 ab}{2\pi l(l+a)}$ となり，斥力である．

［別解］演習問題 8.3 より，相互インダクタンスは $M = \dfrac{\mu_0 b}{2\pi} \ln\left(1 + \dfrac{a}{l}\right)$ であるから，働く力は，$F = I_1 I_2 \dfrac{\partial M}{\partial l} = -\dfrac{\mu_0 I_1 I_2 ab}{2\pi l(l+a)}$ である．力の向きは，電流が互いに磁束を打ち消すように流れているから，斥力である．

8.5 $L = \dfrac{\mu_0}{2\pi} \ln \dfrac{b}{a}$.

8.6 電流 I を流したときのソレノイド内部の磁束密度は，ソレノイドが十分長いので，$B = \mu_0 nI$ であり，したがって磁束は$\Phi_{\mathrm{m}} = \pi a^2 B = \pi a^2 \mu_0 nI$ である．よって鎖交磁束は，$\Phi = nl\Phi = \pi a^2 l\mu_0 n^2 I$ である．これより自己インダクタンスは，$L = \Phi/I = \pi a^2 l\mu_0 n^2$ である．

8.7 コイル 1 に電流 I_1 を流したとき，コイル 1 の中を貫く磁束を Φ_{11}，そのうちコイル 2 を貫く磁束を Φ_{12} とすると $\Phi_{11} \geqq \Phi_{12}$ であるが，巻数をそれぞれ N_1，N_2 とすると鎖交磁束はそれぞれ $N_1\Phi_{11} = L_1 I_1$，$N_2\Phi_{12} = MI_1$ となる．同様にコイル 2 に電流 I_2 を流したとき，コイル 2 の中を貫く磁束を Φ_{22}，そのうちコイル 1 を貫く磁束を Φ_{21} とすると $\Phi_{22} \geqq \Phi_{21}$ であるが，巻数はそれぞれ N_2，N_1 であるから，鎖交磁束はそれぞれ $N_2\Phi_{22} = L_2 I_2$，$N_1\Phi_{21} = MI_2$ となる．これらより $L_1 L_2 \geqq M^2$ を得る．等号は $\Phi_{11} = \Phi_{12}$，$\Phi_{22} = \Phi_{21}$ のときであるから，磁束にもれがないときである．すなわち完全な密結合に相当する．

8.8 $\Phi_1 = L_1 I_1 + MI_2$，$\Phi_2 = MI_1 + L_2 I_2$ であるが，順接続のときの鎖交磁束は $\Phi = \Phi_1 + \Phi_2$，電流は $I_1 = I_2 = I$ であるから，$\Phi = (L_1 + L_2 + 2M)I$ となる．よって $L = L_1 + L_2 + 2M$．逆接続のときは鎖交磁束は $\Phi = \Phi_1 - \Phi_2$，電流は $I_1 = -I_2 = I$ であるから，$\Phi = (L_1 + L_2 - 2M)I$ となる．よって $L = L_1 + L_2 - 2M$.

8.9 (1) トロイド内部の磁束 Φ は式 (8.27) で与えられる．よって n 回巻きのコイルとの鎖交磁束は $n\Phi$ であるから，$M = \dfrac{n\Phi}{I} = \dfrac{\mu nNh}{2\pi} \ln \dfrac{b}{a}$

(2) $V = -n\dfrac{d\Phi}{dt} = -\left(\dfrac{\mu nNh}{2\pi} \ln \dfrac{b}{a}\right) \dfrac{dI}{dt} = \left(\dfrac{\mu nNI_0\omega h}{2\pi} \ln \dfrac{b}{a}\right) \sin\omega t$

8.10 $\Phi = \oint_C \boldsymbol{A}\cdot d\boldsymbol{l}$ であるから，積分経路 C をトロイドのリングと鎖交するようにとると，C によって囲まれる磁束はトロイド内の磁束に一致するので，周回積分も零ではない．これは，積分経路上すなわちトロイド外部に $\boldsymbol{A}$ が存在することを意味する．すなわち，トロイド外部の電子には，誘導電場 $\boldsymbol{E} = -\dfrac{\partial \boldsymbol{A}}{\partial t}$ が作用する．

8.11 キルヒホッフの法則より次式を得る．

$$RI + \frac{Q}{C} = -L\frac{dI}{dt}$$

これを t で微分すれば式 (8.69) となる．一般解は，$\gamma \equiv \dfrac{R}{2L}$，$\omega_0 \equiv \dfrac{1}{\sqrt{LC}}$ とおくと

$$\frac{d^2I}{dt^2} + 2\gamma\frac{dI}{dt} + \omega_0^2 I = 0$$

となり，これは線形 2 階常微分方程式であるから，

(1) $\omega_0 > \gamma$ のとき，$\gamma' \equiv \sqrt{\gamma^2 - \omega_0^2}$ とおくと，

$$I = Ae^{-\gamma t}e^{\gamma' t} + Be^{-\gamma t}e^{-\gamma' t} \quad (A, B \text{ は任意定数})$$

(2) $\omega_0 = \gamma$ のとき，

$$I = (A + Bt)e^{-\gamma t} \quad (A, B \text{ は任意定数})$$

(3) $\omega_0 < \gamma$ のとき，$\omega \equiv \sqrt{\omega_0^2 - \gamma^2}$，$(i = \sqrt{-1}$ (虚数単位)) とおくと，

$$I = Ae^{-\gamma t}e^{i\omega t} + Be^{-\gamma t}e^{-i\omega t} \quad (A, B \text{ は任意定数 (複素数)})$$

となる．特に実数解は，

$$I = I_0 e^{-\gamma t}\cos(\omega t - \delta) \quad (I_0, \delta \text{ は任意定数 (実数)})$$

と書くことができる．(3) の状態は，振動しながら減衰するので，**減衰振動**と呼ばれる．一方，(1) の状態は，振動せずに指数関数 $e^{-(\gamma-\gamma')t}$ で減衰する．(2) は振動せずに指数関数 $e^{-\gamma t}$ で減衰するので，最も速く減衰する．これを**臨界制動**という．

8.12 キルヒホッフの法則より，

$$RI + \frac{Q}{C} = V_0\cos\omega t - L\frac{dI}{dt}$$

となるから，これを t で微分すれば

$$L\frac{d^2I}{dt^2} + R\frac{dI}{dt} + \frac{I}{C} = -\omega V_0 \sin\omega t$$

である．この微分方程式の解は，右辺 $= 0$ の場合の一般解 (演習問題 8.11 参照) に，特解を加えたものであるが，前者は十分時間が経過すれば減衰するから，定常状態では特解のみが残り，それを $I = I_0\cos(\omega t - \phi)$ とおくと，式 (8.70) を得る．この式より，$\omega = \dfrac{1}{\sqrt{LC}}$ のとき I_0 は最大である．これを**共振** (resonance) という．またそのとき $I_0 = V_0/R$ であるから，実効電流の最大値は $I_{\text{eff}}^{\max} = \dfrac{V_0}{\sqrt{2}R} = \dfrac{V_{0\ \text{eff}}}{R}$ となる．

8.13 $U=\int_V \frac{1}{2}\mu H^2 dV = \frac{\mu N^2 I^2}{8\pi^2}\int_0^h\int_0^{2\pi}\int_a^b \frac{1}{r^2} r dr = \frac{\mu N^2 I^2 h}{4\pi}\ln\frac{b}{a}$ となり，例題 8.9 と一致する．

8.14 rot $\boldsymbol{H}=\boldsymbol{j}$ より，

$$U_{\mathrm{m}}=\int_V \frac{1}{2}\boldsymbol{A}\cdot\boldsymbol{j}dV=\int_V \frac{1}{2}\boldsymbol{A}\cdot \mathrm{rot}\ \boldsymbol{H}dV$$

となる．ここでベクトル解析の公式を用いると，

$$U_{\mathrm{m}}=\int_V \frac{1}{2}\boldsymbol{H}\cdot \mathrm{rot}\ \boldsymbol{A}dV+\int_V \frac{1}{2}\mathrm{div}\ (\boldsymbol{H}\times\boldsymbol{A})dV$$

であるから，第 2 項にガウスの法則を適用すると，次のようになる．

$$U_{\mathrm{m}}=\int_V \frac{1}{2}\boldsymbol{H}\cdot \mathrm{rot}\ \boldsymbol{A}dV+\oint_S \frac{1}{2}(\boldsymbol{H}\times\boldsymbol{A})\cdot d\boldsymbol{S}$$

ここで面積分は十分遠方で 0 であり，また，$\boldsymbol{B}=\mathrm{rot}\ \boldsymbol{A}$ だから，

$$U_{\mathrm{m}}=\int_V \frac{1}{2}\boldsymbol{H}\cdot\boldsymbol{B}dV$$

9.1 式 (9.15) に $\boldsymbol{H}=\frac{1}{\mu_0}\boldsymbol{B}-\boldsymbol{M}$，$\boldsymbol{D}=\varepsilon_0\boldsymbol{E}+\boldsymbol{P}$ を代入すると

$$\mathrm{rot}\ \boldsymbol{B}=\boldsymbol{j}-\mathrm{rot}\ \boldsymbol{M}+\varepsilon_0\frac{\partial\boldsymbol{E}}{\partial t}+\frac{\partial\boldsymbol{P}}{\partial t}$$

となる．右辺は順に，伝導電流，磁化電流，変位電流，分極電流を表わす．

9.2 真磁荷 ρ_{m} とその流れ (真磁流) $\boldsymbol{j}_{\mathrm{m}}$ が存在することになる．このとき

$$\mathrm{div}\ \boldsymbol{D}=\rho \qquad \mathrm{rot}\ \boldsymbol{E}=\boldsymbol{j}_{\mathrm{m}}-\frac{\partial\boldsymbol{B}}{\partial t}$$

$$\mathrm{div}\ \boldsymbol{B}=\rho_{\mathrm{m}} \qquad \mathrm{rot}\ \boldsymbol{H}=\boldsymbol{j}+\frac{\partial\boldsymbol{D}}{\partial t}$$

9.3 (1) $\boldsymbol{k}$ に垂直で，原点からの距離が l の平面は $\boldsymbol{k}\cdot\boldsymbol{r}=kl$ で与えられるから，この平面内で $\boldsymbol{k}\cdot\boldsymbol{r}$ は一定値 kl をとる．よって $\phi(\boldsymbol{r},t)=f(kl-\omega t)$ となり位置 $\boldsymbol{r}$ によらない．(2) $\phi=$(一定) より $kl-\omega t=$(一定) である．よって原点からの距離は $l=\frac{\omega}{k}t+$(一定) となり，速度 $c=\frac{\omega}{k}$ で $\boldsymbol{k}$ 方向に移動する．
(3) 左辺 : $\nabla^2\phi=(k_x^2+k_y^2+k_z^2)f''=k^2f''$，右辺 : $\frac{1}{c^2}\omega^2 f''$ であるから，$c=\frac{\omega}{k}$ を考えれば両者は等しい．すなわち波動方程式を満たす．
(4) 波長を λ とすると，$k(l+\lambda)-\omega t=kl-\omega t+2\pi$ より，$\lambda=\frac{2\pi}{k}$ である．振動数は，$f=\frac{c}{\lambda}=\frac{\omega}{2\pi}$ である．

9.4 (1) $\phi(r,t)$ は位置については半径 r のみの関数だから，球面内では位置によらない．(2) $\phi=$ (一定) より $kr-\omega t=$ (一定) である．よって球の半径は $r=\dfrac{\omega}{k}t+$ (一定) となり，速度 $c=\dfrac{\omega}{k}$ で大きくなる．
(3) 左辺 : $\nabla^2\phi=\dfrac{1}{r^2}\dfrac{\partial}{\partial r}r^2\dfrac{\partial}{\partial r}\phi=(k_x^2+k_y^2+k_z^2)f''=\dfrac{k^2}{r}f''$，右辺 : $\dfrac{1}{c^2}\dfrac{\omega^2}{r}f''$ であるから，$c=\dfrac{\omega}{k}$ を考えれば両者は等しい．

9.5 マクスウェル方程式のうち，式 (9.14) に代入すると，

$$\frac{\partial \boldsymbol{B}}{\partial t}=-\mathrm{rot}\ \boldsymbol{E}=(0,kE_0\cos(kx-\omega t),0)$$

$$\therefore\ \boldsymbol{B}=(0,\frac{k}{\omega}E_0\sin(kx-\omega t),0)$$

よって $\boldsymbol{E}$, $\boldsymbol{B}$ および進行方向は右手系をなし，$\boldsymbol{E}\times\boldsymbol{B}$ は進行方向を向く．

9.6 $\boldsymbol{B}=\mathrm{rot}\ \boldsymbol{A}$, $\boldsymbol{E}=-\mathrm{grad}\ \phi-\dfrac{\partial \boldsymbol{A}}{\partial t}$ であるが，これらはマクスウェル方程式の

$$\mathrm{div}\ \boldsymbol{B}=0,\quad \mathrm{rot}\ \boldsymbol{E}=-\frac{\partial \boldsymbol{B}}{\partial t}$$

に対応する．そこで残り 2 つについて考える．まず $\mathrm{div}\ \boldsymbol{D}=0$ は

$$\mathrm{div}\ \boldsymbol{D}=\varepsilon\mathrm{div}\ \boldsymbol{E}=-\varepsilon\mathrm{div\ grad}\ \phi-\varepsilon\mathrm{div}\ \frac{\partial \boldsymbol{A}}{\partial t}=\varepsilon\left(\nabla^2\phi+\frac{\partial \mathrm{div}\ \boldsymbol{A}}{\partial t}\right)$$

$$=\varepsilon\left(\nabla^2\phi-\frac{1}{c^2}\frac{\partial^2\phi}{\partial t^2}\right)$$

$$\therefore\ \nabla^2\phi=\frac{1}{c^2}\frac{\partial^2\phi}{\partial t^2}$$

次に $\mathrm{rot}\ \boldsymbol{H}=\dfrac{\partial \boldsymbol{D}}{\partial t}$ に代入すると，

$$(\text{左辺})=\frac{1}{\mu}\mathrm{rot}\ \boldsymbol{B}=\frac{1}{\mu}\mathrm{rot\ rot}\ \boldsymbol{A}=\frac{1}{\mu}\mathrm{grad\ div}\ \boldsymbol{A}-\frac{1}{\mu}\nabla^2\boldsymbol{A}$$

$$(\text{右辺})=\varepsilon\frac{\partial \boldsymbol{E}}{\partial t}=-\varepsilon\mathrm{grad}\ \frac{\partial\phi}{\partial t}-\varepsilon\frac{\partial^2\boldsymbol{A}}{\partial t^2}$$

となるから，ローレンツゲージおよび，$c^2=\dfrac{1}{\varepsilon\mu}$ を用いると，

$$\nabla^2\boldsymbol{A}=\frac{1}{c^2}\frac{\partial^2\boldsymbol{A}}{\partial t^2}$$

9.7 $n=\sqrt{\varepsilon_{\mathrm{r}}\mu_{\mathrm{r}}}$. なお強磁性体でなければ，$\mu_{\mathrm{r}}\sim 1$ であり，$n=\sqrt{\varepsilon_{\mathrm{r}}}$ である．

9.8 周期を $T=2\pi/\omega$ とすると，平均エネルギーは式 (9.51) より，真空中で

$$<S>=\frac{1}{T}\int_0^T S_z dt=\frac{1}{T}\sqrt{\frac{\varepsilon}{\mu}}E_0^2\int_0^T \sin^2(kz-\omega t)dt=\frac{1}{2}\sqrt{\frac{\varepsilon}{\mu}}E_0^2$$

9.9 1.01×10^3 V/m　(式 (9.53) を用いる．)

索　　引 (50 音順)

■ な 行

ヘルツ (Hertz)	180
ヘルムホルツコイル	120
変位電流	176
変位ベクトル	191
偏波面	183
偏微分	24
ヘンリー (H)	162
ボーア磁子	134
ポアソン方程式	45, 68
——の解の一意性	69
ホイートストンブリッジ	108
ボイル (Boyle)	1
ポインティングベクトル	184
方向微係数	92
方向余弦	187
法線ベクトル	189
飽和磁化	150
保磁力	150
保存場	19
保存力	19
ポテンシャル	18
スカラー——	18, 161, 185
ベクトル——	130, 161, 185
ホール (正孔)	117
ホール効果	117
ボルタの電池	95, 110
ホール定数	117
ボルト (V)	15
■ ま 行	
マイスナー効果	136
マクスウェル (Mx)	203
マクスウェル (Maxwell)	174
——の応力	66, 150
——方程式	177
マルコーニ (Marconi)	180
右手系	189
右ねじの法則	112
ミリカンの油滴の実験	2, 21
面積分	28, 198
面積ベクトル	189
モー (℧)	98
■ や 行	
誘電体	77
誘電分極	77
誘電率	83
真空の——	5
誘導係数	59
誘導発電機	160
湯川型ポテンシャル	48
陽子	2
容量係数	59
■ ら 行	
ラジアン (rad)	200
ラプラシアン	45
ラプラス方程式	45, 68
ラーモア歳差運動	154
ラーモア半径	116
立体角	200
流管	12
流線	12
履歴曲線	151
連続の式	97, 184
レンツの法則	133, 136, 156, 169
ローレンツ力	115, 117, 136
■ わ 行	
湧き出し	12
ワット (W)	101

著者略歴

関根松夫（せきね まつお）

1970年　東京工業大学大学院博士課程修了

東京工業大学助教授をへて

現　在　前防衛大学校教授

理学博士

佐野元昭（さの もとあき）

1988年　東京工業大学大学院博士課程修了

東京工業大学助手をへて

現　在　桐蔭横浜大学教授

理学博士

電磁気学を理解する　　定価はカバーに表示

1996年 3 月 15 日　初版第 1 刷
2014年 9 月 15 日　新版第 1 刷
2025年 9 月 5 日　第 9 刷

著　者　関　根　松　夫
　　　　佐　野　元　昭
発行者　朝　倉　誠　造
発行所　株式会社　朝　倉　書　店

東京都新宿区新小川町 6-29
郵便番号　162-8707
電　話　03（3260）0141
FAX　03（3260）0180
https://www.asakura.co.jp

〈検印省略〉

ISBN 978-4-254-22053-7　C 3054